www.ingramcontent.com/pod-product-compliance
Lightning Source LLC
Chambersburg PA
CBHW081554220526
45468CB00010B/2657

واقع العمل الدعوي وتحدياته في مخيمات النازحين السوريين

من عام ٢٠١٢م إلى ٢٠١٨م

((دراسة وصفية تحليلية))

بحث مقدم لنيل درجة التخصص الأولى (ماجستير) في الدعوة والفكر الإسلامي

إعداد الطالب:
أسامة عبد الكريم حسن العثمان

إشراف البروفيسور:
أ. د. محمد زين الهادي العَرَمَابي

9 781794 786295

ISBN

٩٧٨-١-٧٩٤٧-٨٦٢٩-٥

عدد الصفحات: ٢٧٤

حقوق النشر محفوظة للمؤلف

١٤٤٣هـ - ٢٠٢١مـ

In the Name of Allah the Merciful the Compassionate
Republic of the Sudan
University of the Holy Qur'an and Islamic Sciences
Faculty of postgraduate Studies

بسم الله الرحمن الرحيم
جمهورية السودان
جامعة القرآن الكريم والعلوم الإسلامية
كلية الدراسات العليا

التاريخ: ١٠/٠٤/١٤٤٢هـ النمرة: ج ق ك ع ا/ ك د ع

الموافق: ٢٦/١١/٢٠٢٠م

إفـــادة لمن يهمه الأمر

تفيد كلية الدراسات العليا بجامعة القرآن الكريم والعلوم الإسلامية بأن الطالب/ **أسامة عبدالكريم حسن العثمان** (سوري الجنسية) المولود في ادلب الغدفة بتاريخ ١٠ من شهر ٦ عام ١٩٧١م، قد سجل في مرحلة درجة التخصص الأولى (الماجستير) **بـدائرة**: الدعوة والإعلام ، **اختصاص**: الدعوة والفكر الإسلامي، تاريخ التسجيل: ١٤/٠٢/٢٠١٩م، وقد نوقشت رسالته لنيل درجة التخصص الأولى(الماجستير)، بتاريخ ١٠ صفر ١٤٤٢هـ الموافق ٢٧ سبتمبر ٢٠٢٠م . وأوصت لجنة المناقشة والحكم منحه درجة التخصص الأولى (الماجستير) ، **بعنوان: (واقع العمل الدعوي وتحدياته في مخيمات النازحين السوريين من عام ٢٠١٢م إلى عام ٢٠١٨م (دراسة وصفية تحليلية))** والتي كانت تحت إشراف الأستاذ الدكتور/ **محمد زين الهادي العرمابي**، **بتقدير: ممتاز مع التوصية بالطبع**. وكانت الدراسة بنظام البحث دون مواد، علماً أن القيد الزمني للدراسة عام في حده الأدنى وعامان في حده الأعلى لطلاب الماجستير.

جامعة القرآن الكريم والعلوم الإسلامية
الإفادات
كلية الدراسات العليا

حررت له هذه الإفادة بناء على طلبه لتقديمها لمن يهمه الأمر.

وبالله التوفيق،،،

د.الطيب محمود عبدالقادر

عميد الكلية

Email : postgraduatequran@gmail.com

تلفون ٠١٨٧٥٦١٥٠١ - ٠٩٢٤٣٤٧١٦٨

جمهورية السودان
جامعة القرآن الكريم والعلوم الإسلامية
كلية الدراسات العليا
دائرة الدعوة والإعلام
شعبة الدعوة ونظم الاتصال

واقع العمل الدعوي وتحدياته في مخيمات النازحين السوريين من عام ٢٠١٢م إلى ٢٠١٨م

((دراسة وصفية تحليلية))

بحث مقدم لنيل درجة التخصص الأولى (ماجستير) في الدعوة والفكر الإسلامي

إعداد الطالب:
أسامة عبد الكريم حسن العثمان

إشراف البروفيسور:
أ. د. محمد زين الهادي العَرَمَابي

العام الدراسي: ١٤٤٢-٢٠٢٠م

بسم الله الرحمن الرحيم

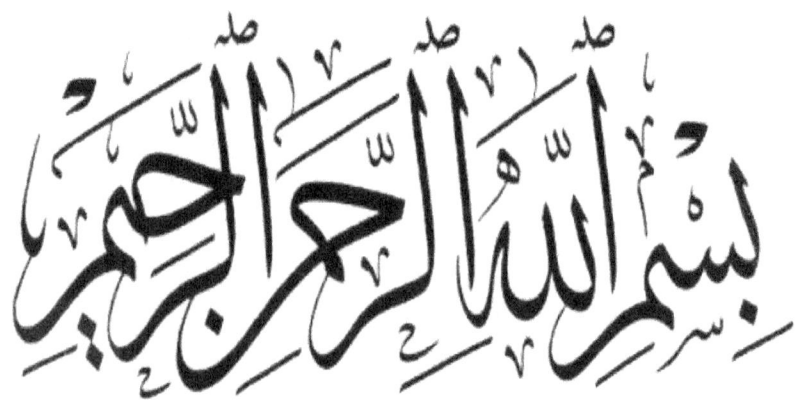

استهلال:

﴿قُلْ هَٰذِهِۦ سَبِيلِىٓ أَدْعُوٓا۟ إِلَى ٱللَّهِ ۚ عَلَىٰ بَصِيرَةٍ أَنَا۠ وَمَنِ
ٱتَّبَعَنِى ۖ وَسُبْحَٰنَ ٱللَّهِ وَمَآ أَنَا۠ مِنَ ٱلْمُشْرِكِينَ ﴿١٠٨﴾﴾[١]

---

(١) سورة يوسف آية رقم ١٠٨

إهداء :

إلى أمي الغالية الحنون: أم حسان، رحمكِ الله ورفع مقامكِ في عليين.

وإلى معلمي الأول وأستاذي في العلم والحياة الدعوية.

والدي الغالي: أبي حسان د. عبد الكريم حسن العثمان ..

فارس المنابر، والداعية المخلص، الذي تعلمت من حاله قبل مقاله، ومن حبب إليَّ الدعوة إلى الله، ووجهني لخدمة هذا العلم العظيم..

من طلب إليَّ القيام بهذا البحث، قبل التحاقه بالرفيق الأعلى، فتوجهت إليه براً وطاعة، ثم خدمة لورثة الأنبياء وحاملي رسالتهم.

هذا هو طلبك مني قد تحقق بعون من الله وفضل، وكم كنت أتمنى لو رأيته فتقر عيناك به.

رحمك ربي ورفع مقامك في عليين، وجعلني وعملي في صحيفة عملك يوم لقاه.

وإلى أبنائي: محمد ومعاذ وبراء وبلال وعبد الكريم، وابنتيَّ: سمية وريمة.

وإلى الدعاة إلى الله في كل مكان، وخاصة: الدعاة في أرض الشام.

أهدي هذا العمل راجياً من ربي القبول والسداد ،،،

شكر وتقدير

اللهم لك الحمد حمدا كثيرا طيبا مباركا فيه، ملء السماوات وملء الأرض، وملء ما شئت من شيء بعد، أهل الثناء والمجد، أحق ما قال العبد، وكلنا لك عبد، أشكرك ربي على نعمك التي لا تعد، وآلائك التي لا تحد، أحمدك ربي وأشكرك على أن يسرت لي إتمام هذا البحث على الوجه الذي أرجو أن ترضى به عني.

ثم أتوجه إلى بالشكر إلى جامعة القرآن الكريم والعلوم الإسلامية، ممثلة بكلية الدراسات العليا، ودائرة الدعوة والإعلام، وشعبة الدعوة وعلوم الاتصال، على قبولهم لهذا البحث والرسالة.

ثم أتوجه بالشكر الجزيل إلى أستاذي ومشرفي الفاضل الأستاذ الدكتور: محمد زين الهادي العرمابي، الذي له الفضل- بعد الله تعالى- على البحث والباحث مذ كان الموضوع عنوانا وفكرة إلى أن صار رسالة وبحثا. فله مني الشكر كله والتقدير والعرفان.

وأتوجه بالدعاء بالمغفرة لوالديَّ الكريمين رحمهما الله تعالى، فقد كان البحث إجابة لطلب الوالد رحمه الله، أن أودع خبرتي الدعوية في مخيمات النزوح، لتكون زاداً لكل داعية، ونوراً يستضيء به ورثة الأنبياء. فجزاه الله عني خيرا.

ويتوجب علي الاعتراف بالفضل لزوجتي أم محمد التي كانت خير معين لي في القيام بهذا العمل، ولأبنائي الذين لم يألوا جهداً في تقديم ما يستطيعون من خبرة وجهد.

وأتقدم بشكري الجزيل في هذا اليوم إلى أساتذتي الموقرين في لجنة المناقشة رئاسة وأعضاء لتفضلهم علي بقبول مناقشة هذه الرسالة، فهم أهل لسد خللها وتقويم معوجها وتهذيب نتوآتها والإبانة عن مواطن القصور فيها، سائلا الله الكريم أن يثيبهم عني خيرا.

كما أشكر أخي في الله د. حسان الذي كان خير عون لي في هذا العمل، وجميع الإخوة الدعاة الذين تفاعلوا في إكمال هذا البحث بآرائهم ومقترحاتهم.

وأشكر كل من ساعدني وأعانني على إنجاز هذا البحث، فلهم في النفس منزلة وإن لم يسعف المقام لذكرهم، فهم أهل للفضل والخير والشكر.

المستخلص

تناول هذا البحث وضع واقع العمل الدعوي وتحدياته وسط مخيمات النازحين في سوريا.

فتطرقت إلى أنواع التحديات التي تواجه الدعوة عموماً، والتي تواجه الداعية والمدعو، ثم كان آخر الحديث عن سبل علاج تلك التحديات، وختمت البحث بنتائج وتوصيات منها:

من النتائج:

١- وجود حاجة ماسة للدعاة المتخصصين بين النازحين.

٢- معرفة الرواسب الدينية والمذهبية والعرقية للنازحين ضرورة لنجاح الدعوة.

٣- وجود دعوات غير إسلامية بين النازحين (دينية وفكرية) تهدف إلى تغيير الدين والمذهب الذي يعتقده النازحون.

٤- تأثير الواقع الأمني على الدعاة والنازحين بسبب الظروف التي تعيشها مناطق المخيمات.

٥- وسائل الدعوة التقليدية لم تعد كافية وناجعة في العمل الدعوي الحالي.

ومن التوصيات:

١- أن يحرص الداعية على التأصيل العلمي والفكري، ومتابعة ما ينتشر من شبهات فكرية وعقدية.

٢- على الداعية إتقان مهارات التواصل المناسبة لهذا الزمان.

٣- أن يكون مواكباً لعصره، مستخدماً جميع الوسائل الممكنة لإيصال رسالته بأفضل طريقة وأقلها كلفة وزمناً.

٤-ضرورة دراسة حال المدعوين من النازحين في المخيمات، ومعرفة طبيعتهم، والأوضاع النفسية والعرقية والدينية والمذهبية.

٥-التنسيق بين الدعاة وتنظيم العمل فيما بينهم مهم في نجاح العملية الدعوية.

ز

Abstract

The summery

This research deals with the status of Invoke for Allah and its challenges in the midst of IDPs Camps in Syria.

The Research discussed the types of challenges facing the (Invoke for Allah) Da'wah in general, and facing the preacher and the called, and then the last discussion was about ways to address these challenges, and concluded the research with results and recommendations, including:

The results:

1. The urgent need for the presence of specialized preachers among the displaced.
2. The need to know the religious, sectarian and ethnic deposits of the displaced, for the success of the Da'wah (Invoke for Allah).
3. The presence of non-Islamic calls among the displaced (religious and intellectual), aiming to change the religion and sect believed by the displaced.

4. The impact of the security reality on the preachers and the displaced, due to the conditions in the camp areas.
5. Traditional advocacy methods are no longer sufficient for success in the current advocacy work.

6. The recommendations:
    1- The importance of the preacher's keenness on scientific and intellectual rooting, and following up on what is spreading of intellectual and ideological suspicions
    2- . The importance of the preacher acquiring appropriate communication & soft skills
    3- Keeping up with the preacher to the modern time, using all possible means to deliver his message in the best way and the least costly and in time.
    4- The importance to studying the status of the called targets in the camps, In addition knowing their natures, Ideological suspicions and doctrinal partisanship, Also Knowing the

psychological and social conditions surrounding their economic conditions.

ه- Coordination between the preachers and the organization of work among them is very important for the success of the Da'wah (Invoke for Allah) process.

الإطار المنهجي

مقدمة

إن الحمد لله نحمده ونستعينه ونستغفره ونستهديه ونعوذ بالله من شرور أنفسنا وسيئات أعمالنا، من يهد الله فلا مضل له، ومن يضلل فلا هادي له، وأشهد أن لا إله إلا الله وحده لا شريك له، وأشهد أن محمداً عبده ورسوله صلى الله عليه وعلى آله وصحبه ومن اتبع هداه واستن بسنته إلى يوم الدين وسلم تسليماً كثيراً.

أما بعد:

فقد أوجد الله الإنسان في الأرض لعبادته قال تعالى: (وَمَا خَلَقْتُ الْجِنَّ وَالْإِنسَ إِلَّا لِيَعْبُدُونِ)[1]، وبعدما أرسل الله نبيه محمداً بالحق وأمره بدعوة الناس إلى الإسلام مخرجاً إياهم من ظلمات الكفر إلى نور هداية الإسلام، قال تعالى: (يَا أَيُّهَا النَّبِيُّ إِنَّا أَرْسَلْنَاكَ شَاهِدًا وَمُبَشِّرًا وَنَذِيرًا (٤٥) وَدَاعِيًا إِلَى اللَّهِ بِإِذْنِهِ وَسِرَاجًا مُّنِيرًا (٤٦))[2] فكان صلى الله عليه وسلم أول داعٍ للإسلام، ولم تكن الدعوة إلى الله مقتصرةً على النبي محمد صلى الله عليه وسلم وإنما كانت وظيفة كل الرسل. وبعد وفاة النبي صلى الله عليه وسلم حذا أصحابه حذوه في متابعة نشر الإسلام والدعوة إلى الله حتى يومنا هذا، ممتثلين أمره صلى الله عليه وسلم:(بلغوا عني ولو آية)[3]، وهم الذين رووا عنه صلى الله

---

(١) سورة الذاريات ٥٦

(٢) سورة الأحزاب ٤٥- ٤٦

(٣) أخرجه البخاري – كتاب أحاديث الأنبياء حديث رقم ٣٣٠٢، وأخرجه الترمذي في جامعه (باب ما جاء في الحديث عن بني إسرائيل برقم ٢٧١٧).

عليه وسلم يقول لِعَلِيٍّ يَوْمَ خَيْبَرَ: «وَاللهِ لَأَنْ يُهْدَيَ بِكَ رَجُلٌ وَاحِدٌ خَيْرٌ لَكَ مِنْ حُمْرِ النَّعَمِ)[١]. ومما يجب على كل مسلم ومسلمة اتباع هدي رسول الله صلى الله عليه وسلم في الدعوة إلى الله فهي وظيفة كل مسلمٍ ومسلمة وهم عماد الأمة الإسلامية، وهم شركاء للنبي صلى الله عليه وسلم في دعوته، فقد روى أبو هريرة رضي الله عنه قوله صلى الله عليه وسلم:(مَنْ دَعَا إِلَى هُدًى، كَانَ لَهُ مِنَ الْأَجْرِ مِثْلُ أُجُورِ مَنْ تَبِعَهُ، لَا يَنْقُصُ ذَلِكَ مِنْ أُجُورِهِمْ شَيْئًا، وَمَنْ دَعَا إِلَى ضَلَالَةٍ، كَانَ عَلَيْهِ مِنَ الْإِثْمِ مِثْلُ آثَامِ مَنْ تَبِعَهُ، لَا يَنْقُصُ ذَلِكَ مِنْ آثَامِهِمْ شَيْئًا)[٢].

وإن من أهم مسببات استمرارية الدعوة إلى الله بعد أن صعدت روح نبي الله محمد صلى الله عليه وسلم إلى بارئها، أن يكمل المسلمون الموحدون رسالته صلى الله عليه وسلم فهي باقية إلى يوم الدين، قال رسول الله صلى الله عليه وسلم "(إن الله وملائكته وأهل السماوات والأرض حتى النملة في جحرها وحتى الحوت في البحر ليصلون على معلمي الناس الخير)[٣]، بالإضافة إلى إزالة تأثير الكفر على معاني الإسلام وذلك من خلال أمر المسلم بالمعروف وصرفه عن المنكر، قال رَسُولَ اللَّهِ صَلَّى اللَّهُ عَلَيْهِ وَسَلَّمَ: مَنْ رَأَى مِنْكُمْ مُنْكَرًا فَلْيُغَيِّرْهُ بِيَدِهِ ، فَإِنْ لَمْ يَسْتَطِعْ فَبِلِسَانِهِ ، فَإِنْ لَمْ يَسْتَطِعْ فَبِقَلْبِهِ ، وَذَلِكَ أَضْعَفُ

---

(١) أخرجه البخاري في صحيحه (باب مناقب علي بن أبي طالب القرشي الهاشمي أبي الحسن رضي الله عنه برقم ٣٥٣١ وباب فضل من أسلم على يديه رجل برقم ٢٨٧٦ وباب دعاء النبي صلى الله عليه وسلم الناس إلى الإسلام والنبوة، وأن لا يتخذ بعضهم بعضا أربابا من دون الله برقم ٢٨١٢).

(٢) أخرجه مسلم – كتاب الْعِلْمِ – حديث رقم ٤٩٦٠.

(٣) صحيح سُنن التِّرمذيّ / رقم: ٢٩٠١ /"بابُ ما جاء في فضل الفقه في العبادة، قالَ أبُو عيسى: (هذا حديثٌ حسنٌ صحيحٌ غريبٌ).

الْإِيمَانِ)[1] كما دفع الهلاك والعذاب عن المسلمين. إن للدعوة أهمية كبيرة وأثر عظيم في صيانة الإسلام من كل دخيل كارهٍ أو فكرٍ إلحادي كافرٍ، وضمان ديمومة راية الإسلام خفاقةً لا تشوبها شائبة بإذن الله.

وقد مر بأمة الإسلام من المصائب والحروب وتسلط الأعداء الشيء الكثير، مما تسبب للمجتمعات الإسلامية تشرداً وبعداً عن الديار والأوطان، وإن ذلك من أعظم الأمور وأشدها على النفس البشرية، وقد قرن الله تعالى الخروج من البلاد ومفارقة الأوطان بالقتل والموت، قال تعالى: (وَلَوْ أَنَّا كَتَبْنَا عَلَيْهِمْ أَنِ اقْتُلُوا أَنفُسَكُمْ أَوِ اخْرُجُوا مِن دِيَارِكُم مَّا فَعَلُوهُ إِلَّا قَلِيلٌ مِّنْهُمْ ۖ وَلَوْ أَنَّهُمْ فَعَلُوا مَا يُوعَظُونَ بِهِ لَكَانَ خَيْرًا لَّهُمْ وَأَشَدَّ تَثْبِيتًا)[2].

ومما أصاب الأمة في هذا الزمان ما تعرض له أهل الشام من الحروب الطاحنة، التي أدت إلى نزوح عدد كبير منهم زاد على نصف عدد السكان، عاش كثير منهم حياة التهجير والنزوح، واضطرتهم الحال إلى سكنى الخيام والبيوت المؤقتة.

ومن هنا جاء عنوان هذه الرسالة:

واقع العمل الدعوي وتحدياته في مخيمات النازحين السوريين

من ٢٠١٢م -٢٠١٨م دراسة وصفية تحليلية

---

(١) صحيح مسلم كِتَابُ الْإِيمَانَ، بَابُ بَيَانِ كَوْنِ النَّهْيِ عَنِ الْمُنْكَرِ مِنَ الْإِيمَانِ، وَأَنَّ الْإِيمَانَ حديث رقم (٩٩).

(٢)_ سورة النساء ٦٦

وقد جاءت هذه الدراسة لتؤكد عالمية الدعوة إلى الله ومواكبتها للأحداث معالجتها للوقائع زماناً ومكاناً، فهي نابعة من كتاب الله وسنة نبيه صلى الله عليه وسلم، الذي زكاه ربه فقال: (وَمَا أَرْسَلْنَاكَ إِلَّا رَحْمَةً لِّلْعَالَمِينَ)[1].

وهذه الرسالة عنيت بدراسة واقع العمل الدعوي وتحدياته في بلد دخله الإسلام منذ بداية انتشاره في عهد الصديق والفاروق فأسلم أهله ولا يزالون يلتزمون الإسلام في حياتهم مع ما مر في بلادهم من الفتن والحروب الطويلة الطاحنة، والتي استمر بعضها لمئة سنة (كالحروب الصليبية)، ولكن ما تعرض له أهل الشام في الحرب الأخيرة كان نتاجاً لما مورس عليهم من مؤامرات أرادوا بها سحقهم عقدياً وسلوكياً وفكرياً، وتحطيم هويتهم الإسلامية المتميزة بالاعتدال والوسطية، وطمس ثقافتهم الخالدة، وتغيير شخصية بلد عريق.

أهمية البحث:

تأتي أهمية هذا البحث من الأسباب الآتية:

١_ كونه دراسة لواقع النازحين ومعرفة حالهم وواقعهم (النازحين السوريين أنموذجا) وما يحيط بهم.

٢_ كونه يفيد الدعاة وينفعهم في عملهم الدعوي ضمن المخيمات.

---

(١)_ سورة الأنبياء ١٠٧

٣_ يذكر ويبين التحديات للدعاة حتى يضعوا الخطط اللازمة، ويسيروا في دعوتهم على نور وبصيرة.

٤_ إن العمل الدعوي يشمل النازحين في مخيمات اللجوء من المسلمين وغيرهم، وفيه امتثال وتأسٍ برسول الله صلى الله عليه وسلم عندما أرسل معاذاً لليمن فقال له: (إنك ستأتي قومًا أهل كتاب، فإذا جئتَهم فادعهم إلى أن يشهدوا أن لا إله إلا الله وأن محمدًا رسول الله، فإن هم أطاعوا لك بذلك فأخبرهم أن الله قد فرض عليهم خمس صلوات في كل يوم وليلة، فإن هم أطاعوا لك بذلك فأخبرهم أن الله قد فرض عليهم صدقة تؤخذ من أغنيائهم فتُرَدُّ على فقرائهم، فإن هم أطاعوا لك بذلك فإياك وكرائمَ أموالهم، واتقِ دعوة المظلوم؛ فإنه ليس بينه وبين الله حجابٌ)[١].

أسباب اختيار البحث:

كان من أهم الأسباب التي دعتني لاختيار هذا الموضوع:

١-قربي للواقع الدعوي في مخيمات النازحين وعملي في هذا الجانب.
٢-كون هذا البحث (دراسة واقع النازحين السوريين) بكراً فلم يسبق وأن تم بحثه من قبل أي أحد، وهناك بحوث تمت على وجه العموم سأذكرها في مكانها.
٣-كون المجتمع السوري مجتمعاً مسلماً محافظاً ومستهدفاً في دينه وعقيدته.

_(١) أخرجه البخاري في صحيحه، كتاب الزكاة، باب أخذ الصدقة من الأغنياء وترد في الفقراء حيث كانوا، حديث رقم (١٤٢٥) ٢/١٢٨.

٤- حاجة العاملين في حقل الدعوة إلى هذه الدراسة المختصة للاستفادة منها في عملهم.

٥- تعريف العالم الإسلامي بواقع وتحديات العمل الدعوي وسط النازحين السوريين حتى يتمكنوا من معرفة أسلوب الخطاب وسبل الدعوة المناسبة لأهلها.

مشكلة البحث:

من خلال زياراتي للمخيمات وعملي في الجانب الدعوي فيها، لاحظت أن من أهم المشكلات: رفع مستوى العمل الدعوي وتصحيح مساره في وسط النازحين (خاصة السوريين منهم).

والتساؤلات التالية تجيب عن مشكلة البحث:

ومن أهمها:

١- ما مفهوم النازحين؟
٢- ما الأسباب التي أدت لوجودهم وظهورهم؟
٣- ما هي المشاكل التي يعانون منها؟ وكيف يمكن معالجتها؟
٤- ما المقصود بتحديات العمل الدعوي في وسط النازحين؟
٥- ما أنواع القائمين على الدعوة في المخيمات؟
٦- الحلول والعلاجات المقترحة لمعالجة هذه التحديات.

أهداف البحث:

يهدف البحث إلى:

١_ تبيين مفهوم النازحين.

٢_ معرفة الأسباب التي أدت إلى وجود النازحين وظهورهم.

٣_ الوقوف على المشكلات التي تواجه النازحين وسبل معالجتها.

٤_ تشخيص تحديات العمل الدعوي في مخيمات النازحين.

٥_ الحلول المقترحة لمواجهة هذه التحديات.

منهج البحث:

سوف أعتمد في هذا البحث بعد الاعتماد على الله على المنهج الوصفي، والتحليلي، والتاريخي، والاستبانات، والأمور ذات العلاقة بالموضوع وتحليلها، ودراسة الموضوع من كل جوانبه الداخلية والخارجية.

مصطلحات البحث:

١-التحديات:

لغة: جمع مفرده تحَدٍّ: (اسم) مصدر من الفعل تَحَدَّى تحدِّياً.

والتَّحدِّي لغةً: بمعنى طلب مباراته في لعبة رياضية أو مبارزة[١].

جاء في لسان العرب: تحديت فلانًا إذا بارَيْتَه في فعل ونازَعْتَه الغلبة، وهي الحُدَيَّا[٢].

(١) معجم الرائد، جبران مسعود، ص ١٩٧، دار العلم للملايين، بيروت الطبعة السابعة ١٩٩٤

(٢) لسان العرب، ابن منظور (المتوفى: ٧١١هـ)، ج١٤/ ص ١٦٨، مادة حدي، دار صادر – بيروت، الطبعة: الثالثة –١٤١٤ هـ.

والحُدَيَّا، بالضم وفتح الدال: المنازعة، والمباراة، وقد تحدَّى، ومن الناس واحدهم. وأنا حُدَيَّاك: ابرز لي وحدك[1].

قال عمرو بن كلثوم في معلقته متحديًا الناس جميعًا بمجد قومه وشرفهم

حُدَيّا الناسِ كلِّهِمِ جَميعًا، مُقارَعَةً بَنِيهِمْ عن بَنِينا [2]

التحدي اصطلاحًا فهو: أزمة تنجم عن شيء جديد ويأخذ صفة المعاصرة لحين ظهور غيره، يولد الحاجة لدى المجتمع الذي يندفع بها نحو التغلب عليها، ويتطلب تغييرا شاملاً[3]

٢-العمل الدعوي:

العمل لغة: المهنة والفعل والجمع أعمال، عمل عملاً، وأعمله غيره واستعمله، واعتمل الرجل: (عملَ بنفسه وقيل العملُ لغيره والاعتمال لنفسه)[4]

العمل اصطلاحاً :(الجهد الذي يبذل من قبل الأفراد والجماعات لأسباب محددة)[5].

---

(١) القاموس المحيط، الفيروزآبادي، دار الحديث، القاهرة، ص٣٤٠

(٢) _شرح المعلقات السبع-الزوزني-ص:١٧٧-نقلاً عن: التحدي بالقرآن الكريم-د. محسن الخالدي-ص:٣

(٣) _ الإمارات إلى أين؟ استشراف التحديات والمخاطر على مدى ٢٥ عاماً، أنيس فتحي، مركز الإمارات للدراسات والإعلام، أبو ظبي، ٢٠٠٥، ص١٥.

(٤) _ لسان العرب ، ابن منظور ، مرجع سابق، مادة عمل، ٤٧٥/١١.

(٥)_ العمل الطوعي. د. عبد الرحيم بلال www.volunteerweb world.org

الدعوي: نسبة إلى علم الدعوة والدعوة لغة مصدر من الفعل دعا يدعو دعاءً[1].

والدعوة هي: (الطلب يقال دعا بالشيء أي طلب إحضاره ودعا إلى الشيء حثه على قصده، ويقال دعاه إلى القتال، ودعاه إلى الصلاة ودعاه إلى الدين وإلى المذهب، حثه على اعتقاده وساقه إليه[2]) .

واصطلاحاً: لها معان عدة منها:

(تبليغ الدين ونشره) وبهذا يكون معنى اللفظ: تبليغ الإسلام للناس، وتعليمه إياهم وتطبيقه في واقع الحياة [3].

وبناء على ما سبق يكون تعريف **العمل الدعوي هو:**

الجهد الذي يبذل من قبل الأفراد والجماعات بهدف تبليغ الإسلام وفق الأسس والضوابط والقواعد الصحيحة عبر الوسائل والأساليب الدعوية.

٣-مُخيَّمات: لغة: جمع مفرده: مُخيَّم -اسم مفعول من خيَّمَ / خيَّمَ على.
واصطلاحاً: هو المكان الذي تُنصبُ فيه الخِيامُ قصدَ الإقامةِ المؤقّتة:
-مُخيَّم لاجئين / جيش / كشَّافة[4].

٤-النازحون:
نزَح الشّخص عن ديارِه: أبعده عنها (نزحهم قهرًا).

---

(١) المعجم الوسيط، مجمع اللغة العربية، القاهرة، ص ٢٨٧، مادة (دعا).

(٢) المعجم الوسيط، [مجمع اللغة العربية، القاهرة، ج٢، [ص٦٣٠، مادة علم].

(٣) أساليب الدعوة الإسلامية المعاصرة حمد بن ناصر العمار، الجزء الأول، ص ١١، وانظر المدخل إلى علم الدعوة ، أبو الفتح البيانوني ، [مؤسسة الرسالة ، بيروت ، ط٢ ، ١٤١٤هـ] ، ص١٧.

(٤) المعجم الوسيط، مرجع سابق، ٢٦٧/١. مادة خيم.

نزَح إلى العاصمة: انتقل، سافر (نزح من الريف إلى المدينة).

نازحون [جمع]: مفرده نازح: مستعمرون، جماعة يتركون بلادَهم ليسكنوا بلادًا جديدة يؤلّفون فيها جالية هامّة ذات تأثير ونفوذ[1].

الدراسات السابقة:

الدراسة الأولى: حقوق النازحين في داخل الدولة دراسة مقارنة[2].

أهداف الرسالة:

١_ محاولة الوصول لحلول سريعة لمشكلة النازحين.

٢_ تكوين مادة علمية يستفيد منها الباحثون.

٣_ القاء الضوء على موقف الدساتير في الدول العربية وبيان حاجتها إلى المزيد من النصوص لحماية النازحين في داخل الدولة.

أهم النتائج:

١_ إن النازحين لم تتوفر لهم الحماية الدولية المباشرة لعدم وجود معاهدة دولية خاصة بحمايتهم.

٢_ نقص القوانين والدساتير من نصوص مختصة ومباشرة لحماية النازحين.

٣_ إن اهتمام العالم بالنازحين بدأ عام ١٩٩٢، حيث بدأت محاولات لدراسة أسباب النزوح وتحديد وصفهم القانوني.

الفرق بين رسالة حقوق النازحين في داخل الدولة وبين هذا البحث ظاهر وبين، حيث إن الدراسة السابقة إنما تناولت حقوق النازحين

---

(١) المرجع السابق، ٢/٢٩٣، مادة النازح.

(٢) رسالة ماجستير في جامعة الإمام محمد بن سعود الإسلامية، قسم السياسة الشرعية، إعداد الطالب: علي بن موسى بن علي جلي، إشراف الدكتور: محمود حجازي، سنة ١٤٣٢هـ.

ووسائل حمايتهم، ولم تشر من قريب أو بعيد إلى العمل الدعوي والتحديات التي تواجهه في مخيمات النازحين الأمر الذي سوف يتناوله الباحث بالدراسة والتحليل والبيان.

الدراسة الثانية:

التحديات التي تواجه الثقافة الإسلامية وأثرها في الدعوة إلى الله[1]

أهداف الدراسة:

١_ ترسيخ العقيدة الإسلامية الصحيحة وفق الأسس العلمية التي جاء بها القرآن الكريم والسنة المطهرة.

٢_ تزويد الشباب المسلم بجميع المعارف الإسلامية.

٣_ حماية الشباب المسلم من الأفكار الهدامة.

٤_ محاربة الأمية الدينية والأمية المعرفية.

نتائج الدراسة:

١_ سيادة الثقافة الإسلامية في كل الميادين في العالم الإسلامي.

٢_ إن شمولية الثقافة الإسلامية ميزة هامة جعلتها تصمد أمام التحديات.

٣_ الثقافة الإسلامية هي الثقافة الوحيدة التي ترد مصادرها كلها إلى الله سبحانه وتعالى.

---

(١) رسالة ماجستير في جامعة القرآن الكريم والعلوم الإسلامية، اعداد الطالبة: فردوس حجاز مدثر، إشراف الدكتورة: فاطمة عبد الرحمن عبد الله، ٢٠١٢م

٤-النفاق مرض أهلك الأمة الإسلامية؛ لأنه تسبب في تفكك الأمة.

توصيات الدراسة:

١_ إعادة رسالة المسجد إلى عهد السلف الصالح وجعله منارة للعلم.

٢_ يجب العمل على دراسة السيرة النبوية دراسة مستفيضة وتعمقها في روح النشء والشباب.

٣_توجيه القنوات الفضائية وهي سلاح ذو حدين ونحن نأخذ منها ما يليق بتعاليمنا.

٤_ الاهتمام بشريحة النساء لأنهن نصف المجتمع.

الفرق بين الدراسة السابقة والبحث: الدراسة السابقة تناولت تحديات الثقافة الإسلامية بشكل عام ولم تتعرض من قريب أو بعيد للتحديات التي تعرض وتظهر أمام الدعاة والعمل الدعوي في مخيمات النازحين وهو الأمر الذي سوف أتناوله في بحثي هذا: (تحديات العمل الدعوي وسط مخيمات النازحين السوريين من ٢٠١٢م -٢٠١٨م دراسة وصفية تحليلية).

الدراسة الثالثة:

الآثار الاقتصادية للنزوح في السودان، دراسة حالة ولاية الخرطوم من عام ١٩٩٨ وحتى ٢٠٠٧[1]

---

(١) رسالة ماجستير في كلية الآداب، جامعة السودان للعلوم والتكنولوجيا، إعداد الطالبة: حرم محمد بدوي، إشراف الدكتور: عبد العظيم سليمان المهل، ٢٠٠٨م.

أهداف البحث:

١_ ابتداع اسلوب علمي في معالجة القضايا التي تواجه الوطن(السودان).

٢_ معرفة العلاقات المتداخلة بين الظواهر والحوادث.

٣_ تحديد الآثار السياسية والاقتصادية الناجمة عن النزوح.

٤_ إثراء المكتبة السودانية التي تفتقد إلى دراسات في هذه المجالات.

النتائج:

١_ لعبت الحرب في جنوب دارفور والنيل الأزرق ودارفور دوراً كبيراً في النزوح إلى الخرطوم.

٢_ خلَّف النزوح إلى الخرطوم أضراراً كبيرةً على البلاد سياسيةً واقتصاديةً.

٣_ تفوق أعداد النازحين إلى الخرطوم منذ الثمانينيات إلى الآن التصور.

التوصيات:

١_ تنظيم النازحين وإعادة بناء مساكنهم.

٢_ دراسة الطبيعة المحيطة بمناطق النازحين وعناصر التفاعل الطبيعي حتى يتم التعايش بشكل أفضل.

٣_ على الدولة أن تقيم المشاريع الإنتاجية في كل المدن الاقليمية والقرى.

٤_ اعتماد خيارات العودة الطوعية باعتبارها أنجع الحلول في القضاء على ظاهرة النزوح.

الفرق بين رسالة الآثار الاقتصادية للنزوح في السودان دراسة حالة الخرطوم وبين دراسة الباحث: تحديات العمل الدعوي، أن الدارسة السابقة تناولت الآثار الاقتصادية والسياسية للنزوح ولم تتناول تحديات العمل الدعوي أبدا، فيأتي بحثي هذا لبيان هذه التحديات وسبل معالجتها وخاصة ضمن مخيمات النازحين السوريين.

هيكل البحث:

جاء هذا البحث في مقدمة، وتمهيد، وأربعة فصول، وخاتمة وفهارس:

_ المقدمة:

وتشتمل على:

- أهمية الموضوع.
- أسباب اختيار الموضوع.
- أهداف البحث.
- مشكلة البحث.
- منهج البحث.
- تعريف مصطلحات البحث.
- الدراسات السابقة
- هيكل البحث

_ تمهيد: وفيه: سوريا ما قبل ثورة ٢٠١١م

أولاً: جيوغرافيه سوريا

١-الموقع الجغرافي

٢- السكان وتركيبتهم العرقية.

ثانياً: سوريا السياسية

١-سوريا من بعد الاستقلال وحتى قيام دولة البعث.

٢-سوريا في ظل حكم البعث.

الفصل الأول: سوريا تحت حكم بشار الأسد.

المبحث الأول: واقع سوريا العام في عهد بشار الأسد

المطلب الأول: الحالة السياسية والاجتماعية.

المطلب الثاني: الحالة الدينية.

المبحث الثاني: العمل الدعوي في ظل البعث.

المطلب الأول: واقع العمل الدعوي في سوريا في ظل حكم البعث.

المطلب الثاني: أسباب قيام الثورة السورية.

ـ الفصل الثاني: وصف لواقع النازحين في المخيمات:

المبحث الأول: اتجاهات النازحين.

المطلب الأول: اتجاهات النازحين في سوريا وتقسيماتهم الدينية والعرقية:

المطلب الثاني: أماكن وجود النازحين ومخيماتهم وأعدادهم.

المبحث الثاني: واقع النازحين التعليمي والديني والاجتماعي.

المطلب الأول: واقع التعليم النظامي والشرعي.

ذ

المطلب الثاني: اتجاهات القائمين على العمل الدعوي في المخيمات وتوجهاتهم المذهبية والفكرية.

المطلب الثالث: أسباب قلة فرص نجاح العمل الدعوي في المخيمات.

_ **الفصل الثالث: تحديات الدعوة في مخيمات النازحين:**

المبحث الأول: تحديات الدعوة الخارجية.

المطلب الأول: أنواع التحديات الخارجية.

المطلب الثاني: اتجاهات القائمين على الدعوة (الإسلامية وغيرها) في المخيمات.

المطلب الثالث: دراسة استبانة عن التحديات الخارجية.

المبحث الثاني: التحديات الداخلية.

المطلب الأول: أنواع التحديات الداخلية.

المطلب الثاني: تقسيم الدعاة وفق التحديات الداخلية.

المطلب الثالث: دراسة استبانة عن التحديات الداخلية.

_ **الفصل الرابع: سبل علاج التحديات التي تواجه العمل الدعوي في مخيمات النازحين السوريين.**

المبحث الأول: السبل المقترحة لعلاج التحديات الخارجية.

المطلب الأول: الوسائل المتيسرة لتحقيق هذه المقترحات.

المطلب الثاني: دراسة استبانة عن هذا المطلب.

المبحث الثاني: السبل المقترحة لعلاج التحديات الداخلية.

المطلب الأول: الوسائل المتيسرة لتحقيق هذه المقترحات.

المطلب الثاني: دراسة استبانة عن هذا المطلب.

_ الخاتمة:

١-نتائج.

٢-توصيات.

_ الفهارس العامة:

١-فهرس الآيات القرآنية.

٢-فهرس الأحاديث النبوية.

٣-فهرس الأعلام.

٤-فهرس الممالك والدول.

٥-فهرس المصادر والمراجع والمواقع الالكترونية.

٦-الملاحق.

٧-فهرس الموضوعات.

- تمهيد: ويشتمل على الآتي:

سوريا ما قبل ثورة ٢٠١١م:

أولاً: جغرافية سوريا.

ثانياً: سوريا السياسية.

أولاً: جغرافية سوريا:

وتشتمل على الآتي:

١- الموقع الجغرافي.

٢- السكان وتركيبتهم العرقية.

١- الموقع الجغرافي:

تقع سوريا في غرب قارة آسيا:

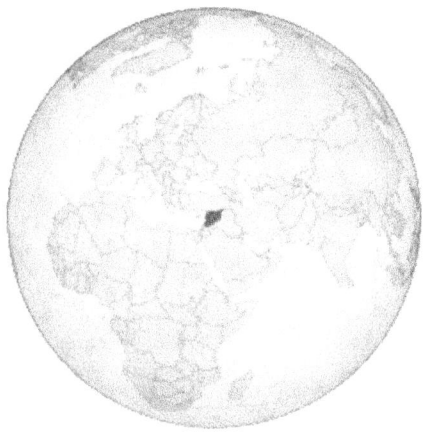

وتعتبر شمال الوطن العربي، وتشاركها بذلك دولة العراق، وتضم معظم أراضي بلاد الشام، ففيها المساحة الأكبر من هذا الإقليم، ويشاركها به كل من: الأردن، وفلسطين، ولبنان.

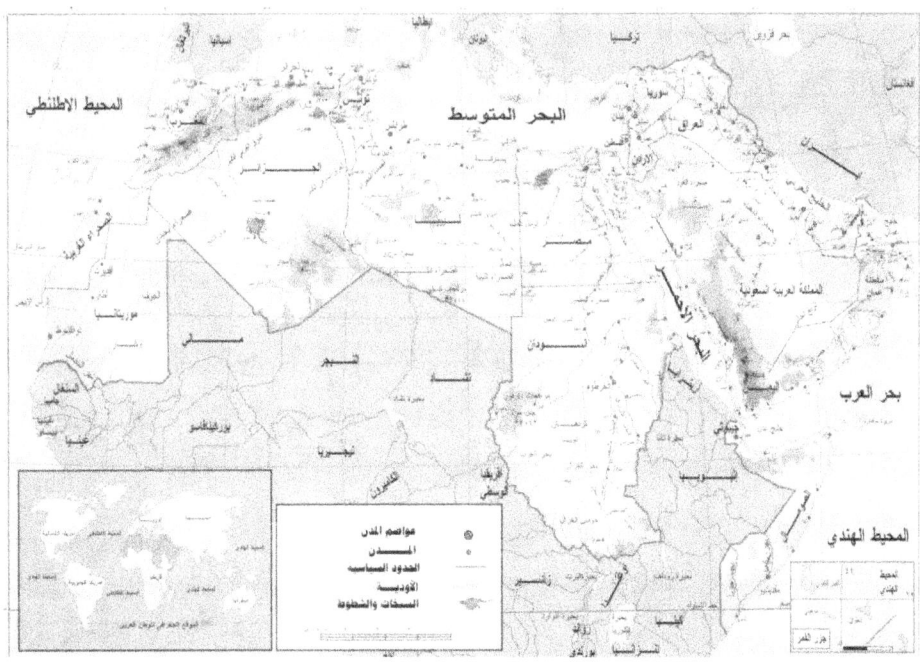

- **حدودها:**

من الشمال: تركيا، ومن الجنوب: الأردن، ومن الشرق: العراق، ومن الغرب: البحر الأبيض المتوسط ولبنان وفلسطين.

-**مساحة سوريا الكلية:** تبلغ مساحة سوريا ١٨٠.١٨٥ كم٢ = ٧١٤٩٨ ميلاً مربعاً.

- مساحة الأرض: ١٨٤٠٥٠كلم٢ = ٧١٠٦٢ ميلاً مربعاً. (من بينها الأرض التي يحتلها اليهود، وتبلغ مساحتها: ١٢٩٥كلم٢)[١].

وتقسم إداريا إلى أربع عشرة محافظة: دمشق وريف دمشق وحلب وحمص وحماة واللاذقية وطرطوس وإدلب والحسكة ودير الزور والرقة ودرعا والسويداء والقنيطرة[٢].

---

(١) الموسوعة الجغرافية للوطن العربي، ص٢٩٧

(٢) المصدر السابق ص ٣٠٣

المحافظة	المساحة كم²
دمشق	1.599
ريف دمشق	18.032
حلب	18.500
حمص	42.223
حماة	8.883
إدلب	6.097
الرقة	19.616
الحسكة	23.334
دير الزور	33.060
اللاذقية	2.297
طرطوس	1.892
درعا	3.730
القنيطرة	1.861
السويداء	5.550
المجموع العام	185.180

ويبلغ طول شواطئها على البحر المتوسط ١٨٣ كم، وهي بوابة سوريا إلى الغرب.[1]

- **مناخ سوريا:**

ويتكون مناخ سوريا من أربع مناطق واسعة هي:

١-المنطقة الساحلية ذات المناخ المعتدل.

٢-المنطقة الجبلية وتتألف من سلسلتين: جبال اللاذقية في الغرب وجبل الزاوية في الشرق، وبينهما منخفض الغاب الذي يجري فيه نهر العاصي، وجبال لبنان الشرقية وجبل حرمون في الجنوب.

٣-المنطقة السهلية الداخلية، وتشمل سهول حلب والجزيرة التي يجري فيها نهر الفرات، بالإضافة إلى سهول حماة وحمص وحوران.

٤-البادية السورية، وتقع وسط وشرق سوريا، الحدود التي تفصل جنوب غربي سوريا عن لبنان، وتساير قمة سلاسل جبال لبنان الداخلية وحرمون، ويصل

---

(١) جغرافية الوطن العربي د. عبد الرحمن حميدة من ص ٢٧٦ وما بعدها (بتصرف) ط دار الفكر.

أقصى ارتفاع لها ٩٢٣٤ قدما حيث تهبط الجداول من الجبال العالية لتروي الوديان في الواحات وكبراها واحة دمشق المشهورة بـ(الغوطة)١.

إن موقع سوريا الجغرافي وتباين مناخها جعلها تمتاز بتنوع نباتي وحيواني، فهناك نحو ٣٥٠٠ نوع من النباتات.

- أهمية موقع سوريا في العالم:

تحتل سوريا مكانا مهما في الموقع الجغرافي عالمياً، فمنذ القدم كانت على امتداد تجارة الحرير التي كانت تتعمق إلى الصين وتنتهي عند مشارف البحر الأبيض المتوسط لتواصل الرحلة برا إلى أوروبا عبر تركيا أو بحرا عبر الموانئ السورية، وإلى أرض سوريا وبلاد الشام كانت القوافل العربية تأتي إليها من جنوب الجزيرة وشمالها، ورحلة الصيف التي اعتادت قريش عليها كل عام، وخلدها القرآن الكريم فذكرها في سورة قريش:(لِإِيلَافِ قُرَيْشٍ (١) إِيلَافِهِمْ رِحْلَةَ الشِّتَاءِ وَالصَّيْفِ (٢))٢

ومما ينبغي ذكره أن سوريا جزء من العالم الذي اكتشفت فيه الكتابة لأول مرة. فتعتبر ملتقى حضارات وثقافات وحلقة وصل بين أطراف العالم.٣

وتعتبر سوريا واحدة من أغنى بلاد العالم بالحضارات والتاريخ، والشواهد كثيرة ومتنوعة، ومازال بعضها قائما حتى الآن من أوابد وعمائر تروي أقاصيص الشعوب والأمم التي توالت عليها.

وسوريا باختصار متحف كبير يحتوي مواقع أثرية وتاريخية تتعلق بأكثر من عشرين عهدا مختلفا من الحضارة الإنسانية. وتقع سوريا في بيئة حضارية

---

(١) المصدر السابق.
(٢) سورة قريش (١-٢).
(٣) الجغرافيا والتاريخ – موقع الجزيرة نت (https://www.aljazeera.net/).

تشكل القلب مما يعرف بالعالم القديم، حيث سادت حضارات متعددة، ولها تاريخ متشابك في هذه المنطقة، وهي ملتقى حضارات وثقافات وحلقة وصل بين أطراف العالم.

وكانت سوريا تحتل مكانا مهما على امتداد تجارة الحرير التي كانت تتعمق إلى الصين وتنتهي عند مشارف البحر الأبيض المتوسط لتواصل الرحلة برا إلى أوروبا عبر تركيا أو بحرا عبر الموانئ السورية، وإلى أرض سوريا وبلاد الشام كانت تجيء القوافل العربية من جنوب الجزيرة وشمالها. كما أن سوريا جزء من العالم الذي اكتشفت فيه الكتابة لأول مرة.

٢-السكان وتركيبتهم العرقية:

سجل أعلى عدد لسكان سوريا في عام ٢٠١٠ أي قبل عام من اندلاع الأزمة السورية، بتعداد سكان بلغ ٢١ مليوناً.

وانخفض عدد السكان إلى عشرين مليوناً وثمانمائة ألف عام ٢٠١١.

ليستمر الانخفاض عام ٢٠١٢ ليسجل ٢٠ مليون و٤٠٠ ألف.

لينخفض الى ١٩.٨ مليون عام ٢٠١٣, ليستمر الانخفاض عام ٢٠١٤ ويسجل تعداد السكان ١٩.٢ مليون نسمة.

فما انخفض عام ٢٠١٥ الى ١٨.٧ ثم إلى ١٨.٤ عام ٢٠١٦.

ليسجل عام ٢٠١٧ أقل تعداد لسكان سوريا بلغ ١٨.٢٦ مليون نسمة.

عدد السكان قد ارتفع من ١٨.٢٦ مليون عام ٢٠١٧ إلى ١٨.٢٨ هذا العام ٢٠١٨.[١]

---

(١) https://shaamtimes.net/١٥١٦٠٧

ولقد تعاقب على سوريا كثير من الشعوب والأديان ففي العصر القديم:

السومريون[١] والفينيقيون[٢] والعموريون[٣] والفرس[٤] والإغريق[٥]

---

(١) **الحضارة السومرية** نشأت في أرض العراق عام خمسة آلاف قبل الميلاد، من الشعوب السامية، وتعتبر أقدم حضارة في تاريخ الإنسانية، ويرجع تسميتها بـ " سومر" نسبة إلى موقعها، حيث كانت تقع بين نهري دجلة والفرات في العراق، وامتدت بعد ذلك إلى سورية ومنطقة الخليج العربي، وتمكن السومريون خلال قرون من إقامة الدولة التي نمت وتطورت في حضارتها وعلومها ومعمارها وفنونها.

تاريخ سورية القديم لعيد مرعي (بتصرف).

(٢) **الفينيقيون** هم إحدى شعوب فينيقيا القديمة، من الشعوب السامية، قدموا من منطقة الخليج العربي، في سنة ٣٠٠٠ قبل الميلاد، إلى بلاد الشام، وشمال أفريقيا، والأناضول، وقبرص، ووجدت الأصول الأولى للفينيقيين في الشرق الأوسط، حيث كانوا يتحدّثون اللغة السامية، وقاموا باحتلال ساحل البحر الأبيض المتوسط، وقد أظهرت الحفريات الاستكشافيّة الأخيرة التي جرت في مدينة جبيل الفينيقية أنّ التجارة كانت قائمة بين مصر وبيبلوس في عام ٢٨٠٠ قبل الميلاد، كما وجدت آثار فينيقية مهمة في كلّ من القدس، وأريحا، ومجدو، وبحلول عام ١٢٥٠ قبل الميلاد، كان الفينيقيون ملاحون وتجار في عالم البحر الأبيض المتوسط، وأينما توجّه الفينيقيون عبر الساحل كانوا يؤسّسون مستعمرات لهم، والتي أصبحت فيما بعد دولاً مستقلة.

(العرب واليهود في التاريخ). د. أحمد سوسة. ص٩ وما بعدها.

(٣) **العموريين** شعب سامي من مجموعة الشعوب السامية الغربية، هاجر، على ما يرجح، من شبه الجزيرة العربية في تاريخ مبكر، يصعب تحديده بدقة، إلى بادية الشام، بدأ تاريخ العموريين الواضح في العراق في أواخر الألف الثالث قبل الميلاد بعد سقوط دولة "أور" الثالثة في سنة ٢٠٠٦ ق.م. مما مهد الطريق لقيام عدة دول عمورية، ورد اسم العموريين (أيموري) في عدد من أسفار العهد القديم.

(العرب واليهود في التاريخ). د. أحمد سوسة. ص٤٧ وما بعدها.

(٤) **الفرس:** شعب غرب آسيوي يقطن منطقة فارس التاريخية في هضبة إيران الآسيوية ويتحدث اللغة الفارسية وهي لغة هندو أوروبية؛ وينتمي الفرس الأوائل إلى المجموعة الآرية. لكن مع مرور الزمن امتصت المجموعة الفارسية العديد من الشعوب التي كانت تقطن أو قطنت المنطقة واستوعبتها خلال فترات عديدة؛ ومن هذه الشعوب العرب واليونانيين والترك والمغول وغيرهم، أسس الفرس العديد من الدول والإمبراطوريات على مر التاريخ مثل الأخمينيين والساسانيين في حقبة ما قبل الإسلام، إضافة إلى سلالات حكمت في حقبة بعد الإسلام مثل السامانيين وغيرهم.

شارل سنيوبوس تاريخ حضارات العالم. ص ٥٢ وما بعدها (بتصرف).

(٥) **الإغريق:** هم اليونانيون ويطلق عليهم أحياناً الهيلينيون كما أطلق على اليونانيين القدماء تسمية "إغريق" في العربية. وهي أمة ومجموعة عرقية مقيمة في اليونان وقبرص وجنوب ألبانيا وإيطاليا وتركيا ومصر، وبدرجة أقل، في بلدان أخرى تحيط بالبحر الأبيض المتوسط. وتاريخياً تم إنشاء مستوطنات إغريقية في مناطق واسعة من البحر المتوسط والبحر الأسود فكانت سوريا تحت حكمهم.

شارل سنيوبوس تاريخ حضارات العالم. ص ٥٩ وما بعدها (بتصرف).

والسلوقيون[1] والبطالمة[2] والرومان[3] والعرب[4]، ثم كان الفتح العربي والإسلامي حيث تعاقب على حكم سوريا الأمويون[5] والعباسيون[6] والطولونيون[7]

---

(1) **السلوقيون** هي سلالة هلنستية ترجع تسميتها إلى مؤسس الأسرة الحاكمة للدولة السلوقية، سلوقس الأول نيكاتور أحد قادة جيش الإسكندر الأكبر، شكلت هذه الدولة إحدى دول ملوك طوائف الإسكندر، وخلال القرنين الثالث والثاني قبل الميلاد حكمت منطقة غرب آسيا، وامتدت من سوريا وتراقيا غرباً وحتى الهند، تأسست: ٣١٢ ق.م وكان تاريخ سقوطها: ٦٤ق.م **https://ar.wikipedia.org/wiki/**

(2) **البطالمة:** هم عائله من أصل مقدوني نزحت على مصر بعد وفاة الإسكندر الأكبر سنة ٣٢٣ ق.م، حيث تولى أحد قادة جيش الإسكندر الأكبر "بطليموس" حكم مصر. أهتم بطليموس الأول ببناء مدينة الإسكندرية التي أسسها الإسكندر الأكبر، وجعل بطليموس الأول الإسكندرية عاصمة لمصر.
https://ar.wikipedia.org/wiki/

(3) **الرّوم** ويسمون بنو الأصفر وهم من نسل العيص بن اسحاق بن إبراهيم عليهما السّلام، ويتميّز الرّوم على الأغلب ببياض بشرتهم كما أنّهم يدينون بدين النّصرانيّة، بدأ تكوين الإمبراطوريّة الرومانيّة بثورة الشعب الرومانيّ على نظام الحكم في عام ٥٠٩ قبل الميلاد، ونظّموا السلطة السياسيّة بشكل جديد حتى أتيح لهم السيطرة الكاملة على كل من أوروبا وشرق آسيا متضمّناً الشام.
شارل سنيوبوس تاريخ حضارات العالم. ص ١٣٣ وما بعدها (بتصرف)

(4) **العرب:** من الشعوب السامية تنسب إلى جدهم الأعلى يعرب بن قحطان، ويطلق عليهم العرب العاربة، وهناك شعوب عربية مستعربة تنتسب إلى معد بن عدنان من نسل إسماعيل بن إبراهيم عليهما السلام.
الأوليات العرب والأدب والإسلام والجاهليةُ والشعر أصيل الصيف الأصولي، ص ١٢ وما بعدها

(5) **الدولة الأموية** يرجع نسب الأمويين إلى أميَّة بن عبد شمس من قريش، وكان لهم دورٌ هام في الجاهلية والإسلام. وهي أكبر دولة وثاني خلافة في تاريخ الإسلام، كان بنو أمية أُول الأسر المسلمة الحاكمة، إذ حكموا من سنة ٤١ هـ (٦٦٢ م) إلى ١٣٢ هـ (٧٥٠ م)، وكانت عاصمة الدولة دمشق.
(التاريخ الإسلامي-الدولة الأموية، محمود شاكر ص ٥٣ وما بعدها بتصرف)

(6) **العباسيون:** ينتسبون إلى العباس بن عبد المطلب، ومؤسسها أبو العباس عبد الله بن علي المعروف بالسفاح، ويقسم المؤرخون تاريخ الدولة العباسية إلى أربعة عصور، وهي: ١ . العصر العباسي الأول الذهبي «النفوذ الفارسي» (١٣٢ . ٢٣٢هـ/ ٧٥٠ . ٨٤٦م) ٢ . العصر العباسي الثاني «النفوذ التركي» (٢٣٢ . ٣٣٤هـ/ ٨٤٦ . ٩٤٥م). ٣ . العصر العباسي الثالث «النفوذ البويهي» (٣٣٤ . ٤٤٧هـ/ ٩٤٥ . ١٠٥٥م). ٤ . العصر العباسي الرابع «النفوذ السلجوقي (٤٤٧ . ٦٥٦هـ/ ١٠٥٥ . ١٢٥٨م)، حيث كان سقوط الخلافة العباسية في هذا التاريخ. **(التاريخ الإسلامي – الدولة العباسية، محمود شاكر جزء ٢ ص ٣٢٧).**

(7) **الدولة الطولونية** تنسب إلى مؤسسها أحمد بن طولون الذي كان نائبًا للحاكم العباسي في مصر، لكنه استأثر بالحكم، وبسط سلطانه على الشام وامتدت فترة حكمها في الفترة من (٢٥٤-٢٩٢هـ/ ٨٦٨-٩٠٥م). **(التاريخ الإسلامي، الدولة العباسية، محمود شاكر جزء ٢ص ٨٠ وص ٩٦)**

والإخشيديون[1] والفاطميون[2]. ثم تعرضت سوريا لحملات الفرنج[3] المتعددة في العهود السلجوقية[4] والأتابكية[5] والنورية[6] والأيوبية[7] والمملوكية[1]، إضافة إلى

---

(١) **الدولة الإخشيدية:** إمارة إسلاميَّة أسَّسها مُحمَّد بن طُغج الإخشيد في مصر، وامتدَّت لاحقًا باتجاه الشَّام والحجاز، وذلك بعد مضيّ ثلاثين سنة من عودة الديار المصريَّة والشَّاميَّة إلى كنف الدولة العبَّاسيَّة، بعد انهيار الإمارة الطولونيَّة التي استقلَّت بِحُكم الديار سالِفة الذِكر وفصلتها عن الخِلافة العبَّاسيَّة طيلة ٣٧ سنة. بدأ حكمها: التأسيس ٩٣٥ الزوال ٩٦٨.

(المصدر السابق جزء ٢ وص ١٢٩ وص ١٥٨وما بعدها بتصرف)

(٢) **الفاطميون:** تُدعى هذهِ الدولة الفاطميّة أيضاً بدولة بني عبيد، التي اتخذت من المذهب الإسماعيلي الشيعي مذهباً لها، حكم الفاطميون ما يقارب المئتين وسبعين عامًا، أي من عام ٢٩٧هجرية، وحتى عام ٥٦٧هجرية، ويعدّ المؤسس الأساسي للدولة الفاطمية عبيد الله المهدي وهو من الخلفاء الفاطميين.

(المصدر السابق جزء ٢ ص ٢٧٥وما بعدها بتصرف)

(٣) **الفرنجة:** هم مجموعة قبائل جرمانية غربية والتي كانت قد شكلت ما عرف باسم تحالف القبائل الجرمانية، وكان التحالف مكونا من قبائل السليان والسيكامبري والتشاماڤي والتشاتي والبروكتيري واليوسيبيتس والأمبسيفاري. دخل الإفرنج مناطق الإمبراطورية الرومانية من خلال ما يعرف الآن بألمانيا وفرنسا مكونين فيها إمارة شبه مستقلة، وقد قاموا بغزو البلاد الإسلامية في بلاد الشام بما يعرف بالحروب الصليبية وهي: حروب دينيّة شنّتها أوروبا على العالم الإسلاميّ، من أجل السيطرة على الأماكن المقدّسة في بلاد الشام، ولطرد المسلمين من الأندلس، وقد اتّخذت هذه الحملات الشكل العدوانيّ من أجل إبعاد المسلمين عن دينهم ولتدمير عقيدتهم، وقد امتدت هذه الحملات من ١٠٩٦م إلى ١٢٩١م، https://ar.wikipedia.org/wiki/

(٤) **السلاجقة:** أسسها سليمان الأول بن قطلمش بن أرسلان بن سلجوق في قونية في بلاد الأناضول عام ثم امتدت مملكتهم نحو الشام فتم ضم دمشق إليها في زمن ملكشاه عام ٤٦٨هـ، وتم إنهاء حكم العبيدين فيها وإبطال مذهبهم وبدعهم.

(التاريخ الإسلامي، الدولة العباسية، محمود شاكر جزء ٢ وص ٢١٨وما بعدها بتصرف)

(٥) **الأتابكية:** جمع أتابك وهو الوالد أو الأمير، **(المصدر السابق ص ٢٨٧)**

(٦) **النورية** (الزنكية) قد قامت عام٥٢١ وانتهت عام ٥٧٦هـ تنسب إلى مؤسسها عماد الدين بن آق سنقر، تولى أمر الموصل عام ٥٢١هـ، ثم وسع سلطنته باتجاه حلب ثم حارب الصليبيين حتى قتل عام ٥٤١، خلفه ابنه نور الدين الذي تابع الفتوحات حتى تم اغتياله٥٦٩هـ فخلفه ابنه إسماعيل ولكنه فاسداً فلم تنضبط أمور الدولة، فاستولى على الإمارة صلاح الدين الأيوبي ٥٧٦هـ.

(المصدر السابق جزء ٢ ص ٢٧٢وص ٢٨٨وما بعدها بتصرف)

(٧) **الأيوبية** تنسب لمؤسسها السلطان صلاح الدين الأيوبي عام ٥٧٦هـ، وهو الذي فتح القدس بعد معركة حطين ٥٨٣هـ، وفي عام ٥٨٩هـ توفي صلاح الدين وخلفه على السلطنة أبناؤه، وقد وقع بينهم الخلاف والقتال، وبقتل توران شاه ٦٤٨هـ انتهت الدولة الأيوبية.

(المصدر السابق ص ٣٠٤ وما بعدها بتصرف).

غزوات المغول والتتار[2]، ثم دخلها الأتراك العثمانيون[3] وبقوا حتى نهاية الحرب العالمية الأولى ثم وقعت سوريا في قبضة الفرنسيين، وأخيرا حصلت على استقلالها في ١٧ ابريل/ نيسان ١٩٤٦. ثم انضمت إلى جامعة الدول العربية في العام نفسه.

- **لمحة موجزة عن تاريخ سوريا:**

تدفّقت موجات متعاقبة من الشعوب إلى سوريا حوالي الألف الثاني قبل الميلاد، فكان منهم الأموريون والاشوريون والكنعانيون والفينيقيون والآراميون، وربّما من شعوب حوض البحر المتوسّط. ونختصر تاريخ سوريا بذكر أهم الأحداث التاريخية فقط:

---

(1) **المملوكية:** استلمت شجرة الدر مقاليد الحكم بعد مقتل توران شاه آخر ملوك الأيوبيين في مصر ٦٤٨ هـ ولقبت بعصمة الدين أم خليل، وتولت مقاليد الحكم ثمانين يوماً لظروف الحرب التي كانت تخوضها البلاد، ثم تنازلت عن الحكم لزوجها الملك المعز، واستمر حكم المماليك حتى عام ٩٢٣هـ، بهزيمة طومان باي في معركة مرج دابق أمام العثمانيين. **موسوعة التاريخ الإسلامي ص ١٩٠**

(2) **التتار والمغول:** شعب بدوي يعيش على أطراف صحراء غوبي، على أطراف الصين، مشهورون بالغدر، نظامهم قبلي، ديانتهم الشامانية، تملك أمرهم جنكيز خان، ووضع لهم نظاماً قاسياً يحمهم به، بدأ ظهورهم في مهاجمة الخلافة العباسية عام ٦٠٦هـ، واستمر تقدمهم حتى سقطت عاصمة الخلافة بغداد عام ٦٥٦هـ، وتابعوا تقدمهم باتجاه مصر فانكسروا في معركة عين جالوت عام ٥٨٥هـ **(التاريخ الإسلامي، الدولة العباسية، محمود شاكر جزء ٢ ص ٣٢٩ وما بعدها بتصرف)**

(3) **العثمانيون:** قبائلَ تركية فرَّت من بلاد آسيا الوسطى أمام الزحف المغولي، وقد أسلم جدهم (عثمان بن أطغرل)، واستوطن هو وأتباعُه بلاد الأناضول، ومن ثم نجح في تشكيل دولة تُنسب إليه، فاتخذ مدينة – (قره حصار) قاعدة له، واستقل بعد مداهمة المغول للسلاجقة، وأصبح ملاذًا لكثير من المسلمين الذين يفرون من وجه التتار، وخاصة أنه أول من اعتنق الإسلام من أمراء قومه؛ ولهذا انتسب إليه الخلفاء من بعده؛ دلالة على ارتباطهم بالإسلام وليس بالعصبية، وتوفي في سنة (٧٢٧هـ)، وكان خلفاؤه من بعده قد أخذوا على عاتقهم جهاد البيزنطيين، وتقدم العثمانيون في أوروبا وفتحوا مناطق واسعة، وأخيرًا تمكن محمد الثاني من فتح مدينة القسطنطينية عام (٨٥٧هـ)، وغدا اسمها: (إسلام بول)، ويطلق عليها (إستانبول).

(تاريخ العالم الإسلامي الحديث والمعاصر، محمود شاكر ١/١٥١، ١٥٢).

٥٣٩ ق.م: سقطت بابل بيد قورش الذي أنهى الحكم الاشوري، وحوّل سوريا إلى ولاية فارسيّة.

٣٣٢ق.م: سوريا تخضع للإسكندر الكبير.

٣٢٣ق.م: وفاة الإسكندر وسوريا تخضع لحكم السلوقيين.

٣٠٧ق.م: تأسيس المدينة التاريخيّة إنطاكية التي أصبحت فيما بعد عاصمة المملكة السورية.

٦٤ق.م: الفتح الروماني وتشكيل الإقليم السوري الروماني.

٣٩٥م: إلحاق سوريا بالإمبراطورية الشرقيّة أي البيزنطية.

٦٣٦م: الفتح العربي – الإسلامي يحرّر سوريا من البيزنطيين بعد معركة اليرموك.

٦٦١م-٧٥٠م: دمشق عاصمة الأمويّين، أي عاصمة الإمبراطوريّة العربيّة الإسلاميّة.

٧٥٠م: العباسيّون يحلّون مكان الأمويين وبغداد تحلّ مكان دمشق كعاصمة للإمبراطورية العربيّة الإسلاميّة.

القرن التاسع: المماليك المصريون يحتلّون سوريا.

القرن العاشر: الحمدانيون في حلب يعجزون عن احتواء الهجمات البيزنطية.

١٠٧٦-١٠٧٧م: السلاجقة الأتراك يحتلّون دمشق ومن ثم القدس.

١٠٩٨: الحملات الصليبيّة تحوّل إنطاكية العاصمة إلى أمارة لاتينية.

١٠٩٩: قيام مملكة لاتينية في القدس.

١١٠٩: تأسيس كونتية لاتينيّة في طرابلس.

١٢٦٠: استرد المماليك فلسطين وسوريا من الصليبيين، وحكموا سورا حتى قدوم العثمانيين.

١٤٠٠-١٤٠١: تيمورلنك يخرب بغداد وسوريا.

١٥١٦: الفتح العثماني بعد معركة مرج دابق.

١٨٣١-١٨٤٠: حملة إبراهيم باشا من مصر تطرد العثمانيين مؤقتاً من سوريا.

١٩١٨: الحرب العالميّة الأولى تنهي الحكم العثماني على سوريا.

١٩٢٠: إعلان الملك فيصل ملكاً على سوريا.

١٩٢٠-١٩٤١: الانتداب الفرنسي على سوريا.

١٩٤١: استقلال سوريا[١].

---

(١) الموسوعة الجغرافية للوطن الغربي، ص٢٩٣

ثانياً: سوريا السياسية:

١- سوريا من بعد الاستقلال وحتى قيام دولة البعث:

نالَتِ الجُمهوريّةُ العربيّة السُوريّة استقلالَها عن الانتداب الفرنسيّ بعد حرب مريرة طويلة، استمرت ستاً وعشرين سنة، لطرد المحتل الفرنسي، وذلك من بداية الانتداب الفرنسي عام ٢٤ / ٧ /١٩٢٠م وحتى خروج آخر جندي فرنسي من سوريا في ١٧ / ٣ / ١٩٤٦م[1] قدم فيها الشعب السوري عدداً كبيراً من الشهداء، وتم الاعتراف بها دولة مستقلة في منظمة الأمم المتحدة وانضمت لجامعة الدول العربية، فشكلت فيها أول حكومة وطنية، وفيما يأتي قائمة بأسماء هؤلاء الرؤساء حسب التسلسل التاريخي لتوليهم مقاليد السلطة في البلاد:

١-شكري القوتلي [2](المرة الأولى):

---

(١) سورية في قرن د. منير الغضبان، ص ٨٣ -٨٤

(٢) ولد **شكري محمود القوتلي** في ٦ أيار/ مايو ١٨٩١ وكان أول رئيسٍ لسوريا بعد الاستقلال. بدأ القوتلي مسيرته السياسية كمعارضٍ يعمل على وحدة واستقلال الأراضي العربية من الحكم العثماني، وكان سجنه وتعذيبه نتيجةً لذلك. وأصبح شكري القوتلي مسؤولًا حكوميًا بعد تأسيس مملكة سوريا على الرغم من عدم اتفاقه مع فكرة الملكية، وشارك في تأسيس حزب الاستقلال الجمهوري. حُكم على القوتلي بالإعدام الفوري من قبل الفرنسيين الذين احتلوا سوريا في عام ١٩٢٠، فذهب إلى القاهرة وعاش هناك وعمل سفيرًا رئيسيًا للكونغرس السوري الفلسطيني مشكلًا علاقاتٍ خاصة قوية مع المملكة العربية السعودية. واستغل شكري القوتلي علاقاته مع المملكة العربية السعودية في تمويل الثورة السورية الكبرى التي حصلت بين عامي ١٩٢٥-١٩٢٧. أصدرت السلطات الفرنسية بعد ذلك العفو العام عن القوتلي في عام ١٩٣٠ وعاد إلى سوريا وأصبح تدريجيًا القائد الرئيسي للكتلة الوطنية وانتُخب رئيسًا لسوريا في عام ١٩٤٣، محققًا استقلال البلاد بعد ٣ سنوات من استلامه للحكم. وانتُخب القوتلي للحكم مرةً أخرى وحقق الوحدة بين سوريا ومصر مع الرئيس المصري جمال عبد الناصر. توفي القوتلي بعدها بنوبةٍ قلبية في لبنان بعد مغادرته لسوريا عقب الانقلاب البعثي في عام ١٩٦٣ وهزيمة سوريا في حرب الستة أيام في عام ١٩٦٧، دُفن في دمشق في ١ تموز/ يوليو ١٩٦٧. **موقع (تاريخ سورية المعاصر)**
https://bit.ly/٢RQ٢nVD

من ١٩٤٣/٨/١٧ حتى ١٩٤٩/٣/٣٠.

٢-حسني الزعيم[١]:

تسلم الحكم بموجب انقلاب عسكري من ١٩٤٩/٣/٣٠ حتى ١٩٤٩/٨/١٤

٣-محمد سامي حلمي الحناوي[٢] (رئيس المجلس العسكري الأعلى):

---

(١) ولد **حسني رضا محمد يوسف الزعيم** في مدينة دمشق عام ١٨٩٤، وتلقى دراسته المتوسطة والعليا في المدارس العسكرية بحلب وأدرنه واسطنبول، حيث تخرج من المدرسة الحربية برتبة مرشح سنة ١٩١٧. وبعد انتهاء الحرب العالمية الأولى تطوّع في جيش الأمير فيصل سنة ١٩١٩. وفي عام ١٩٢١ التحق بالقطعات الخاصة، ثم دخل المدرسة الحربية التي أعاد الفرنسيون افتتاحها في جامع دنكز، وتخرج منها برتبة ملازم في ١٩٢٣/٧/١٤. وتدرّج في الرتب العسكرية حيث رُقي إلى رتبة نقيب سنة ١٩٢٨ وإلى رتبة مقدم سنة ١٩٣٤. وفي شهر حزيران ١٩٤١ كان حسني الزعيم برتبة عقيد، وفي عام ١٩٤٦ أعيد حسني الزعيم إلى الخدمة في الجيش السوري برتبة عقيد، فعمل قائداً للواء الثالث في دير الزور اعتباراً من ١٩٤٦/٩/١٦، رئيسا للمحكمة العسكرية في حلب بدءاً من ١٩٤٧/٧/٢١. وفي أوائل عام١٩٤٨ تم فرزه إلى ملاك قوى الأمن الداخلي، وعُين برتبة زعيم «عميد» مديراً للشرطة والأمن العام بحلب، وعندما نشبت حرب فلسطين عام ١٩٤٨ أُعيد إلى الجيش بالرتبة نفسها. ثم رئيساً للأركان العامة بالوكالة بتاريخ ١٩٤٨/٥/٢٣. وفي صباح يوم الأربعاء ٣٠آذار ١٩٤٩ قام الزعيم حسني الزعيم بانقلابه ضد السلطات الشرعية، ورشح نفسه لمنصب رئاسة الجمهورية وفاز في الاستفتاء. وكان أول ما فعله الزعيم بعد انتخابه رئيسا للجمهورية أن رقُى نفسه لرتبة «مشير» وكان بذلك الضابط السوري الوحيد الذي حمل هذه الرتبة. كانت تجاوزات الزعيم كثيرة، مما أوغر ضده صدور العسكريين والمدنيين معاً، وهذا ساعد على نجاح انقلاب جرى ضده في ليلة ١٤/١٣ آب ١٩٤٩، بقيادة العقيد سامي الحناوي. وفي فجر يوم الانقلاب جرى اقتياد الزعيم من بيته إلى خارج دمشق في منطقة المزة، وهناك سمع من قائد المفرزة أنه تم الحكم عليه وعلى رئيس وزرائه محسن البرازي بالإعدام. وبعد تنفيذ الإعدام دفن في مقبرة قرية «أم الشراطيط» (الطيبيبة حالياً»، ثم نقلت رفاته إلى دمشق في عهد الشيشكلي، حيث تم دفنه فيها بالمراسم المعتادة. **موقع (تاريخ سورية المعاصر) https://bit.ly/٢RQ٢nVD**

(٢) ولد **محمد سامي حلمي الحناوي** في مدينة إدلب وتخرج من مدرسة دار المعلمين بدمشق سنة ١٩١٦ ودخل المدرسة العسكرية في إسطنبول فأقام فيها سنة. خاض معارك قفقاسيا وفلسطين في الحرب العالمية الأولى، ثم دخل المدرسة الحربية بدمشق سنة ١٩١٨ م وتخرج بعد عام برتبة ملازم ثان، وألحق بالدرك الثابت في سنجق الاسكندرونة، وكان من قوات الجيش السوري في معركة فلسطين سنة ١٩٤٨ م حيث رقي إلى رتبة عقيد. وعندما ثار حسني الزعيم على شكري القوتلي وأبعده عن الحكم، أبرق الحناوي يؤيد الانقلاب ويعلن ولاءه لحسني الزعيم، فجعله هذا زعيماً (كولونيل) وقائداً للواء الأول، ولما ضج الناس من سيرة حسني الزعيم، اتفق الحناوي مع جماعة كان بينهم ثلاثة من حزب أنطون

١٤-١٩٤٩/٨/١٥، تولى الرئاسة ليوم واحد.

٤-هاشم الأتاسي[1] (المرة الأولى):

من ١٩٤٩ إلى ١٩٥١، وانتهى حكمه بانقلاب.

٥-أديب حسن الشيشكلي[2] (المرة الأولى):

سعادة فاعتقلوا الزعيم ورئيس وزرائه محسن البرازي، وأعدموهما بعد محاكمة عسكرية سريعة يوم ١٤ أغسطس/آب ١٩٤٩، وأقاموا حكومة مدنية يشرف على سياستها العسكريون وفي مقدمتهم سامي الحناوي، وبعد يومين على الانقلاب سلم الحناوي السلطة رسمياً إلى هاشم الأتاسي الرئيس الأسبق الذي أذاع فوراً تشكيل الوزارة، ثم أعلن الحناوي أن مهمته الوطنية المقدسة قد انتهت، وأنه سيعود إلى الجيش، سُجن لفترة قصيرة بعد انقلاب أديب الشيشكلي آخر عام ١٩٤٩. انتقل بعد إطلاق سراحه إلى بيروت لكنه اغتيل بعد أقل من شهرين من قبل حرشو البرازي قريب محسن البرازي في ٣٠ تشرين أول ١٩٥٠، انتقاماً لمحسن البرازي ونقل جثمانه من بيروت إلى دمشق فدفن فيها.

موقع (تاريخ سورية المعاصر) https://bit.ly/٢RQ٢nVD

(١) ولد **هاشم خالد الأتاسي** في مدينة حمص عام ١٨٧٥م. في مدينة حمص وقد بدأ حياته ملحقاً بوالي بيروت عام ١٨٩٤م، ثم قائمقام عام ١٨٩٧ثم متصرفاً عام ١٩١٢م، عند ظهور الحركات العربية انضم إلى العربية الفتاة. فاز بمقعد حمص للمؤتمر السوري عام ١٩١٩م، وفي تاريخ ٦ آذار ١٩٢٠م، انتخب لرئاسة هذا المؤتمر. وفي عام ١٩٣٦ كان رئيساً للوفد المفاوض لفرنسا وبعد انتهاء المفاوضات انتخب رئيساً للجمهورية. وفي عام ١٩٣٩م، استقال من رئاسة الجمهورية بسبب نكول الفرنسيين عن المعاهدة التي اتفق عليها الطرفان في مفاوضات عام ١٩٣٦م، وبسبب تشجيع الفرنسيين للحركات الانفصالية في الجزيرة واللاذقية والسويداء فعاد إلى تزعم النضال الوطني ورفض عام ١٩٤٣م، العودة إلى رئاسة الجمهورية ورشح عوضاً عنه شكري القوتلي. تسلم الوزارة عام ١٩٤٩م، بعد الإطاحة بحسني الزعيم، وبعد إجراء الانتخابات للجمعية التأسيسية انتخب رئيساً للجمهورية. رفض البقاء في رئاسة الجمهورية بعد انقلاب أديب الشيشكلي فحضن حركة الأحزاب المؤتلفة ضد الدكتاتورية ثم عاد لرئاسة الجمهورية عام ١٩٥٤م. وفي ٦ كانون الأول سنة ١٩٦٠م توفي الرئيس هاشم الأتاسي في حمص، وخرجت جنازة كبيرة ومهيبة له هي الاكبر في تاريخ حمص، حضرها الرئيس المصري عبد الناصر إلى جانب كبار المسؤولين في الدولة. موقع **(تاريخ سورية المعاصر) https://bit.ly/٢RQ٢nVD**

(٢) ولد **أديب بن حسن الشيشكلي** عام ١٩٠٩ في مدينة حماه في سورية، من عائلة كبيرة ومعروفة، نشأ فيها وتخرج بالمدرسة الزراعية في سلمية، ثم بالمدرسة الحربية في دمشق، وهو ضابط (سني)، استولى على السلطة على دفعات منذ عام١٩٥١ وحتى عام ١٩٥٤ وكان قبلها أحد العسكريين السوريين الذين شاركوا في حرب١٩٤٨ وتأثر خلالها بأفكار الحزب السوري القومي الاجتماعي. ثم كان على رأس لواء اليرموك الثاني بجيش الإنقاذ في معارك فلسطين سنة ١٩٤٨، اشترك مع حسني الزعيم في الانقلاب

٢-٣/١٢/١٩٥١، تولى الرئاسة ليوم واحد.

٦-فوزي سلو[1]:

من ٣/١٢/١٩٥١ حتى ١/٧/١٩٥٣، وتسلم بعد انقلاب عسكري.

٧-أديب الشيشكلي (المرة الثانية):

من ١١/٧/١٩٥٣ حتى ٢٥/٢/١٩٥٤، وتولى السلطة بانقلاب عسكري، ثم اغتيل في البرازيل على يد شاب درزي عام ١٩٦٤.

٨-مأمون الكزبري[2] (المرة الأولى):

٢٥-٢٨/٢/١٩٥٤، ثلاثة أيام انتقالية.

الأول في ٣٠ مارس ١٩٤٩، كما اشترك مع الحناوي في الانقلاب الثاني في ١٤ مايو ١٩٤٩، ثم انقلب على سامي الحناوي في ١٩ ديسمبر ١٩٥٠، بسبب أزمة سياسية داخلية، استقال رئيس الدولة (الأتاسي) في ٢ كانون الأول ١٩٥١, و في اليوم الثاني نصب أديب الشيشكلي الزعيم فوزي سلو (من أصل كردي)، رئيساً للدولة، و بقي هذا رئيساً شكلياً حتى أن نصّب الشيشكلي نفسه رئيساً في ١٠ آب ١٩٥٣ بموجب "الاستفتاء" ونشر دستوراً جديداً، ثم بدأ الانقلاب عليه في حلب، ولما شعر الشيشكلي بأن زمام الأمور أفلت من يده، اضطر الشيشكلي الى تقديم استقالته والهروب من البلاد في ٢٥ فبراير ١٩٥٤، وركب سيارة متوجها إلى بيروت في ٢٥ شباط/ ١٩٥٤ ناجياً بنفسه إلى المملكة العربية السعودية حيث ظل لاجئاً إلى أن توجه سنة ١٩٥٧ إلى فرنسا ، وحُكم عليه غيابياً بتهمة الخيانة فغادر باريس سنة ١٩٦٠ إلى البرازيل حيث أنشأ مزرعة وانقطع عن كل اتصال سياسي. اغتيل في البرازيل عام ١٩٦٠ على يد شاب درزي هو نواف غزاله. فدفن في البرازيل ثم نقل رفاته إلى المدفن الواقع في تل الشهباء عند مدخل حماة، ثم نقل مرة أخرى إلى المقبرة الجديدة في قرية السريحين.

موقع (تاريخ سورية المعاصر) https://bit.ly/٢RQ٢nVD

(١) ولد **فوزي سلو** في حماة عام ١٩٠٥م.درس في الكلية الحربية في حمص، والتحق في القوات الخاصة الفرنسية. تسلم سلو رئاسة الجمهورية بعد انقلاب الشيشكلي في الثالث من كانون الأول ١٩٥١م. توفي عام ١٩٧٢.

(٢) ولد **مأمون الكزبري** عام ١٩١٤. كان المتحدث باسم البرلمان السوري في عهد الشيشكلي. شكل الحكومة بعد انهيار الوحدة. وتولى رئاسة الدولة ثلاثة أيام انتقالية، توفي عام ١٩٩٨.

موقع (تاريخ سورية المعاصر) https://bit.ly/٢RQ٢nVD

٩- هاشم الأتاسي (المرة الثانية):

فترة الحكم: ١٩٥٤-١٩٥٥ سنة واحدة عزل بالقوة.

١٠- شكري القوتلي (المرة الثانية):

من ١٩٥٥/٩/٦ حتى ١٩٥٨/٢/٢٢. وهو من أبرز دعاة الوحدة العربية في العصر الحديث، وأول رئيس عربي يتنازل عن الحكم طواعية للرئيس جمال عبد الناصر عام ١٩٥٨ من أجل وحدة سوريا ومصر. توفي عام ١٩٦٧.

١١- جمال عبد الناصر[١]:

تولى زمام الأمور بموجب اتفاقية الوحدة بين مصر وسوريا تحت اسم الجمهورية العربية المتحدة، من ١٩٥٨/٢/٢٢ حتى ١٩٦١/٩/٢٩. انتهت مدة حكمه بانفصال الدولتين عن بعضهما.

١٢- مأمون الكزبري (المرة الثانية):

تولى الحكم مؤقتا من ١٩٦١/٩/٢٩ حتى ١٩٦١/١١/٢٠.

صر في ١٥ يناير ١٩١٨، في حي باكوس الشعبي بالإسكندرية، لأسرة تنتمي إلى قرية بني مر بمحافظة أسيوط في صعيد مصر، ثم سافر إلى القاهرة لاستكمال دراسته الثانوية، فحصل على شهادة البكالوريا من مدرسة النهضة الثانوية بحي الظاهر بالقاهرة في عام ١٩٣٧، وبدأ حياته العسكرية وهو في التاسعة عشرة من عمره، فالتحق بالكلية الحربية وتخرج فيها برتبة ملازم ثان في يوليو ١٩٣٨، ثم عمل في منقباد بصعيد مصر فور تخرجه، ثم انتقل عام ١٩٣٩ إلى السودان ورُقي إلى رتبة ملازم أول، وفي عام ١٩٤٣ انتدب للتدريس في الكلية الحربية وظل بها ثلاث سنوات إلى أن التحق كلية أركان حرب وتخرج فيها في ١٢ مايو ١٩٤٨، وظل بكلية أركان حرب إلى أن قام مع مجموعة من الضباط الأحرار بثورة يوليو، ثم أصبح في يونيو ١٩٥٦ رئيساً منتخباً لجمهورية مصر العربية في استفتاء شعبي. وبعد هزيمة ١٩٦٧ اهتم عبد الناصر بإعادة بناء القوات المسلحة المصرية، ودخل في حرب استنزاف مع إسرائيل عام ١٩٦٨، توفي الرئيس جمال عبد الناصر في ٢٨ سبتمبر ١٩٧٠، بعد مشاركته في اجتماع مؤتمر القمة العربي بالقاهرة لوقف القتال الناشب بين المقاومة الفلسطينية والجيش الأردني، والذي عرف بأحداث أيلول الأسود بعد ١٨ عاماً قضاها في السلطة.

موقع (تاريخ سورية المعاصر) https://bit.ly/٢RQ٢nVD

١٣-عزت النص[١]:

تولى الحكم مؤقتا بغرض الإشراف على الانتخابات الرئاسية من ١٩٦١/١١/٢٠ حتى ١٩٦١/١٢/١٤، وكان حينها رئيسا للوزراء.

١٤-ناظم القدسي[٢]:

من ١٩٦١/١٢/١٤ حتى ١٩٦٣/٣/٨. توفي في الأردن عام ١٩٩٧.

١٥-لؤي الأتاسي[٣]:

---

(١) ولد **عزت النص** في دمشق عام ١٩١٢. حصل على شهادة دكتوراه دولة في الآداب. شارك في حكومة مأمون الكزبري، وتم تكليفه بوزارة التربية والتعليم والإرشاد القومي. في العشرين من تشرين الثاني ١٩٦١م، شكل الحكومة. توفي في دمشق عام ١٩٧٦.

موقع (تاريخ سورية المعاصر) https://bit.ly/٢RQ٢nVD

(٢) ولد **ناظم بك القدسي** في مدينة حلب عام ١٩٠٥ ودرس الحقوق في دمشق، ثم في الجامعة الأمريكية في بيروت، ثم في جامعة جنيف. كان من مؤسسي حزب الشعب في سوريا. أصبح رئيسا للجمهورية السورية في حكومة الانفصال (١٤ كانون الأول ١٩٦١ -٨ آذار ١٩٦٣). عمل كرئيس لمجلس النواب عام ١٩٥٤ وتولى إحدى الوزارات عام ١٩٤٩ لمدة ثلاثة أيام وترأس الحكومة السورية لمرتين في عام ١٩٥٠ و١٩٥١ غادر سورية إلى المنفى بعد انقلاب البعث في ٨ آذار عام ١٩٦٣، وتنقل بين أوروبا وبعض الدول العربية إلى أن استقر في عمان العاصمة الأردنية حيث وافته المنية في السادس من شباط عام ١٩٩٨. **موقع (تاريخ سورية المعاصر) https://bit.ly/٢RQ٢nVD**

(٣) ولد **لؤي بن أحمد سامي بن ابراهيم أفندي بن محمد الأتاسي** (١٩٢٦ -١١ نوفمبر ٢٠٠٣) في حمص عام ١٩٢٦. تخرج من الكلية الحربية بحمص عام ١٩٤٨م، ثم تابع دراساته العليا في كلية أركان الحرب العربية. وارتقى في المناصب العسكرية حتى بلغ رتبة اللواء ثم الفريق، واشترك في الحرب العربية-الإسرائيلية عام ١٩٤٨م كقائد فصيل، وعندما نهض الأتاسيون بانقلابهم على أديب الشيشكلي في ٢٥ فبراير ١٩٥٤ كان الأتاسي أحد المشتركين فيه إلى جانب العقيدين فيصل وزياد الأتاسيين، وقد كان لؤي الأتاسي أثناءها قائداً للشرطة العسكرية في حلب. تولى الأتاسي مهاماً عسكرية عدة ممثلاً فيها بلاده، وعاد إلى بلاده في تشرين الأول عام ١٩٦١م. وفي ٢٣ مارس ١٩٦٣ تولى الأتاسي منصب رئيس المجلس الوطني لقيادة الثورة، حتى ٢٧ يوليو من ذلك العام، توفي في حمص ١١ نوفمبر ٢٠٠٣. **موقع (تاريخ سورية المعاصر) https://bit.ly/٢RQ٢nVD**

حكم من ١٩٦٣/٣/٢٣ حتى ١٩٦٣/٧/٢٧، وكان قبل ذلك قائداً عاماً للجيش والقوات المسلحة. توفي عام ٢٠٠٣

١٦-أمين الحافظ[١]:

رئيس المجلس الجمهوري من ١٩٦٣/٧/٢٧ حتى ١٩٦٦/٢/٣، شهد عهده توجهاً اشتراكيا للاقتصاد، نفي إلى العراق ثم عاد عام ٢٠٠٣.

١٧-نور الدين الأتاسي[٢]:

من فبراير/شباط ١٩٦٦ حتى نوفمبر/تشرين الثاني ١٩٧٠. تم في عهده توقيع اتفاق إنشاء سد الفرات. توفي عام ١٩٩٢.

---

(١) ولد **أمين الحافظ** في حلب عام ١٩٢١م، رُفض انتسابه إلى الكلية العسكرية عدة مرات بسبب نشاطه في مظاهرات عام ١٩٣٦، وقُبِلَ بها سنة ١٩٤٦م. في بدء حياته السياسية انتسب إلى الكتلة الوطنية، جماعة إبراهيم هنانو، شكري القوتلي، سعد الله الجابري. دخل في عصبة العمل. ثم انتسب إلى حزب البعث العربي الاشتراكي. عين رئيساً للمجلس الوطني لقيادة الثورة في السابع والعشرين من تموز ١٩٦٣م، وشكل الوزارة في سورية بتاريخ الثالث من تشرين الأول عام ١٩٦٤ م. استمر في رئاسة المجلس الوطني لقيادة الثورة حتى تاريخ الثالث والعشرين من شباط ١٩٦٦، حيث حل المجلس الوطني لقيادة الثورة تاريخ الثالث والعشرين من شباط عام ١٩٦٦ الصادر عن القيادة القطرية بجلستها المنعقدة صباح الثالث والعشرين من شباط عام ١٩٦٦. أقام في العراق لسنوات عديدة، وفي عام ٢٠٠٣ عاد الى سورية أقام في حلب حتى وفاته في السابع عشر من كانون الثاني ٢٠٠٩م.
موقع (تاريخ سورية المعاصر) https://bit.ly/٢RQ٢nVD

(٢) ولد **نور الدين الأتاسي** في حمص عام ١٩٢٩. والده محمد علي الأتاسي، وجدّه القاضي والشاعر فؤاد الأتاسي. التحق الأتاسي بكلية الطب في جامعة دمشق عام ١٩٤٨م، وتخرج منها عام ١٩٥٥م، وخلال دراسته انضم إلى حزب البعث، وكان على رأس تنظيم الحزب في جامعة دمشق. تطوع نور الدين الأتاسي في خدمة الثورة الجزائرية. عاد نور الدين الأتاسي إلى سورية بعد قيام الوحدة بين مصر وسورية، وتخصص في الجراحة العامة في مستشفى دمشق لمدة ثلاث سنين، بعد انقلاب الثامن من آذار ١٩٦٣م، عين وزيراً للداخلية، ثم صار نائباً لرئيس الحكومة. بعد انقلاب الثالث والعشرين من شباط ١٩٦٦م، أصبح رئيساً للجمهورية وأميناً عاما لحزب البعث. سجن منذ عام ١٩٧٠ في سجن المزة، وبقي حتى عام ١٩٩٢م. توفي في باريس في الثالث من كانون الأول عام ١٩٩٢م، ونقل إلى حمص التي دفن فيها. **موقع (تاريخ سورية المعاصر) https://bit.ly/٢RQ٢nVD**

١٨-أحمد الخطيب[1]:

من نوفمبر/تشرين الثاني ١٩٧٠ حتى فبراير/شباط ١٩٧١، تولى الرئاسة لأربعة أشهر فقط.

١٩-حافظ الأسد[2]:

من ١٩٧١/٢/٢٢ حتى ٢٠٠٠/٦/١٠.

٢٠-عبد الحليم خدام[3]:

---

[1] ولد احمد حسن **الخطيب** في قرية نَمَر بمحافظة درعا عام ١٩٣٣م عين رئيسًا لسوريا خلفًا لنور الدين الأتاسي وذلك بعد انقلاب الـ ١٩٧٠ الذي قاده حافظ الأسد او ما يسمى بالحركة التصحيحية. استمرت ولاية الخطيب "الشكلية" أربعة أشهر فقط من تاريخ من ١٨ تشرين الثاني ١٩٧٠ إلى ٢٢ شباط ١٩٧١. وتوفي عام ١٩٨٢ موقع **(تاريخ سورية المعاصر)** https://bit.ly/٢RQ٢nVD

[2] ولد **حافظ علي سليمان الأسد** يوم ٦ أكتوبر/تشرين الأول ١٩٣٠ في بلدة القرداحة بمحافظة اللاذقية لأسرة علوية من المزارعين، وأتم تعليمه الأساسي في مدرسة قريته، ثم حصل على الثانوية من مدرسة جول جمال باللاذقية. التحق بالأكاديمية العسكرية في حمص عام ١٩٥٢، ثم بالكلية الجوية بحلب ليتخرج فيها عام ١٩٥٥، وانضم لحزب البعث في ١٩٤٦، وصار رئيسًا لاتحاد الطلبة في سوريا وبعد سقوط حكم أديب الشيشكلي صعد حزب البعث، واستفاد هو من ذلك واختير للذهاب إلى مصر للتدرب على قيادة الطائرات النفاثة، ثم إلى روسيا لتدريب إضافي وانتقل مع قيام الوحدة مع سرب للسلاح الجوي السوري للخدمة في مصر، ولم يتقبل مع عدد من رفاقه قرار قيادة حزب البعث بحل الحزب عام ١٩٥٨ فقاموا بتشكيل تنظيم سري عام ١٩٦٠ عرف بـ«اللجنة العسكرية»، والتي كان لها دور في الانقلابات في مطلع الستينيات، وتم فصله من الجيش، وبعد أن استولى حزب البعث على السلطة في انقلاب ٨ مارس ١٩٦٣، أعاده رفيقه صلاح جديد إلى الخدمة ورقي بعدها في عام ١٩٦٤ من رتبة رائد إلى رتبة لواء وقائد للقوات الجوية، ثم وزيراً للدفاع قبل تسلّمه السلطة في الانقلاب الذي قاده عام ١٩٧٠. واستمر في الحكم حتى توفي بدمشق في ١٠ يونيو/حزيران ٢٠٠٠ عن عمر ناهز السبعين، ودفن في مسقط رأسه في القرداحة من أعمال اللاذقية، في الساحل السوري. مصادر متعددة.
موقع **(تاريخ سورية المعاصر)** https://bit.ly/٢RQ٢nVD

[3] وُلد **عبد الحليم خدام** في مدينة بانياس في محافظة طرطوس عام ١٩٣٢درس الحقوق، وانضم إلى الاتحاد الوطني للطلاب في الخمسينيات حيث تعرف على حافظ الأسد. انضم إلى حزب البعث. عين محافظاً للقنيطرة من عام ١٩٦٦ وحتى ١٩٦٧.
في عام ١٩٧٠ صار عضواً في القيادة القطرية المؤقتة التي شكلها حافظ الأسد بعد انقلاب السادس عشر من تشرين الثاني ١٩٧٠م. شغل منصب نائب رئيس مجلس الوزراء ووزيرا للخارجية في الحكومة

من ٢٠٠٠/٦/١٠ حتى ٢٠٠٠/٧/١٧، تولى الرئاسة مؤقتا بعد شغور المنصب بوفاة الرئيس حافظ الأسد.

٢١-بشار الأسد[١]: من ١٧ يوليو/تموز ٢٠٠٠ حتى الآن[٢].

٢- سوريا في ظل حكم البعث[٣]:

التي شكلها حافظ الأسد عام ١٩٧١م. في أيار ١٩٨٤م، عين عبد الحليم خدام نائباً لرئيس الجمهورية. تابع الملف اللبناني في سورية، وشارك في تشرين الأول عام ١٩٨٣م، في مؤتمر "المصالحة الوطنية" اللبنانية في جنيف. كان له دور في اتفاق الطائف عام ١٩٨٩. استلم مهام رئيس الجمهورية بعد وفاة الرئيس حافظ الأسد وحتى استلام بشار الأسد الرئاسة في السابع عشر من تموز ٢٠٠٠م. غادر سورية إلى باريس عام ٢٠٠٥م. توفي في باريس ٣١ من مارس ٢٠٢٠م.
موقع (تاريخ سورية المعاصر) https://bit.ly/٢RQ٢nVD

(١) ولد **بشار حافظ الأسد** ١١ سبتمبر ١٩٦٥ هو الرئيس التاسع عشر لسوريا والخامس في تاريخ الجمهورية العربية السورية، يحكم منذ ١٧ يوليو ٢٠٠٠، بعد أن انتخبه الفرع السوري لحزب البعث العربي الاشتراكي أمينًا قُطريًا عامًا له خلفًا لوالده حافظ الأسد، الذي كان رئيسًا لسوريا في الفترة ما بين ١٩٧١ إلى ٢٠٠٠. وُلد بشار في دمشق وترعرع في القصر الجمهوري، وتخرج من كلية الطب جامعة دمشق عام ١٩٨٨ وبدأ عمله كطبيب في الجيش السوري. بعد أربع سنوات، استكمل دراساته العليا في مستشفى وسترن للعيون في لندن، متخصصاً في طب العيون. عام ١٩٩٤، بعد وفاة شقيقه الأكبر باسل في حادث سيارة، استدعي بشار لسوريا ليتولى دور باسل كولي للعهد. دخل الأكاديمية العسكرية، متولياً مسئولية التواجد العسكري السوري في لبنان عام ١٩٩٨. في ١٠ يوليو ٢٠٠٠، انتخب بشار رئيساً، ليخلف والده، الذي توفي قبل شهر. اعتبرت الكثير من الدول أن بشار مصلحاً محتملاً، دعته الولايات المتحدة، الاتحاد الأوروبي وغالبية الدول العربية للاستقالة من الرئاسة بعدما أصدر أوامره بالقمع والحصار العسكري لمحتجي الربيع العربي، مما أدى لاندلاع الحرب الأهلية السورية. وأفاد تحقيق الأمم المتحدة بوجود أدلة تورط الأسد في ارتكاب جرائم حرب. في يونيو ٢٠١٤، كان الأسد مدرجاً على لائحة اتهامات جرائم الحرب للمسؤولين الحكوميين والمتمردين التي سُلمت إلى المحكمة الجنائية الدولية. رفض الأسد اتهامات جرائم الحرب وانتقد التدخل في سوريا بقيادة أمريكية في محاولة لتغيير النظام. **تاريخ العلويين في بلاد الشام، إميل عباس آل معروف ج٣ص٥٩٥**

(٢) تاريخ سورية المعاصر ص ٨٢٦ -٨٢٧

(٣) **حزب البعث العربي الاشتراكي:** صاغه ميشيل عفلق ونقله عن القومية الألمانية التي تعتمد اللغة والتاريخ مقومين أساسيين في بناء الأمة، وأن يكون الفكر الاشتراكي الذي تأرجح بين الماركسية المادية حينا وبين الاشتراكية الاقتصادية حينا آخر، وقد أسسه ميشيل عفلق وانضم إليه صلاح الدين البيطار وجلال السيد وزكي الأرسوزي وأخذ شكل تنظيم سنة ١٩٤٢م. ولكن الحزب تأسس بشكل رسمي وانطلق

لقد كان لحزب البعث الذي أسسه ميشيل عفلق[1] تأثير فاعل في الحكومات التي طرأت على سوريا بعد الاستقلال عام ١٩٤٦م. ومنذ مارس ١٩٦٣م وإلى اليوم، كان التأثير الأكبر في الحكومات السورية المتعاقبة لحزب البعث وخاصة حكومة صلاح الدين البيطار (١٩٦٣م)، وأمين الحافظ (١٩٦٣-١٩٦٦م)، ونورالدين الأتاسي (١٩٦٦ -١٩٧٠م) حيث برز في هذه الفترة كل من صلاح جديد الذي عمل أمينًا عامًا للقيادة القطرية وحافظ الأسد الذي عمل وزيرًا للدفاع، ثم أصبح رئيس الجمهورية العربية السورية (١٩٧٠-٢٠٠٠م).

وقد وقعت سورية تحت حكم البعث ونفوذ الضباط البعثيين في قيادة اللجنة العسكرية، التي كان لها جهد رئيسي في انقلاب ٨ مارس١٩٦٣، وبدأ ذلك بالظهور تدريجياً، بعد نجاح الانقلاب الذي قاده: أمين الحافظ؛ وقد اختير من هؤلاء الضباط ذوي هذا التوجه كلّ ممثلي البعث في المجلس الوطني

بشكل عملي نضالي وتنظيم حزبي كامل في أبريل ١٩٤٧م. وقد حمل الحزب اسم البعث العربي بادئ الأمر، وبعد أن انضم إليه الحزب الاشتراكي العربي برئاسة أكرم الحوراني أصبح اسمه حزب البعث العربي الاشتراكي. وكان الحزب يطرح شعار الوحدة العربية والحرية والاشتراكية، وينادي بالنضال ضد الاستعمار بشتى صوره وأشكاله. وحزب البعث كما تقول أدبياته حزب قومي تأسست له فروع في الوطن العربي وفي المهجر وحيثما وجد العرب. **الاحزاب السياسية في سوريا حنا ص ٢٢٩.**

[1] ولد **ميشيل عفلق** في دمشق التاسع من كانون الثاني عام ١٩١٠م.أسس حزب البعث عام ١٩٤٠، وانتخب أميناً له في نيسان ١٩٤٠. وأصدر جريدة البعث عام ١٩٤٦م بالاشتراك مع صلاح الدين البيطار. انتخب نائباً عن الروم الأرثوذكس لدورة ١٩٤٥م. اختير وزيراً للمعارف في وزارة هاشم الأتاسي عام ١٩٤٩. بعد اندماج الحزبين، البعث والاشتراكي في حزب واحد، دعي حزب البعث العربي الاشتراكي، وانتخب أميناً عاماً له. غادر سورية بعد قيام حركة ٢٣ شباط عام ١٩٦٣ إلى العراق الذي استقر فيه حتى وفاته في الثالث والعشرين من حزيران ١٩٨٩عام. **موقع (تاريخ سورية المعاصر)** **https://bit.ly/٢RQ٢nVD**

لقيادة الثورة، وهي السلطة العليا في سورية؛ وهم: المقدم محمد عمران[1]، والمقدم صلاح جديد[2]، والرائد موسى زوابي.

وكانت سلطات ذلك المجلس واسعة؛ حتى إنها كادت تلغي سلطات مجلس الوزراء. وفي مقابل ذلك، تركت اللجنة العسكرية مقاعد البعث في الوزارة لحرسه القديم.

اعتقد الحرس القديم للبعث، أن مبادئ الحزب، تتوجه نحو الوحدة. ولكن عسكريي البحث في اللجنة العسكرية، شككوا في جدوى الوحدة؛ بل عارضوا

---

(1) ولد **محمد عمران** عام ١٩٢٢م. تخرج من الكلية العسكرية في حمص. شارك في الانقلاب على أديب الشيشكلي عام ١٩٥٤، وكانت مهمته السيطرة على مبنى الإذاعة والهاتف في حلب. انضم إلى حزب البعث، وكان أحد عناصر التنظيم العسكري في الحزب، واعتقل على أثر حادثة ٢٨ آذار ١٩٦٢م، وكان برتبة مقدم، ولم يفرج عنه الا في شباط عام ١٩٦٣م. بعد انقلاب آذار عاد إلى الجيش، كان وزيراً للدفاع قبيل قيام حركة ٢٣ شباط ١٩٦٦م، وتم إلقاء القبض عليه بعد الانقلاب، قبل ان يغادر سورية. اغتيل في طرابلس – لبنان في الرابع من آذار عام ١٩٧٢م. **موقع (تاريخ سورية المعاصر)** https://bit.ly/٢RQ٢nVD

(2) ولد **صلاح جديد** في ١٧ كانون الثاني من عام ١٩٢٩ في قرية الحديدية التابعة لمنطقة تل الكلخ، محافظة حمص، انتمى إلى حزب البعث العربي الاشتراكي في أواخر دراسته الثانوية، التحق بالكلية العسكرية في حمص عام /١٩٤٩ وتخرّج عام ١٩٥١ برتبة ملازم اختصاص مدفعية ميدان، ساهم في هذه الفترة بأهم حدثين سياسيين جريا في الجيش هما: الانقلاب ضد أديب الشيشكلي عام ١٩٥٤، وعصيان قطنا عام١٩٥٧ دعما للضباط الوطنيين التقدميين في قيادة الجيش. نُقل بعد قيام الوحدة للعمل في الجيش الثاني في الإقليم الجنوبي (مصر) وكان برتبة رائد، وخلال تواجده في مصر شارك في تشكيل اللجنة العسكريّة، وعندما حدث الانفصال في ٢٨ أيلول / سبتمبر عام ١٩٦١ كان موجوداً في مصر، وعاد جديد إلى سورية. وساهم في ثورة آذار حيث رقي إلى رتبة لواء في الجيش. وفي مؤتمر حزب البعث في نيسان ١٩٦٤ انتخب أميناً مساعداً للحزب، وكانت هذه أول مرة يصعد فيها بعثيون عسكريون إلى القيادة السياسية. كان صلاح جديد يمثل اليسار الماركسي في قيادة الحزب. وفي شباط ١٩٦٦ قام ورفاقه بالانقلاب على أمين الحافظ. تم سجنه في سجن المزة في عام ١٩٧٠، حوالي ثلاث وعشرون سنة، وتوفي في السجن في ١٩٩٣. **موقع (تاريخ سورية المعاصر)** https://bit.ly/٢RQ٢nVD

أيّ مهاودة للناصريين[1] في سورية؛ ما نزغ هؤلاء ونظرائهم البعثيين في حكومة دمشق، وانتهى إلى ضرب الناصرية وإقالة وزرائها، وطرد كثير من ضباطها السنة من الجيش السوري[2].

في الوقت نفسه، دعمت اللجنة العسكرية نفوذها في صفوف الجيش، بإعادتها إليه الضباط البعثيين المسرحين، وتعيين قيادات بعثية (علوية) في مناصب عسكرية مهمة، وترقية بعض ضباط الصف الموالين للبعث إلى درجة ضباط. وحازت اعترافاً رسمياً بها في صفوف حزب البعث. واستحوذت على جهازه العسكري، الذي عُدِّل نظامه الداخلي، ليمنحها ميزة خاصة. ودفعت أعضاءها إلى قيادته القطرية، لتُحْكم عليه قبضتها. كما نجحت في السيطرة على الدخل السوري، من خلال تعيين أمين حافظ، في ١٣ مايو ١٩٦٣، نائباً لرئيس الوزراء، في وزارة البيطار الثانية؛ مع احتفاظه بوزارة الداخلية. وأمعنت في تسلطها على الجيش، بتمهيدها لتَوَلّي صلاح جديد منصب شؤون الضباط؛ ثم ساعدته على الوصول إلى رئاسة أركان الجيش السوري. وإثر تَوَلِّي أمين الحافظ رئاسة الدولة، في ١٤ مايو ١٩٦٤، إلى جانب رئاسته للوزارة، أمست اللجنة العسكرية مهيمنة على الحكومة والدولة معاً؛ ثم على الحزب بكماله، من خلال مؤتمره السابع، الذي عقد في يوليه ١٩٦٤[3].

أولاً: الدور السنّي في مواجهة البعث:

---

(١) تيار حزبي يدعو إلى الوحدة العربية ويجعل ما كان يدعو إليه الرئيس المصري جمال عبد الناصر دستوراً لهذه الوحدة على أساس القومية العربية، وينتشر هذا التيار في مصر وسوريا وله تواجد في غالب الدول العربية.

(٢) نيكولاس فان دام الصراع على السلطة في سورية، ص ٦٠

(٣) المصدر السابق ص ٨٠

استاء المسلمون السَّنة من استئثار حزب البعث بالسلطة. وزكّى استياءهم تنظيم الإخوان المسلمين والذي أسسه في سوريا د. مصطفى السباعي[١].

ولاحت أولى بوادر امتعاضهم في اصطدام طائفي، في ١٨ فبراير ١٩٦٤، في بانياس، بالقرب من المنطقة العلوية، بين طلاب بعثيين، معظمهم من العلويين؛ وطلاب آخرين جميعهم من السنَّة.

دأب الإخوان المسلمون في تحريضهم، فاستجاب لهم تجار حمص، بإعلانهم إضراباً واسعاً. ولكن السلطات البعثية، بطشت بهم، وألفت محاكم طوارئ عسكرية، أصدرت أحكاماً بالإعدام والسجن على قادة الإضراب. ولم يردع ذلك البطش حماة عن الإضراب، إثر اعتقال أحد طلابها الجامعيين، في ٥ أبريل ١٩٦٤. وتنادى زملاؤه إلى إضراب، أئمة المساجد، ليدعوا إلى إنقاذ البلاد من "المهرطقين". وبادرت قوات الأمن إلى التصدي للطلاب، فقتلت أحدهم؛ ما أثار المدينة، فأعلنت، في ١٢ أبريل، الإضراب الشامل ولم يتردد حزب البعث

---

(١) ولد **مصطفى حسني السباعي** عام ١٩١٥م في مدينة حمص بسورية، وكان أبوه وأجداده يتولون الخطابة في الجامع الكبير بحمص، وقد تأثر في أول نشأته بأبيه الشيخ حسني السباعي. درس الدين وقواعد الشريعة وأنهى دراسته الثانوية في حمص عام ١٩٣٠، ثم غادر إلى مصر لمتابعة دراسة القانون الإسلامي في جامعة الأزهر. حصل على الدكتوراه، وأثناء دراسته تعرف على الإخوان المسلمين في مصر، ونشر فكرة الجماعة وتنظيمها في سورية. سجن مرات عدة في سوريا ومصر وفلسطين ولبنان بسبب أنشطته السياسية والدعوية المعارضة للبريطانيين والفرنسيين، وأصيب في السجن بمرض مزمن لازمه لفترة طويلة. عمل في التدريس في المدارس الثانوية في حمص، وفي المعهد العربي الإسلامي في دمشق، ثم أستاذا للقانون في كلية الحقوق بجامعة دمشق. شارك في حرب العام ١٩٤٨ على رأس مجموعة من المتطوعين من الإخوان المسلمين، وعمل رئيسا للجنة موسوعة الفقه الإسلامي التي كانت تعدها كلية الشريعة بجامعة دمشق. انتخب عضوا في البرلمان عام ١٩٤٩، أصيب بشلل نصفي عام ١٩٥٧، ولكن جهوده العلمية والسياسة تواصلت رغم المرض، ألف في ذلك العام كتابه الشهير "اشتراكية الإسلام"، وفي العام ١٩٥٩ أسس مجلة "حضارة الإسلام" وترأس تحريرها. في العام ١٩٦٢ ألف خلال إقامته في المستشفى كتابه "هكذا علمتني الحياة". توفي عام١٩٦٤.

موقع (تاريخ سورية المعاصر) https://bit.ly/٢RQ٢nVD

في دفع الجيش، أول مرة، إلى المواجهة، حيث فتح النار، في ١٤ أبريل، على المعتصمين بجامع "سلطان" في حماة[1].

ثانياً: محاولات حكومة البعث احتواء التوتر:

أدرك قادة حزب البعث إخفاقهم في إدارة النظام السياسي للبلاد، باعتمادهم على الوسائل: العسكرية والقهرية. وأيقنوا بأن تعصبهم الحزبي، قد أجبر المسلمين السنَّة –وهم الأغلبية العظمى في سورية –على تعصب ديني تقليدي. فتدارك البعثيون الأزمة بإجراءات سياسية، أهمها:

١-الإسراع بإصدار دستور للدولة، في مايو ١٩٦٤؛ نصت مادته الثالثة، على "أن دين رئيس الدولة، هو الإسلام؛ وأن الشريعة الإسلامية، هي مصدر رئيسي للتشريع". وما ذلك إلا استرضاء للمسلمين المتدينين؛ وإن ناقض عقيدة البعث العلمانية.

٢-تحذير قيادة البعث القطرية، في نشرة حزبية، في يونية ١٩٦٤، محازبيها من استخدام بعض المصطلحات، مثل "ثلاثية البعث المقدسة"، والذي يشير إلى شعار الحزب الثلاثي: "وحدة، حرية، اشتراكية"؛ إذ إن تلك المصطلحات، يستغلها الأعداء لتحريض المواطنين المتدينين على الحزب.

٣-استخدام أسلوب القمع والترضية، في التعامل مع المسائل: الدينية والشعبية، وخصوصاً مع الفئات السُّنية[2].

ثالثاً: تصارع البعثيين على السلطة، وظهور حافظ الأسد:

استمر الصراع بين أعضاء اللجنة العسكرية لحزب البعث، ولاسيما بين أمين الحافظ، رئيس تلك اللجنة ورئيس الجمهورية، وهو سني من حلب؛ وبين محمد

---

(١) سورية في قرن، د. منير محمد الغضبان: ص ٢٦٧ وما بعدها (بتصرف)

(٢) تاريخ سورية المعاصر ص ٢٦٠ وما بعدها

عمران، وهو نصيري، وكان يشغل منصب نائب رئيس الوزراء لشؤون الصناعة، بعد أن فشل في تولي منصب رئاسة أركان الجيش. ورجّح أولهما انضمام علويَّين إليه، يسعيان إلى تحقيق مصالحهما الذاتية؛ وهما: صلاح جديد؛ وقائد القوات الجوية، حافظ الأسد. فانتهى الصراع إلى هزيمة عمران، وعزله من القيادة القطرية لحزب البعث، وإبعاده سفيراً لسورية في مدريد[١]، ثم تم استدراجه واغتياله في طرابلس اللبنانية عام ١٩٧٢ بتوجيه من الأسد[٢].

ما إن حسم أمين الحافظ صراعه الأول، حتى استعر بينه وبين صلاح جديد، رئيس أركان الجيش، صراع مرير، جعله شائكاً، في منتصف عام ١٩٦٥، أن الحافظ، على شعبيته وسلطته الواسعة، يفتقر إلى تأييد القوات المسلحة، التي يسيطر عليها خصمه. عندئذٍ، تماكر الطرفان فاقترح أمين الحافظ، أن يبتعدا كلاهما عن الجيش؛ فيتفرغ هو لمنصب رئيس مجلس الرئاسة، ويحتفظ، كأيّ رئيس دولة؛ بمنصب القائد الأعلى للقوات المسلحة؛ ويكون صلاح جديد نائباً له في الحالَين. فردّ صاحبه باقتراح، يلغي مجلس الرئاسة كلية، ويقصر على كلٍ من رئيس الدولة والقائد الأعلى للقوات المسلحة سلطات حصرية خاصة. واستمر الأمر على ذلك، وفي ٢٣ فبراير ١٩٦٦، وقع انقلاب، تدعمه القوات الجوية، التي يقودها اللواء حافظ الأسد؛ ما صبغ النظام البعثي بصبغة علوية واضحة، وإن لم تكن كاملة. فقد حرص جديد على تعيين نور الدين الأتاسي رئيساً للدولة، ويوسف زعين[٣] رئيساً للوزراء، وهما سُنيان تنفيذاً لما ورد في

---

(١) تاريخ سورية المعاصر، كمال ديب ص ٣٦٩

(٢) سورية في قرن د. منير الغضبان، ص ٦٨٦ وتاريخ سورية المعاصر ص ٣٧٩

(٣) ولد **يوسف زعين** في بلدة البو كمال عام ١٩٣١. وتخرج من كلية الطب بجامعة دمشق. شكل يوسف زعين الحكومة السورية في تشرين الثاني ١٩٦٨ توفي عام ٢٠١٦.

موقع (تاريخ سورية المعاصر) https://bit.ly/٢RQ٢nVD

دستور عام ١٩٦٤. وعيَّن الفريق حافظ الأسد وزيراً للدفاع، وأحمد سويدان[١] رئيساً للأركان، وإبراهيم ماخوس[٢] وزيراً للخارجية. وظل هو نفسه على رأس التنظيم الحزبي[٣].

- **كيف وصل حافظ الأسد إلى السلطة وانقلب على رفاق دربه:**

وصل حزب البعث العربي الاشتراكي إلى السلطة في سوريا عبر انقلاب عسكري في الثامن من آذار لعام ١٩٦٣م، بقيادة لجنة عسكرية خماسية أغلبها ضباط نصيرية، وسُرح[٤] بعدها ما لا يقل عن ٧٠٠ ضابط من كبار ضباط أهل السنة، ومُلئ الفراغ بضباط من الأقليات وخاصة الطائفة النصيرية[٥].

ثم تلاه انقلاب عام ١٩٦٦م[٦]، حيث أطيح برئيس الدولة السني "أمين الحافظ" وأُبعد معارضو "صلاح جديد" ممن قاوموا تحكم الأقليات وتسلطهم، وتم الإجهاز على القيادة القومية للحزب، وأسفر الانقلاب عن تصفية ضباط أهل

---

(١) اللواء **أحمد سويدان** ضابط سني من حوران، تولى رئاسة الأركان في الجيش السوري، وتولى قيادة الجيش في حرب ١٩٦٧ وحاول إفشال خطة تسليم الجولان فعوقب بعد الانقلاب بالسجن ٢٥ عاماً. **موقع (تاريخ سورية المعاصر) https://bit.ly/٢RQ٢nVD**

(٢) ولد **إبراهيم ماخوس** في اللاذقية عام ١٩٢٨م، تخرج من كلية الطب في جامعة دمشق. تطوع في جيش التحرير الجزائري عام ١٩٥٧م، وعاد إلى دمشق وتخصص بالجراحة، وعمل طبيباً في مستشفى المجتهد. انتسب إلى حزب البعث منذ تأسيسه. عين بعد انقلاب آذار ١٩٦٣م، وزيراً للصحة. ثم صار عضواً في القيادة القطرية. في عام ١٩٦٥م، انتخب عضوا في القيادة القومية، ثم شغل منصب وزير الخارجية السوري حتى عام ١٩٦٨م، بعدها تفرغ في مكتب الفلاحين في القيادة القطرية. بعد عام ١٩٧٠ غادر سورية إلى الجزائر. توفي في الجزائر يوم الثلاثاء العاشر من أيلول ٢٠١٣ عن عمر يناهز ٨٥ عاماً. **موقع (تاريخ سورية المعاصر) https://bit.ly/٢RQ٢nVD**

(٣) سورية في قرن د. منير الغضبان، ص ٢٣٣ وما بعدها بتصرف.

(٤) التسريح: الاستغناء عن خدماته والطرد من الجيش.

(٥) تاريخ سوريا المعاصر، كمال ديب ص ٣٤٩

(٦) الجيش والسياسة في سورية، د. بشير زين العابدين ص ٤٠٥

السنة البارزين، وعن ازدياد تمثيل الأقليات الدينية مرة أخرى[1]، وعُين حافظ الأسد وزيراً للدفاع، وجرى على قدم وساق تصفية ضباط أهل السنة من أركان الدولة[2]، حتى الذين ساندوا حزب البعث ممن خُدع بالشعارات القومية للحزب.

وفي عام ١٩٦٧م اندلعت حرب[3] بين الكيان الصهيوني ودول الطوق (مصر – الأردن – سوريا) واستطاعت الصهاينة في هذه الحرب احتلال غزة وسيناء والقدس والضفة الغربية والجولان، وكانت مشاركة الجيش السوري خلال هذه الحرب خجولة في مساندة مصر والأردن، حتى قيل إن هذا كان من أسباب النكبة والخسائر الكبيرة في العتاد والأرواح إضافة للمناطق الجديدة التي سلبتها اسرائيل، كما أذاع وزير الدفاع (حافظ الأسد) خبر سقوط القنيطرة قبل ثلاث ساعات من حصوله[4].

ثم بدأت الخلافات تظهر بين شركاء الانقلاب صلاح جديد (الأمين القطري المساعد لحزب البعث العربي الاشتراكي) وحافظ الأسد (وزير الدفاع)، ووصلت إلى ذروتها عندما رفض حافظ الأسد المساندة الجوية للقوات السورية التي تدخلت في الأردن لصالح منظمة التحرير الفلسطينية في حربها مع المملكة الأردنية فيما يعرف بأحداث أيلول الأسود، ما أدى لخسارة مهمة القوات السورية، فدعا صلاح جديد إلى مؤتمر طارئ للقيادة القومية في ٣٠ تشرين الأول لمحاسبة وزير الدفاع حافظ الأسد، و أصدر المؤتمر قراره الشهير بضرورة إعفاء حافظ الأسد من منصب وزير الدفاع، فسارع حافظ

---

(١) سورية في قرن د. منير الغضبان، ص ٢٥٣ وما بعدها
(٢) الجيش والسياسة في سوريا، د. بشير زين العابدين، ص٣٧٨
(٣) والتي سميت بحرب النكبة.
(٤) سقوط الجولان، خليل مصطفى، ص ٩٨ وما بعدها

الأسد بأوامره للجيش باحتلال كافة فروع الحزب، بمساعدة مصطفى طلاس[1] – رئيس الأركان – ورفعت الأسد[2] – شقيق حافظ – الذي كان يرأس قوى الأمن.

واعتُقِل صلاح جديد ورئيس الجمهورية نور الدين الأتاسي "السني" في ١٣/١٠/١٩٧٠م، وفر كثيرون من أعضاء المؤتمر إلى لبنان تفادياً للاعتقال. وبقي اللواء صلاح جديد في سجن المزة حتى وفاته في ١٩/ آب/ ١٩٩٣م[3]، أما نور الدين الأتاسي فقد أطلق سراحه بعد أكثر من عشرين عاماً، قضاها في السجن، وتوفي بعدها بقليل. ولقي العديد من زملاء الكفاح لحافظ الأسد من البعثيين –المدنيين والعسكريين–المعارضين له المصير نفسه[4].

---

(١) ولد **مصطفى عبد القادر طلاس** في ١١ مايو ١٩٣٢ في بلدة الرستن في محافظة حمص. تلقى دروسه الابتدائية والاعدادية في بلدة الرستن حتى العام ١٩٤٨. حصل على الشهادة الثانوية ١٩٥١. انضم إلى حزب البعث منذ سنة ١٩٤٧. انتسب إلى الكلية العسكرية سنة ١٩٥٢ وتخرج برتبة ملازم في سلاح المدرعات سنة ١٩٥٤. اشترك في فبراير ١٩٦٦ في الانقلاب الذي أطاح بالرئيس أمين الحافظ وعين بعدها قائدا للمنطقة الوسطى واللواء المدرع الخامس. سنة ١٩٦٨ أصبح رئيسا للأركان ونائب وزير الدفاع. اشترك في نوفمبر ١٩٧٠ في الحركة التصحيحية التي قادها حافظ الأسد. لعب دورا مهما في إحباط سيطرة رفعت الأسد على الحكم سنة ١٩٨٤. تقاعد في مايو ٢٠٠٤. أعلن انشقاقه عن الجيش في يوليو ٢٠١٢ توفي مصطفى طلاس يوم الثلاثاء ٢٧ يونيو ٢٠١٧ في مستشفى بباريس. **موقع (تاريخ سورية المعاصر) https://bit.ly/٢RQ٢nVD**

(٢) ولد **رفعت الأسد** في القرداحة في الثاني والعشرين من آب ١٩٣٧م. شارك في انقلاب ٢٣ شباط ١٩٦٦م.ساند شقيقه حافظ الأسد أثناء خلافه مع صلاح جديد وأعضاء القيادة القطرية، وشارك في انقلاب عام ١٩٧٠م. ترأس سرايا الدفاع في سورية. وأثناء مرض حافظ الأسد حاول السيطرة على السلطة في سورية، وتصاعد الخلاف بينه وبين شقيقه حافظ الأسد. تم حل الخلاف بواسطة روسيا، بتحويل رفعت الأسد إلى منصب مدني وتعيينه نائباً لرئيس الجمهورية، على أن يغادر سورية مؤقتاً. غادر رفعت الأسد في طائرة إلى موسكو، ونقل معه مبلغاً كبيراً من المال بحسب المصادر نحو ٢٠٠ مليون دولار، وفي تلك الفترة لم يكن هذا المبلغ متواجد في مصرف سورية المركزي، ما دفع حافظ الأسد لطلب المبلغ من القذافي. بعد انتقال رفعت إلى موسكو رفض حافظ الأسد عودته، فانتقل رفعت الى باريس. **موقع (تاريخ سورية المعاصر) https://bit.ly/٢RQ٢nVD**

(٣) سورية في قرن د. منير الغضبان، ص ٦٩٣

(٤) الصراع على السلطة في سوريا، نيكولاس فان دام / ص: ٨٣

وعين أحمد الحسن الخطيب "السني" رئيسًا للجمهورية مؤقتًا، ثم جرى استفتاء شعبي شكلي في ٢٢ آذار/ مارس ١٩٧١ على قائد الانقلاب والذي سمي زوراً (الحركة التصحيحية)، وزعمت وسائل الإعلام الحكومية مشاركة ٩٥٪ من الشعب في العملية الاستفتائية التي فاز فيها حافظ الأسد (بأكثرية ساحقة) وصلت إلى ٩٩.٢٪.

ليصبح أول رئيس نصيري لسوريا ولمدة سبع سنوات، تلتها استفتاءات مشابهة في أعوام ١٩٧٨ و١٩٨٥ و١٩٩٢ و١٩٩٩.

الدولة التي صنعها حافظ الأسد لنفسه:

عيّن حافظ الأسد عام ١٩٧٣م لجنة لصياغة الدستور، وأُقِرَّ في ١٢ مارس/آذار باستفتاء شعبي يشبه استفتاء تسلمه السلطة لعام ١٩٧١م.

نصّ الدستور على وجوب كون الرئيس "عربيًا سوريًا"، ونصّب حزب البعث قائداً للدولة والمجتمع محتكرًا بذلك الحياة السياسية. أما رئيس الجمهورية فتُرَشِحُهُ القيادة القطرية لحزب البعث عن طريق مجلس الشعب للاستفتاء دون وجود أي مرشح آخر، وأعطاه الدستور صلاحيات شبه مطلقة، فهو رئيس السلطة التنفيذيّة وله سلطة إصدار التشريع منفردًا أو حجب تمرير تشريع أقره البرلمان، ورئيس المجلس الأعلى للقضاء والمعيّن للمحكمة الدستورية العليا والقائد الأعلى للجيش والقوات المسلحة، وسواها من الصلاحيات كتعيين الموظفين المدنيين والعسكريين واستفتاء الشعب في قضايا تُعد مقررة حتى لو كانت مخالفة للدستور، فضلاً عن كونه منتخبا لمدة سبع سنوات مفتوحة الإعادة والتكرار. كما عدّ الدستور الاقتصاد السوري اشتراكياً يقوم على القطاع العام بشكل أساسي.

احتوى الدستور – شكلياً –على قوانين للحريات والحقوق، بقيت معطلة بسبب القوانين البعثية الفوق دستورية:

• قانون الطوارئ لعام ١٩٦٣ والذي يحظر التظاهر ويتيح الاعتقال التعسفي والتنصت رغم أنها جميعًا حقوق دستورية.

• قانون حماية الثورة الذي صدر بالمرسوم التشريعي رقم ٦ لعام ١٩٦٥.

• قانون المحاكمات العسكرية رقم ١٠٩ لعام ١٩٦٨، والذي شرّع تقديم المدنيين للمحاكمات العسكرية.

• قانون إحداث محاكم أمن الدولة الذي صدر بالمرسوم التشريعي رقم ٤٧ لعام ١٩٦٨.

• قانون إعدام كل منتسب أو ينتسب للإخوان المسلمين رقم ٤٩ لعام ١٩٨٠ على خلفية أحداث الثمانينات[١].

وهذا الدستور يعد الأسوأ على مدى تاريخ سوريا، إلا أنه كان الأطول، فقد استمر ٣٩ عاماً، وعدل مرتين فقط، كانت الأولى عام ١٩٨١م لتغيير العلم، والثانية عام ٢٠٠٠م لتعديل عمر رئيس الجمهورية من ٤٠ سنة إلى ٣٤ سنة ليتيح لبشار الأسد[٢] خلافة والده في السلطة.[٣]

أما الشعب السوري وحقوقه فلم يعر لها النظام الحاكم أي اهتمام، ولم يلغِ الأحكام العرفية طوال هذه العقود، بل لم يُجرِ أي تعديل ولو بسيطاً ليحسن من واقع حرياتهم وحقوقهم.

---

(١) الصراع على السلطة: نيكولاس فان دام / ص: ١٦٧

(٢) سبق التعريف به.

(٣) تاريخ سورية المعاصر ص ٧٢٤

الفصل الأول: سوريا تحت حكم بشار الأسد:

ويشتمل على الآتي:

المبحث الأول: واقع سوريا العام في عهد بشار الأسد.

المبحث الثاني: العمل الدعوي في ظل حكم البعث:

المبحث الأول: واقع سوريا العام في عهد بشار الأسد:

وفيه مطلبان:

المطلب الأول: الحالة السياسية والاجتماعية.

المطلب الثاني: الحالة الدينية.

المطلب الأول: الحالة السياسية والاجتماعية:

منذ أن وصل حافظ الأسد بانقلابه إلى الحكم في سوريا وهو يشعر بالخوف من انتهاء حياته، بأي طريقة كانت، فكان يحرص على أن يكون له من يخلفه في الحكم، فأول من وثق به وبدأ بإعداده أخيه رفعت الأسد، فأسند إليه كثيراً من المهام، ومكّنه من قيادة سرايا الدفاع، وأعطاه كثيراً من المزايا والسلطات في الدولة، واستمر رفعت مساعداً لأخيه وظهيراً له لفترة طويلة ناهزت ثمانية عشر عاماً، حتى كان عام ١٩٨٤ والتي عانى فيها حافظ الأسد من المرض، وشعر من حوله بقرب أجله، فحاول رفعت الإطاحة بأخيه عبر انقلاب عسكري باشر فيه بتاريخ ١٣ آذار ١٩٨٤، ولكن ذلك لم يتم، وبدأ الشرخ بينه وبين أخيه من ذلك التاريخ، والذي انتهى بواسطة من أمهم بتعيينه نائباً لرئيس الجمهورية، واستمر في هذا المنصب حتى تم عزله منه عام ١٩٩٨، ثم اختار لنفسه النفي خارج سوريا بشكل طوعي فغادرها إلى لندن ثم باريس، وتم إنهاء تواجده بعد ذلك بعام[١].

بعد هذه التجربة الصعبة التي مرت بحافظ الأسد مع أخيه عام ١٩٨٤، توجه نظره لابنه باسل[٢] والذي لقي مصرعه بحادث سير وهو في طريقه إلى مطار العاصمة السورية دمشق في ٢١ من كانون الثاني ١٩٩٤م.

---

(١) تاريخ سورية المعاصر ص ٦١٥ وما بعدها

(٢) ولد **باسل حافظ الأسد** في ٢٣ من آذار ١٩٦٢ في مدينة دمشق، وفيها أنهى دراسته الثانوية عام ١٩٧٨، في معهد الحرية، وانتسب الى حزب البعث في عمر الثالثة عشره ، وحصل على شهادة بكالوريوس في الهندسة المدنية عام ١٩٨٣-١٩٨٤، ثم انتسب إلى القوات المسلحة متطوعاً في ١٩٨٤/٩/٢٤، وتخرّج في كلية المدرعات مهندساً قيادياً برتبة ملازم أول، وشرع الأسد بتهيئة ابنه على كل الأصعدة إن كانت عسكرية عبر تسليمه عدة مناصب عسكرية، أو سياسية عبر إيفاده في ١٩٩٢ إلى السعودية في أول مهمة دبلوماسية له للقاء الملك فهد بن عبد العزيز ، إضافة إلى إعطائه صلاحيات للتدخل في الشؤون الداخلية والعسكرية في سوريا، كما كان من أكبر داعمي أبيه في خطواته نحو توقيع

فتوجه نظر الأسد لابنه الثاني بشار[1]، الذي درس الطب في جامعة دمشق وتخرج طبيبا في عام ١٩٨٨، ثم عمل في مستشفى تشرين العسكري بدمشق ليتخصص عام ١٩٩٢ في بريطانيا في طب العيون عاد عام ١٩٩٤ إلى دمشق ليولي وجهه شطر العمل السياسي تحضيرا لمهام خلافة أبيه[2]. تم تكليفه بالملف اللبناني عام ١٩٩٥ نظرا لتشابك العلاقات السورية اللبنانية، ثم لعب عام ١٩٩٨ دورا بارزا في تنصيب الرئيس اللبناني إميل لحود.

كما زار بشار عددا من الدول العربية (الأردن، البحرين، السعودية، الكويت، عمان) ثم استقبله الرئيس الفرنسي جاك شيراك في ٧ نوفمبر/ تشرين الثاني ١٩٩٩ في قصر الإليزيه إذ كان لا بد من زيارة باريس التي تمسك جزءا هاما من خيوط الملف اللبناني.

جرى الإعداد السريع لبشار على عدة مستويات من أبرزها المستوى العسكري، حيث انتسب إلى القوات المسلحة وتدرج في السلك العسكري كالتالي:

١٩٩٤ التحق بسلاح الإدارة في الجيش السوري برتبة نقيب.

١٩٩٥ رقي إلى رتبة رائد.

١٩٩٧ أصبح مقدم ركن.

١٩٩٩ أصبح عقيد ركن.

بعد وفاة حافظ الأسد في ١٠ يونيو/ حزيران ٢٠٠٠ تم الحديث عن رفعت الأسد، عمّ بشار، الذي كان صاحب النفوذ الأكبر في سوريا في السبعينيات،

سلام مع إسرائيل، وفي ٢١ من كانون الثاني ١٩٩٤ لقي مصرعه بحادث سير وهو في طريقه إلى مطار العاصمة السورية دمشق . **تاريخ العلويين في بلاد الشام، إميل عباس آل معروف ج٣ ص٥٩٤**

(١) سبق التعريف به ص ٣٧

(٢) فلاحو سوريا، حنا بطاطو، ص ٣٨٢

وكان على رأس "سرايا الدفاع"، كما كان يهيئ نفسه لخلافة شقيقه حسب رأي المراقبين. ولتفويت الفرصة على رفعت اجتمع البرلمان السوري لتعديل المادة رقم ٨٣ من الدستور السوري التي تنص على أن سن رئيس الجمهورية ينبغي أن تكون ٤٠ سنة فتم تعديلها، خلال أسرع تغيير دستور في العالم في اجتماع استمر ربع ساعة، وفي تصويت جرى خلال ثلاث ثوان أصبحت المادة ٨٣ من الدستور تنص على أن سن الرئيس يمكن أن تكون ٣٤ سنة، ولذلك تمكن بشار الأسد دستوريا من تقلد منصب رئاسة البلاد، وبالتالي يتم سحب البساط من تحت أقدام رفعت الأسد. فانتخب بشار الأسد في ١ يوليو/ تموز ٢٠٠٠ رئيسا للجمهورية السورية[١].

وقد اتسمت بداية عهد بشار الأسد بالحكم في سوريا بما وصفه البعض بالهدوء والتأني، وهذا انعكاس لما ألمح إليه الأخير في خطاب تنصيبه ببدء عهد جديد من الانفتاح والإصلاح، تلك التلميحات التي تضمنها خطاب بشار الأسد دفعت شخصيات معارضة وجبهات الانفتاح بموافقة السلطات إلى عقد حلقات نقاش واجتماعات لنقد النظام والعمل على الرفع من الحرّيات في تطور لم يسبق له نظير، مما دفع البعض إلى تسمية المرحلة بـ «ربيع دمشق» نظرًا لانفتاحها. الوضع الديمقراطي والانفتاحي المفاجئ من الأسد ذاك لم يدم سوى عدة أشهر حتى عاد الواقع لما كان عليه في السابق، فقد تم منع انعقاد الاجتماعات وتم اعتقال المعارضين والزج بهم في السجون لعدة سنوات.

بالعودة إلى التفاصيل، اندلعت شرارة ربيع دمشق بوفاة الأب حافظ الأسد في العاشر من يونيو (حزيران) ٢٠٠٠، ليخلفه ابنه بشار الأسد في الرئاسة، موازاةً مع ذلك، بدأ نشاط المعارضة يخرج للعلن بعد سنوات من السريّة والعمل في

---

(١) المصدر السابق ص ٧٢٤ بتصرف

خوف، بدأ العمل على يد عدد من المثقفين في دمشق أبرزهم ميشيل كيلو[1] ورياض سيف[2]، الذين عملوا على إنشاء المنتديات السياسية غير الرسمية في محاولة لتشجيع السوريين على فتح النقاش بخصوص القضايا السياسية وقضايا المجتمع المدني والإصلاحات[3]. عملت هذه المنتديات، والتي كان أشهرها منتدى للحوار الوطني الذي أنشأه رياض سيف، ومنتدى جمال الأتاسي الذي أنشأته سهير الأتاسي، إلى جانب تشكيل لجان إحياء المجتمع المدني في سوريا، على إظهار الإصلاح في المجالين السياسي والقضائي على أنّه مطلب شعبي عاجل.

أُعلنت هذه المطالب رسميًا أولًا في بيان وقع عليه ٩٩ شخصية سورية عرف ببيان الـ٩٩ في سبتمبر (أيلول) عام ٢٠٠٠، طالبوا فيه إدارة الأسد بإنهاء العمل بقانون الطوارئ والعفو عن السجناء السياسيين والسماح للمبعدين والمنفيين بالعودة للبلاد والحماية القانونية لحرية التعبير وحرية التجمع، ليضيف المعارضون بيانًا ثانيًا أسموه ببيان الـ١٠٠٠ في (كانون الثاني) يناير

---

(١) ولد ميشيل كيلو في مدينة اللاذقية عام ١٩٤٠ في أسرة مسيحية لأب شرطي وربة منزل، وعاش طفولته في أسرته وبرعاية من والده الذي كان واسع الثقافة. تلقى كيلو تعليمه في اللاذقية وعمل في وزارة الثقافة والإرشاد القومي، يشغل ميشيل كيلو منصب رئيس مركز حريات للدفاع عن حرية الرأي والتعبير في سورية، وهو ناشط في لجان إحياء المجتمع المدني وأحد المشاركين في صياغة إعلان دمشق، وعضو سابق في الحزب الشيوعي السوري – المكتب السياسي، ومحلل سياسي وكاتب ومترجم وعضو في اتحاد الصحفيين السوريين. ولا يزال يعمل في صفوف المعارضة.
https://ar.wikipedia.org/wiki/

(٢) رياض سيف (١٩٤٦ –) ولد في مدينة دمشق في عائلة من الطبقة المتوسطة، نال الثانوية العامة سنة ١٩٦٥، لم يكمل تعليمه في كلية العلوم في جامعة دمشق، بل اتجه نحو العمل الصناعي، اتجه في عام ١٩٩٤ إلى الحقل السياسي بدخوله مجلس الشعب السوري كمرشح مستقل، وقد تكرَّر انتخابه في الدورة التالية عام ١٩٩٨ واصطبغ خطابه بمزيد من الجرأة والنقد للاقتصاد والسياسة الاقتصادية. ولا يزال يعمل في صفوف المعارضة. https://ar.wikipedia.org/wiki/

(٣) تاريخ سورية المعاصر، ص ٧٢٩ وما بعدها.

٢٠٠١[1]، وكان أكثر تفصيلًا من البيان السابق له، بحيث عمل على انتقاد حكم الحزب الواحد الخاص بحزب البعث ودعا إلى الديمقراطية والتعددية الحزبية مع وجود قضاء مستقل ودون تمييز ضد المرأة.

رغم عدم اعتراف الأسد بمطالب الحركة، إلا أنّه عمل على حلّ بعض مطالبها، حيث تم إعلان العديد من قرارات العفو، وعلى الأخصّ إطلاق سراح المئات من السجناء السياسيين، وذلك بعد قرار إغلاق سجن المزة في نوفمبر (تشرين الثاني) ٢٠٠٠ الذي كان يحوي العديد من المعارضين، وفي ميزة أخرى للربيع، كانت العديد من منظمات حقوق الإنسان المخفية قبل تلك الفترة قد عاودت الظهور من جديد أو تأسّست من أجل حثّ النظام على مواصلة خطواته الحذرة نحو الإصلاح، في وقت سمحت فيه السلطات لمنظمات المجتمع المدني بالانتشار.

لكن سرعان ما تم سحب هذه الإصلاحات الطفيفة وسحق حركة المعارضة باسم الوحدة الوطنية والاستقرار، وقد تم إجهاض محاولة رياض سيف لإنشاء حزب سياسي جديد، تحت مسمى الحركة من أجل السلم الاجتماعي، وفي فبراير (شباط) ٢٠٠٢ أُغلقت المنتديات السياسية قسرًا، وتم اعتقال رياض سيف والترك ومأمون الحمصي وعشرات المعارضين ووجهت إليهم تهمة «محاولة تغيير الدستور بوسائل غير مشروعة»، وبحلول صيف عام ٢٠٠٢[2] تسبّبت حملة إعلامية منسّقة من النظام بفقدان حركة المعارضة زخمها ووحدتها عمليًا، وذلك عبر التشويه الإعلامي والاعتقالات والتهديدات التي مارسها النظام، ليأتي بيان إعلان دمشق ٢٠٠٥، ليدعو مجددًا نظام الأسد للرحيل، ويكون المميّز فيه أنّه جمع معارضة الداخل.

---

(١) سورية في قرن د. منير محمد الغضبان: ص ٧١١ وما بعدها (بتصرف)

(٢) سورية في قرن، د. الغضبان، (مصدر سابق) ص ٧١٧

المطلب الثاني: الحالة الدينية:

التعايش السلمي بين الأديان الكبرى (الإسلام والنصرانية واليهودية) في سوريا كان واضحاً بشكل كبير، فلم يوجد هنالك أي اختلاف أو احتكاك بين أتباع هذه الطوائف بشكل مباشر، وإنما يغلب عليها جانب الاحترام وتقدير الآخر، وإن كانت من تجاذبات فإنها تنحصر في هذه الدائرة (لَكُمْ دِينُكُمْ وَلِيَ دِينِ)[1]

وقد صدر خمسة دساتير[2] رئيسية في سوريا منذ عام ١٩٢٠ وحتى عام ٢٠١٢ وهي دستور الأعوام التالية: (١٩٢٠-١٩٣٠-١٩٥٠-١٩٧٣-٢٠١٢) تنص على أن دستور الدولة السورية في جميعها: أن دين رئيس الدولة الإسلام، وكان الذي يستلم رئاسة الدولة ينبغي أن تتوفر فيه هذه الصفة حتى يتولى رئاسة الدولة، ومما كان منتشراً بين أهل الشام أن الطائفة النصيرية تعتبر من غير المسلمين وأنهم كفار، وذلك منذ صدور فتوى شيخ الإسلام ابن تيمية[3] رحمه الله فيهم قبل ستة قرون والذي قال فيها:

(هؤلاء الدرزية والنصيرية كفار باتفاق المسلمين، لا يحل أكل ذبائحهم، ولا نكاح نسائهم، بل ولا يقرون بالجزية، فإنهم مرتدون عن دين الإسلام، ليسوا بمسلمين ولا يهود ولا نصارى، لا يقرون بوجوب الصلوات الخمس، ولا وجوب صيام رمضان، ولا وجوب الحج، ولا تحريم ما حرم الله ورسوله، من الميتة

---

(١) سورة الكافرون ٦

(٢) الدستور هو القانون الأعلى الذي يحدد القواعد الأساسية لشكل الدولة (بسيطة أم مركبة) ونظام الحكم (ملكي أم جمهوري) وشكل الحكومة (رئاسية أم برلمانية) وينظم السلطات العامة فيها من حيث التكوين والاختصاص والعلاقات التي بين السلطات وحدود كل سلطة والواجبات والحقوق الأساسية للأفراد والجماعات ويضع الضمانات لها تجاه السلطة.

(٣) ولد **شيخ الإسلام تقي الدين أبو العباس أحمد بن عبد الحليم ابن تيمية الحراني الدمشقي**، ابن تيمية سنة ٦٦١ في حَرَّان، وهي اليوم جنوب أورفه في تركية، لأسرة عرفت بالعلم والدين كابراً عن كابر، كان إماماً حجَّة بارعاً في الفقه والحديث والتفسير والأصول والمذاهب، ذا ذكاء مفرط، وله مصنَّفات كثيرة نافعة انتشرت. في العشرين من ذي القعدة من عام ٧٢٨ توفي في دمشق، عن ٦٧ عاماً.

والخمر وغيرهما. وإن أظهروا الشهادتين مع هذه العقائد فهم كفار باتفاق المسلمين)[1].

وكان علماء الشام يفتون بها، منذ ذلك الزمان وحتى قيام حافظ الأسد بانقلابه عام ١٩٧٠م، وقد حاول حافظ الأسد كثيراً التقرب من علماء الشام ليجد عندهم فتوى بأن النصيرية من فرق الإسلام، فلم يجد لذلك سبيلاً، وأحبطت آمال حافظ الأسد الذي توجه بدوره نحو الإسلام الصوفي والشيعي باحثاً عن أشكال ممكنة من التعاون، يستطيع من خلالها تحقيق ما يسعى إليه، ولكنه لم يسطع الحصول على مبتغاه لدى أهل السنة بجميع مذاهبهم، لأن أهل السنة لا يعتبرون النصيرية من الطوائف المسلمة، وذلك نظراً للخلافات العقدية بين السنة والنصيرية.

وموضع حرص حافظ الأسد يكمن في أن الدستور السوري يؤكد على أن رئيس الدولة ينبغي أن يكون مسلماً، وإذا كان النصيريون غير معتبرين داخل دائرة الإسلام بالنسبة للسنة، فهذا يضع الشرعية السياسية لرئيس الدولة موضع التساؤل، وهذا الجدل الطائفي يمثل تهديداً بالنسبة للنخب الحاكمة.

ومن طرق إثبات انتماء العلوية للطوائف المسلمة، أن الأسد اجتمع مع قيادة النصيرية، وطلب منهم إقامة مؤتمر في اللاذقية يعلنون فيه إسلامهم على الملأ، فتم عقد هذا المؤتمر في أوائل شهر أكتوبر عام ١٩٧٢م، وكان في بيانه الختامي:

أن جماعة (العلوية) تدعو إلى تأليف قلوب المسلمين، وأنها تجدد العهد مع الله ورسوله بشهادة أن لا إله إلا الله وأن محمداً رسول الله، وأكملوا بيانهم

---

(١) الْفَتَاوَى الْكُبْرَى لابن تيمية -كِتَابُ الْحُدُودِ – المسألة رقم ٧٥٦ / ١١٠ الجزء الثالث، صفحة ٥١٣

الختامي لهذا المؤتمر بذكر ما يتوافق من العقائد مع أهل السنة (الإسلام، والإيمان، وأصول الدين الخمسة، وفروع الدين، والتوحيد والقرآن والسنة)[1].

وكان لا بد من إقرار هذه العقيدة من المسلمين السنة أو الشيعة، حتى يتم إعطاء صفة الإسلام لهذه الفرقة الخارجة عنه، فلم يجد لدى علماء أهل السنة إلا الصد وعدم الاستجابة.

فلجأ إلى صديقه الزعيم الشيعي المتنفذ الإمام موسى الصدر رئيس المجلس الشيعي الأعلى في لبنان[2]، والذي أصدر فتوى: بأن العلويين حقاً طائفة من المسلمين الشيعة، وهكذا أزيح العائق الديني من طريق رئاسة حافظ الأسد[3].

ثم حرص الأسد بعد ذلك على تطبيق مبدأ التقارب بين المدارس الفقهية الإسلامية، ومحاولة إدخال النصيرية والشيعة فيها، وهو ما أطلق عليه حركة التقريب.

وبالنسبة للنصيرية، فحرص على التقريب بينهم وبين الشيعة الاثني عشرية لوجود سمات مشتركة بين كل منهما، وهو ما ينبني عليه اعتبار النصيرية واحدةً من الطوائف الشيعية، فقد نشطت كثيراً زيارة المراقد والقبور بين الطائفتين، وخاصة للرموز المشتركة[4]، والذي ساعد على ذلك رجال الدين من كلا الطائفتين[5].

تم تأسيس روابط متشابكة مع المجتمع الدولي الشيعي الاثني عشري بين سوريا وإيران ولبنان، وذلك بالبناء على مثلث العلاقات العسكرية والاقتصادية

---

(١) سورية في قرن د. منير محمد الغضبان: ص ٣٦٧ وما بعدها بتصرف.

(٢) الشيعة نضال أم ضلال، د. راغب السرجاني، ص٥٦

(٣) الأسد باتريك سيل، ص ٢٧٩

(٤) كمقام زين العابدين بجوار حماة، ومقام السيدة زينب ورقية بدمشق وغيرها.

(٥) وهذا ما يفسر الاتحاد الكبير بين النصيرية والشيعة الرافضة في مواجهة الثورة السورية والتي قامت بعد ذلك بحوالي أربعين عاماً.

والسياسية. وبعد وفاة حافظ، سار بشار الأسد – رئيس سوريا الجديد – على خُطى والده، بل لقد قال مرة أن لديه ميلاً شخصياً نحو الشيعة الاثني عشرية، خاصة التأويل الخاص بآية الله حسين فضل الله.

ما تم لحافظ الأسد بهذا الجانب يفسر لمتابعي أحداث الثورة السورية، ذلك الاتفاق الكبير بين الشيعة والنصيرية.

المبحث الثاني: العمل الدعوي في ظل حكم البعث:

وفيه مطلبان:

المطلب الأول: واقع العمل الدعوي في سوريا في ظل حكم البعث.

المطلب الثاني: أسباب قيام الثورة السورية.

المطلب الأول: واقع العمل الدعوي في سوريا في ظل حكم البعث:

كانت الحركة الإسلامية تعاني من أزمات حادة منها ما هو في صفها الداخلي فقد كانت مشغولة بخلافاتها الخاصة عن أن تقود الشعب وتمثل قيادة المعارضة في الأمة، ومنها ما هو خارجها من الموجة الإلحادية المدروسة التي كانت تعصف بالناس وخاصة طلاب الجامعات، ممثلة بالصراع الفكري بين تيارين كبيرين (الشيوعي والرأسمالي).

ومثل هذه الظروف المهمة لا يمكن أن يتصدر لها إلا جماعة قوية موحدة ملتحمة حول قيادتها فقد بدأت أزمتها الداخلية منذ عام (١٩٦٨) واستفلحت عام (١٩٧٠) حيث انتهت بانشقاقها إلى جماعتين منفصلتين عام (١٩٧٢). على رأس إحداهما: الأستاذ عصام العطار[1] وعلى رأس الثانية: الشيخ عبد الفتاح أبو غدة[2]. وذلك في شرخ كبير بين دمشق وحلب.

---

(١) **عصام العطار** داعية إسلامي سوري والمراقب العام السابق لجماعة الإخوان المسلمين في سورية. ولد بدمشق في عام ١٩٢٧، من العوائل الدمشقية العريقة، حفظ القرآن وكان من علماء الشام وخطبائها، له مواقف مشهودة في الثبات على الدين والمبادئ الإسلامية، سجن ولوحق فتنقل في البلاد حتى استقر في برلين في ألمانيا، حاول النظام السوري اغتياله مراراً، وفي إحدى المحاولات تم قتل زوجته بنان الطنطاوي، ولا يزال في ألمانيا إلى الآن وكانت له مشاركات بناءة في الثورة السورية الأخيرة.
https://ar.wikipedia.org/wiki/

(٢) ولد **عبد الفتاح بن محمد بن بشير بن حسن أبو غدة** في حلب شمالي سورية، عام ١٣٣٥ الموافق ١٩١٧في أسرة علم ودين، طلب العلم على يد علماء حلب، وبعد تخرجه من الثانوية الشرعية انتقل للدراسة في الأزهر في مصر، فتتلمذ على كبار العلماء فيها، وتخصص في الحديث النبوي، كانت له جهود كبيرة في التعليم والدعوة، وكان له ارتباط مع جماعة الإخوان المسلمين حيث تولى – على غير رغبة منه أو سعي –منصب المراقب العام للإخوان المسلمين في سورية مرتين، انتقل للسعودية للعمل في جامعاتها، وبقي فيها حتى عام ١٩٩٥ حيث تمت دعوته من قبل حافظ الأسد وبواسطة من د. محمد سعيد البوطي، فعاد إليها محاولاً رأب الصدع السابق وإصلاح الأمور، ولكن ذلك لم يتم، وبقي يتنقل بين دمشق والرياض حتى وافاه الأجل في فجر يوم الأحد التاسع من شوال ١٤١٧ الموافق ١٦ من فبراير ١٩٩٧ عن عمر يناهز الثمانين عاماً، في الرياض ثم نقل جثمانه للدفن في المدينة المنورة في البقيع.
http://www.aboghodda.com/Biography-AR.htm

كان القرار الإخواني آنذاك أن يتم التحرك لمواجهة الدستور والمواد العلمانية فيه من خلال العلماء عموماً ومن أجل هذا عقدت عدة اجتماعات بين جمعيات العلماء في كل من حمص وحماة ودمشق وحلب ودعي في حمص إلى ندوة بين العلماء بين السلطة حضرها ممثلا عن السلطة المحافظ ورئيس شعبة الحزب وقادة المخابرات حيث كان العقيد غازي كنعان[١] مدير المخابرات في حمص وحضرها جل علماء حمص وأوضحوا رأيهم وطلباتهم حيث طالبوا بأن يكون الإسلام هو المصدر الرئيسي والوحيد للتشريع وأن يكون دين الدولة الإسلام ودين رئيس الجمهورية الإسلام ثم انتهوا من اللقاء إلى رفع مذكرة إلى رئيس الجمهورية يحددون طلباتهم بشكل واضح ومحدد.

جرت خطوات بعدها قلبت الأمور رأساً على عقب:

الخطوة الأولى: أقدم الشيخ سعيد حوى[٢] رحمه الله على إصدار بيان بأسماء علماء سورية ندد فيه بالدستور وبمواده العلمانية وطالب صراحة بتغييرها كما

---

(١) ولد **غازي كنعان** في محافظة اللاذقية بسوريا. تخرج من المدرسة الحربية في مدينة حمص عام ١٩٦٥، واستلم رئاسة فرع مخابرات المنطقة الوسطى (حمص) وكان برتبة نقيب وبقي فيها حتى عام ١٩٨٢ حيث أشرف بنفسه ومارس بشخص في كثير من الأحيان التحقيق مع المقبوض عليهم من الإخوان المسلمين في أحداث الثمانينات، أصبح رئيس جهاز الأمن والاستطلاع في لبنان في سنة ١٩٨٢. وبقي في هذا المنصب حتى العام ٢٠٠١ حيث سلمه إلى العميد رستم غزالة. بعد عودته من لبنان عُيّن مديراً للأمن السياسي في سورية عام ٢٠٠١، ثم وزيراً للداخلية عام ٢٠٠٣. في صباح يوم الأربعاء ١٢ أكتوبر ٢٠٠٥ غادر مكتبه في وزارة الداخلية لمدة ثلث ساعة إلى منزله ثم عاد ودخل مكتبه وبعد عدة دقائق سمع صوت طلق ناري وكانت الطلقة من مسدس في فمه.
https://ar.wikipedia.org/

(٢) ولد **سعيد بن محمد ديب بن محمود حوّى النعيمي** في مدينة حماة بسورية في سنة ١٣٥٤ هـ الموافق ١٩٣٥م، التحق سعيد حوى بجامعة دمشق سنة ١٩٥٦م، ودخل كلية الشريعة وتخرج منها١٩٦١ م، تتلمذ على أيدي مشايخ الشام، وكان مبرزاً في الخطابة والدعوة، سافر للسعودية وعمل فيها التدريس ثم عاد لسوريا واستلم منصب المراقب العام لجماعة الإخوان لثلاث فترات كانت صعبة للغاية، سجن لمدة خمس سنوات وعذب في المعتقل، ثم سافر بعد الإفراج عنه إلى الخليج، وعانى من

نشطت الأحاديث والخطب على المنابر تندد بالدستور وتطالب بالدستور الإسلامي الذي يمثل أكثرية الأمة.

وأقدمت أجهزة المخابرات الخبيثة على إصدار بيانات مزعومة باسم العلماء تدعو إلى خطب وندوات للعلماء تقام في المساجد دون أن يعلم العلماء بذلك.

وسخرت مجموعة رخيصة من علماء السلطان وزبانيته فأصدروا بيانا يقرون فيه وتحت شعار: إثارة الفوضى والاضطراب من العلماء أقدمت الدولة في يوم واحد على تبييت الاعتقال والسجن لكل قيادات الإخوان المسلمين في سورية[١].

ويحدث فضيلة الشيخ محمد علي مشعل[٢] من كبار علماء حمص كيف أنه فوجئ كغيره ببيان موزع باسمه يدعو الناس لحضور الصلاة في المسجد الكبير وإلقاء محاضرة بعد الصلاة الجمعة عن الدستور.

وفي طريق عودته من المسجد الجانبي الذي صلى فيه وهو ماضٍ إلى بيت فضيلة المفتي أوقفته سيارة المخابرات ودعته أن يمضي معهم لدقائق ثم يعود وعاد بعد سنتين ونصف تماما إلى بيته كما تم اعتقال الشيخ سعيد حوى ومجموعة من العلماء في حماة وفي دمشق وحلب ودير الزور.

كثير من الأمراض منها الشلل الذي أقعده عن القيام بمهام المراقب العام، وتوفي في الأردن في ٩ من مارس ١٩٨٩م.

https://ar.wikipedia.org/wiki/

(١) فلاحو سوريا، حنا بطاطو ص ٤٢٤

(٢) ولد **الشيخ محمد علي** ٤٧ في محافظة حمص -تلدو عام ١٩٢٤-تلقى العلم عن والده وأعمامه ومشايخ بلده، تخرج في مدرسة دار العلوم الشرعية عام ١٩٤٠م، دراسته في كلية الشريعة وتخرج فيها عام ١٩٦٠م. ترأس الشيخ عددًا من وفود العلماء لمناقشة قضايا إسلامية عامة مع القيادة السياسية لسوريا، وسجن لثلاث سنوات، في عام ١٩٧٩ خرج الشيخ إلى المدينة المنورة أستاذًا في جامعة الإمام محمد بن سعود الإسلامية، وتوفي يوم الأربعاء ٢٠-٧-٢٠١٦، بعد معاناة طويلة مع المرض، وصُلِّي عليه بعد صلاة الجمعة في المسجد النبوي ثم وُورِيَ جثمانه في مقبرة البقيع.

https://islamicsham.org

كان التركيز في الاعتقال على قيادات الإخوان المسلمين الذين مكثوا مددا متفاوتة في السجن ولاقوا أصناف التعذيب وأنواعه ورافق ذلك أن كشفت بعض تنظيماتهم فازدادت الاعتقالات واكتظت السجون بالمعتقلين من الشباب ووضعت الدولة يدها على كثير من الأشخاص والممتلكات والأملاك الخاصة بحجة حرب الرجعية والرجعيين الذين يعبون بالأمن ويخربون الأمن في البلاد ولم تكن هذه المرحلة إلا إيذانا بأن الجو بين النصيريين والحركة الإسلامية هو جو مستحكم ففي الوقت الذي أقيمت فيه الجبهة الوطنية من الأحزاب والحركات القومية حتى الحزب الشيوعي وشاركوا في الحكم كان الحظر على أشده على دعاة الإسلام وكان إعلان المواجهة السافرة ضد الإسلام في أن يكون شريعة الأمة وعلى ضوء ذلك فليس أمام دعاته إلا الصمت المطبق أو السجن أو المقصلة فهم ليسوا قطاعا من الأمة له حق الحياة والرأي والعقيدة والدفاع عن العقيدة إنما هم نشاز يخرج على الخط العلماني المعلن الذي يمنع الإسلام من الوجود في الحكم[1].

---

(1) سورية في قرن د. منير محمد الغضبان: ص ٣٧٤ وما بعدها (بتصرف يسير)

المطلب الثاني: أسباب قيام الثورة السورية:

من دراستنا للواقع السياسي والاجتماعي والديني الذي كانت تعيشه سوريا قبل اندلاع الثورة نستطيع أن نحصر الأسباب التي أدت لاشتعال الثورة السورية بما يلي:

١-انعدام الحياة السياسية وتأليه الحاكم:

بسبب الانقلابات التي عاشتها سورية منذ جلاء المستعمر الفرنسي عنها، فالحياة السياسية مضطربة بشكل كبير، وفي الانقلاب الأخير الذي قاده حافظ الأسد وفرض فيه حالة الطوارئ حتى موته، لمدة ناهزت الثلاثين عاماً، فلا توجد حياة سياسية في سورية بالمعنى الحقيقي منذ وصول الأسد الأب للحكم، بمعنى أنه ليس هناك رأي للشعب في أوضاعه المختلفة، وأنه لا مشاركة من أطياف الشعب المختلفة في قيادة البلاد وتوجيهها، وبمعنى أنه ليست هناك انتخابات حقيقية، فقد كان شعار الانتخابات قائدنا إلى الأبد الرفيق حافظ الأسد، وتكون نسبة الانتخابات ونتائجها قرابة المائة في المائة[1]، وليست هناك محاسبة للمسؤولين وليس هناك تداول للسلطة إلخ.....، بل إن الحياة السياسية اختزلها الحزب –في البداية– بأعضائه، ثم أصبحت أسرة الأسد هي محور الحياة السياسية وجوهرها.

كما كان للقبضة الحديدية التي انتهجها حافظ الأسد في حكم سوريا دور كبير في خنق الحياة السياسية بشكل كامل، ومن الواضح أن الطبقة الوسطى في المجتمع السوري هي الطبقة الحية والقادرة على بلورة وحمل مشروع سياسي، فقد استطاع حافظ الأسد تهميشها ومحاصرتها بعد عام ١٩٧٠، من خلال ربطها بالأجهزة الأمنية المختلفة، وأوجب على مفكريها ومبدعيها أن يخضعوا

---

(١) سورية في قرن ص ٦٢٢

لتلك الأجهزة، ويجب أن يحظوا بمباركتها، وبهذا حصر السياسة بشخصه وأسرته وأزلامه ومن يدور في فلكه، وعندما خلفه ابنه بشار سار على نفس النهج، بل تضخم دور الأجهزة الأمنية، وأصبحت هي التي تصوغ الحياة السياسية، فالانتخابات والنقابات واتحادات الطلبة ومجلس الشعب والوزراء إلخ..... كلها أدوات وبيادق في أيدي الأجهزة الأمنية.

ومن اللافت للنظر في الحياة السياسية السورية هي التركيز على شخصية حافظ الأسد حتى وصل هذا التركيز إلى درجة التأليه، فأصبحت تماثيله في كل مدينة وقرية، وأصبحت صوره تملأ كل الأمكنة، كما أصبحت كل السلطات بيديه فهو رئيس الجمهورية، والقائد الأعلى للجيش والأمين العام للقيادة القومية، والأمين العام للقيادة القطرية إلخ[1].....

ولذلك فإن الأوضاع السياسية جعلت الشعب السوري يعيش حالة اختناق سياسي، فما إن انطلقت الثورة حتى تفاعل الشعب معها، وهتف (الله يلعن روحك يا حافظ) تعبيراً عن غضبه عن انعدام أية حياة سياسية في الماضي، وتعبيراً عن تطلعه إلى حياة سياسية جديدة يكون مشاركاً فيها وله قدرة على التأثير فيها.

٢-تدهور الأوضاع الاقتصادية وانتشار الفقر المدقع:

تعتبر سورية بلداً غنياً بموارده الطبيعية، فهي تحتوي سهولاً خصبة ومياهاً وافرة، وتحتوي أيادي عاملة ماهرة، كما تحتوي تنوعاً طبيعياً بين جبال ووديان وسهول إلخ....، وقد دأب الحكم على مصادرة الأراضي والادعاء بأنها لأغراض ومنافع عامة، مما اضطر أهلها للهجرة من مكانهم التاريخي (فغادر الجزيرة[2]، المنطقة التي كان يقال إنها ستطعم سورية وجزءً من الوطن العربي،

---

(١) استهداف أهل السنة، نبيل خليفة، ص٧٩

(٢) وهي المشهورة بجزيرة ابن عمر والواقعة بين نهري الفرات ودجلة.

ما بين ثلاثمائة ألف ومليون مواطن خلال الأعوام الستة الماضية، وقد بدأت المنظمات الدولية توزع هناك ثلاثة وعشرين ألف سلة غذاء يومياً)، وقد هاجر السوريون الذين صودرت أراضيهم ومزارعهم إلى مدن صفيح في ضواحي المدن، تحيط بمدن صفيح أقدم، محرومة من معظم الخدمات الحياتية، هي في حقيقتها سكن عشوائي، يعيش فيها ٤٢ بالمائة من السوريين (المتوسط العالمي ٨ بالمائة).

توصل التقرير الوطني الثاني عن الفقر وعدالة التوزيع إلى زيادة نسبة السكان الفقراء، فوفق تقديرات عام ٢٠١٠ فإن حوالي ٧ مليون نسمة (٣٤,٣) بالمائة من إجمالي السكان، أصبحوا تحت خط الفقر، في حين أن خبيراً اقتصادياً قدره ب ٣٧ بالمائة في حال احتسبت عتبة الفقر بثلاثة دولار في اليوم، وب ٥٢ بالمائة في حال انطلق الحساب من دولارين.

وتوصل التقرير الوطني الثاني للسكان إلى أن معدل البطالة وصل إلى ١١,٥ بالمائة (٦٥٠.٠٠٠ نسمة عام ٢٠٠٥)[١]، وقدرت البطالة بصورة غير رسمية ب ٣٢ بالمائة (٧ مليون نسمة عام ٢٠٠٩).

وقد انخفضت قدرة الناس الشرائية بحوالي ٢٨ بالمائة خلال الأعوام العشرة الماضية، وتدنت نسبة استهلاك القوى العاملة (١٦ مليون سوري) إلى ٢٤ بالمائة من الدخل الوطني[٢].

٣-تفشي الفساد بشكل مريع في جميع إدارات الدولة وعلى جميع المستويات:

بالإضافة إلى هذه الصورة القاتمة من تفشي البطالة وتدني مستوى المعيشة وانخفاض القدرة الشرائية وانتشار الفقر، فإن الحياة الاقتصادية مملوءة بالفساد،

---

(١) تاريخ سورية المعاصر، كمال ديب، ص ٧٥٨ وما بعدها

(٢) سورية في قرن، د. مير الغضبان، ص٦٠٩ وما بعدها (بتصرف).

فلا بد من الرشوة من أجل إنجاز أية معاملة، ولا بد من إذلال المواطن نفسه أمام أجهزة الأمن، لأن كل شيء مرتبط بأجهزة الأمن المختلفة.

ووصل الفساد إلى منظومة الجيش والدفاع، فأصبح الضابط في الجيش يستغل الفرصة في منصبه ليتفنن في جمع المال والثروة، فيأخذ الإتاوات من المجندين، ومن كان فقيراً يستغله في الأعمال المطلوبة، بينما يتمتع الذي يدفع له الرشاوي بالإجازات المتواصلة، على حساب الفقراء، وكذلك في سرقة المخصصات للمجندين من طعام ولباس وغيره، فيسرقه ويعطيهم الفتات. ناهيك عن الفساد في القضاء والشرطة والجامعات وجميع مرافق الدولة بلا استثناء[١].

ونستطيع أن نقرر بكل وضوح ودقة بأن سورية أصبحت قسمين: الأول: قلة من الناس تملك كل شيء وهم آل الأسد ومن حولهم نهبوا كل خيرات ومقدرات سورية. والثاني: وهم معظم الشعب لا يملكون ولا يجدون قوتهم وهم في فقر مدقع. مما أدى إلى ضيق الشعب وانفجاره، وكان هذا العامل الاقتصادي هو أحد العوامل التي فجرت الثورة في ١٥ / ٣ / ٢٠١١م[٢].

٤-عداء الحزب للدين ومحاربة المتدينين:

أخذ حافظ الأسد على عاتقه مهمة محاربة الدين والمتدينين، لأنه يرى فيهم خطراً كبيراً على إمبراطورتيه التي يبنيها لنفسه وعائلته، فبدأ بإثارة الفتن بين المشايخ والعلماء، وأثار فيما بينهم العداءات المتنوعة: المناطقية، والعنصرية، والمذهبية والفكرية.

---

(١) سوريا مزرعة الأسد، د. عبد الله الدهامشة، دار النواعير، بيروت الطبعة الثانية ٢٠١٢.ص٤١ وما بعدها (بتصرف)

(٢) تاريخ سورية المعاصر، كمال ديب، ص ٤٣٨ وما بعدها (بتصرف).

فقدم مشايخ المدن واستبعد المشايخ من غيرهم، وقدم علماء الأكراد وأبعد العرب، وقدم الصوفية وأبعد السلفية، واستطاع أن يزيد الشرخ فيما بينهم بإسناد الوظائف الحكومية المهمة لمن يكون في ركابه ويكون عوناً للأجهزة الأمنية فيما تطلب وتريد. واستمر على ذلك النهج طوال أعوامه الثلاثين، ووضع المناهج المختلفة لتحقيق ذلك في المدارس والإعلام والثقافة إلخ......،

كما كانت محاربة الدين والأخلاق ظاهرة في منع الفتيات من ارتداء الحجاب، وفرض الاختلاط في المدارس والجهات الحكومية والمشافي وجميع مرافق الدولة، وحظر الفكر الإسلامي والمدارس الدينية إلا ما كان موافقاً لرؤى الحزب[١].

٥-استخذاء النظام أمام اسرائيل:

من المعلوم أن حافظ الأسد هو الذي سلّم الجولان غنيمة سهلة باردة لإسرائيل عام ١٩٦٧ عندما كان وزيراً للدفاع، وهو الذي أذاع بيان سقوط الجولان مع أنه لم يكن ساقطاً في الحقيقة، وعندما جاء ابنه بشار إلى الحكم عام ٢٠٠٠ والذي أعلن عن رغبة سورية في إعادة فتح المفاوضات مع إسرائيل[٢]، رغم ما كان عليه العداء والحرب في عهد أبيه، وبقيت سياسة الاستخذاء أمام اسرائيل مستمرة فقد قامت اسرائيل خلال العشر سنوات من حكم بشار بعدة عمليات ضد سورية، منها: تدمير موقع لإنتاج الوقود الذري في منطقة دير الزور، ومنها: تحليق الطيران الاسرائيلي فوق القصر الرئاسي في اللاذقية، ومنها: تدمير القاعدة العسكرية في عين الصاحب في لبنان والتابعة للقيادة العامة (أحمد جبريل) المؤيدة للنظام السوري، والقصد من تلك الأفعال تهديد النظام. ومع ذلك لم يحرك ساكناً، ليس هذا فحسب بل إنه لم يطلق رصاصة واحدة

---

(١) سورية في قرن، الغضبان، ص ٦٢٠ (بتصرف)

(٢) تاريخ سورية المعاصر، كمال ديب، ص ٧٩٠

ضد اسرائيل لا هو ولا أبوه خلال ٤٥ عاماً في جبهة الجولان التي سقطت عام ١٩٦٧، وتعتبر جبهة الجولان أهدأ الجبهات المحيطة بإسرائيل على الإطلاق، إن هذا الاستخذاء أمام اسرائيل مع كل دعاوي الممانعة والتصدي هو أحد العوامل التي دفعت الشعب إلى الثورة، وهو الشعب التواق إلى استعادة الجزء المحتل من أرضه، وهي أرض الجولان التي تعتبر من أخصب أراضي الدنيا وأكثرها مياهاً.

٦-انعدام الكرامة:

أحس المواطن السوري بأنه لا كرامة ولا قيمة له، فهو معرض للاعتقال دون أسباب تذكر، وإن اعتقل فلا يعرف أحد في أي فرع قد اعتقل، وقد يبقى السنين الطوال ولا يراه أهله، ولا توجه له أية تهمة خلال سنين الاعتقال التي قد تمتد إلى عقد أو عقدين، ولا يقدم إلى أية محاكمة، وقد يتوفاه الله في السجن دون أن يعرف أهله حقيقة ذلك، وهذا الأمر قد حدث مع عشرات الآلاف من المواطنين السوريين، إن إحساس المواطن بأنه لا كرامة له عند هذا النظام، لذلك كان هذا الإحساس بانعدام الكرامة عاملاً من العوامل التي دفعت المواطن إلى الثورة من أجل تثبيت حقه في الكرامة.

٧-تفشي الظلم وانعدام المساواة:

يعاني المواطن السوري من تفشي الظلم وانعدام المساواة، ولا يصل إلى حقوقه في أي مجال اقتصادي أو تجاري أو سكني أو مالي أو تعليمي إلخ..... بشكل متساو مع المواطن الآخر من أبناء الطائفة العلوية، ولا يصل إلى بعض حقوقه إلا من خلال الأجهزة الأمنية، وإن إحساس السوريين بعدم المساواة كان أحد العوامل التي دفعتهم إلى الثورة على هذا النظام.

٨-تغوّل الأجهزة الأمنية وسحقها للمواطن:

عطّل النظام الأسدي كل عوامل الحياة الطبيعية في سورية من حياة سياسية واجتماعية واقتصادية إلخ ....، وربطها بالأجهزة الأمنية، لذلك نستطيع أن نقول -بكل اطمئنان- أن عصب النظام الأسدي هو الأجهزة الأمنية، لذلك تعددت الأجهزة الأمنية وأصبح عددها سبعة عشر جهازاً، عدد العاملين فيها ٣٦٥ ألفاً، وبلغت ميزانيتها ضعف ميزانية الجيش السوري، وشكلت -هذه الأجهزة- في مجموعها أخطبوطاً أحاط بالمواطن وأحصى أنفاسه، وحاسبه على كل تحركاته وسكناته، وبث الخوف والرعب اللامحدود في كل كيانه، وجعله قلقاً ومتوتراً من أن يقع في قبضة أحدها، وربط النظام بهذه الأجهزة كل شؤون المواطن من سفر وتصدير وبيع وشراء وتجارة وتعليم وإعلام إلخ.....، وهذا ما جعلها تتغول وتصبح كابوساً في عقل المواطن ونفسه، وما تم ذكره عن الفساد في الجيش والقوات المسلحة من فساد، يذكر أيضاً هنا بل أكثر من ذلك[١]، فقد وصل بهم الحال إلى افتعال التهم وتصنيعها واتهام الناشطين من ذوي الفكر الإسلامي به.

ولقد كانت هذه الأجهزة الأمنية وتغولها عاملاً رئيسياً في دعوة السوري إلى الثورة ليتخلص وإلى الأبد من عذابات وإرهابات هذه الأجهزة الأمنية.

هذه أهم العوامل التي دفعت المواطن السوري إلى الثورة، لأنه يريد أن يعيش حياة عادية يمارس فيها حقوقه وواجباته، ويساهم في بناء وطنه وإعلاء كيان أمته، فثار على هذا النظام، وكانت البداية متواضعة عندما قام بعض أطفال درعا بكتابة شعارات تندد بحكم الأسد، وهنا بدت وحشية النظام فاستدعى الأطفال واستدعى الأهالي وعاقبهم أشد العقاب، وكانت البداية، فتنادت المحافظات الأخرى لنصرة أهل درعا بمظاهرات نادت بالحرية والكرامة، وهكذا استمر اشتعال الثورة ،وعمت المظاهرات معظم المدن السورية وقراها مطالبة

---

(١) سورية في قرن، محمد الغضبان، ص ٦٢١

بالحرية والإصلاح والمساواة والعدل إلخ.......، وكانت المظاهرات سلمية، فقامت قوات الأمن بتفريقها وأطلقت الرصاص على معتصمين ومتظاهرين، فقتلت وجرحت عدداً كبيراً ناهز المائتين[1].

وأصر الشعب على سلمية الثورة واستمر الأمر على هذا المنوال، لمدة ستة أشهر دون أن يتغير شيء على الأرض مما اضطر بعض الجنود والضباط إلى التمرد على القيادات التي تأمرها بالقتل، والانشقاق عنها، وقد تشكل "الجيش الحر" من هؤلاء المنشقين من أجل حماية المدنيين، وبهذا تشكل جناح عسكري للثورة، كان القصد منه الدفاع عن المدنيين ورعايتهم من بطش النظام الوحشي وتنكيله.

لم يكن موقف الحكومة ممثلة بالقيادة السياسية متعقلاً، فاستخدمت أسلوب البطش، فبدأت باعتقال كل من تظن به معارضته لنظام الحاكم، بدأت باعتقال أعضاء بيان دمشق الذين دعوا القيادة لإجراء إصلاحات سياسية حقيقية في البلاد، ثم ثنَّت باعتقال من له تأثير على المجتمع من علماء ومشايخ ليسوا في ركابهم، ثم تابعت عمليات المطاردة والاعتقال لكل ناشط ساند المتظاهرين السلميين، أو كان له موقف معارض لسياسة النظام.

قام الضباط المنشقين ومن تابعهم من عناصر الجيش الذين انحازوا معهم بتشكيل قيادة لحماية المدنيين من هجمات الجيش وعناصر أجهزة الأمن، فوقعت المواجهات المسلحة، وكان من سياسة النظام أن يدخل عناصر من الأمن وسط المتظاهرين ويكونوا مسلحين ويفتعلوا مواجهة بالسلاح مع زملائهم من عناصر الأمن، وقد حدثت عدة حوادث من هذا النوع لتكون ذريعة لبطش النظام واستخدام القوة المفرطة في قمع المتظاهرين.

---

(١) تاريخ سورية المعاصر، كمال ديب، (مصدر سابق)، ص ٨٢٤

- **الفصل الثاني: وصف لواقع النازحين السوريين في المخيمات:**

وفيه مبحثان:

المبحث الأول: اتجاهات النازحين وأماكن وجودهم.

المبحث الثاني: واقع النازحين التعليمي والديني والاجتماعي.

المبحث الأول: اتجاهات النازحين وأماكن وجودهم وأعدادهم:

وفيه مطلبان:

المطلب الأول: اتجاهات النازحين في سوريا وتقسيماتهم العرقية والدينية.

المطلب الثاني: أماكن وجود النازحين السوريين ومخيماتهم.

المطلب الأول: اتجاهات النازحين في سوريا وتقسيماتهم العرقية والدينية:

أ-التقسيم العرقي للنازحين:

يتشكل المجتمع السوري الحالي من عدة أعراق عاشت على مدار القرون الماضية حالة من الود والوئام، أسهم كل منها في بناء حضارة بلاد الشام أبرزها:

١-العرق العربي:

وهم أكبر مكونات الشعب السوري، ويشكلون أكثر من ٨٠٪ من مجموع السكان، ويرجع تاريخهم إلى ما قبل الإسلام على شكل قبائل، ومع الوقت ازدادت الزيجات المختلطة في سوريا، فاختلط الشعب ببعضه بعضا ولم يعد هناك خط فصل واضح بين العرب القديمين والمستجدين، وصار الجميع عربا بلا تمييز، واللغة العربية هي اللغة الرسمية للدولة، ويتحدث بها السوريون باللهجة السورية التي تداخلها بعض المفردات غير العربية، وقد خرج من سوريا كثير من الأدباء والشعراء واللغويين العرب، وتأسس في دمشق أول مجمع للغة العربية في العالم العربي.

٢-العرق الكردي:

ينتمون إلى الفئة الكردية والتي تنتشر في أربع دول منها سوريا، ولهم لغتهم الخاصة بهم، وبدأ وجود الأكراد في سوريا منذ عام ١٩٥٢ بسبب الاشتباكات بين الجماعات الكردية والجيش التركي. ويعيش معظمهم في الحسكة ومنطقتين صغيرتين شمال حلب، وكثير منهم يعيش في المدن الكبرى، وغالبية الأكراد من المسلمين السُنّة، ولكن توجه إليهم الشيوعيون والعلمانيون واليهود والصليبيون[١] فأثروا فيهم كثيراً، واستمالوهم إلى هذه الأفكار المنحرفة، وفيهم أعداد قليلة من المسيحيين واليزيديين، وفي عام ١٩٦٢ تم تجريد أكثر من ٢٠٪ من الأكراد من جنسيتهم[٢]، كما منعتهم الدولة من استخدام اللغة الكردية

(١) رؤية إسلامية للصراع العربي الإسرائيلي، محمد سرور، ص٣٧٩

(٢) الأكراد في سوريا، مجموعة باحثين، المركز العربي للأبحاث والدراسات، الدوحة، ص ٩٨ وما بعدها.

في مدارسهم أو في الصحف والكتب، وعلى الرغم من ذلك فهي تسمح لهم بإنشاء الأحزاب السياسية [1] الموجودة بكثرة ضمن مناطقهم.

٣-العرق الأرمني:

نسبة إلى دولة (أرمينيا)[2] والتي هجروها بسبب الحروب والاضطرابات التي عانى منها الأرمن، هاجر كثير منهم إلى سوريا، واستقروا هناك، ويعيش معظمهم في حلب وبلدة كسب في اللاذقية، وهم من أتباع كنيسة الأرمن الأرثوذكس[3]، وتبذل الكنيسة جهداً كبيراً في توحيد الأرمن، إذ إن الغالبية العظمى من الأرمن هم من الديانة النصرانية، خصوصا أن حلب كانت مركزا مهما للحجاج الأرمن الذاهبين للقدس[4].

٤-العرق الألباني:

نسبة إلى دولة ألبانيا، وهم مسلمون من أهل السنة، وهم من الشعوب التي عانت الاضطهاد السياسي والديني في بلادها، وفي ظل الحكم الشيوعي هاجرت عوائل كثيرة إلى سوريا واستقرت فيها تنشد السلامة والسكينة، وكان منهم علماء معروفون في الشام منهم: الشيخ المحدث محمد ناصر الدين

---

(١) أكثرها انتشاراً وشعبية بين الأكراد الأحزاب التالية: pkk و pyg و pyd وهذه الأحزاب ملحدة ولا تمثل الشعب المسلم السني.

(٢) هي بلد جبلي غير ساحلي يقع في القوقاز في أوراسيا، حيث تتوضع عند ملتقى غرب آسيا وشرق أوروبا. تحدها تركيا من الغرب وجورجيا من الشمال وجمهورية ناغورني كاراباخ وآذربيجان في الشرق، أما من الجنوب فتحدها إيران ومكتنف ناخيتشيفان الأذربيجاني. https://ar.wikipedia.org/wiki

(٣) الطوائف والعرقيات في سوريا، طارق إسماعيل كاخيا ص١٥١

(٤) https://www.enabbaladi.net/archives/

الألباني[1]، والشيخان شعيب الأرناؤوط[2] وعبد القادر الأرناؤوط[3]، رحمهم الله تعالى[4].

٥-العرق الشركسي:

هاجر الشركس من بلادهم في القوقاز[5] قسريا في نهاية القرن السابع عشر إلى أنحاء الإمبراطورية العثمانية، وذلك بسبب التهديدات الروسية بالقتل أو النقل

---

(١) ولد الإمام والمحدث أبو عبد الرحمن محمد بن الحاج نوح بن نجاتي بن آدم الأشقودري الألباني الأرنؤوطي المعروف باسم محمد ناصر الدين الألباني، باحث في شؤون الحديث ويعد من علماء الحديث ذوي الشهرة في العصر الحديث، له الكثير من الكتب عام ١٣٣٣هـ ١٩١٤م في أشقودرة العاصمة القديمة لألبانيا، والمصنفات في علم الحديث وغيره وأشهرها السلسلة الصحيحة والسلسلة الضعيفة وصحيح الجامع والضعيف الجامع وصفة صلاة النبي،توفي الألباني قبيل يوم السبت في الثاني والعشرين من جمادى الآخرة ١٤٢٠هـ الموافق الثاني من أكتوبر ١٩٩٩ في مدينة عمان عاصمة الأردن، ودفن بها./https://ar.wikipedia.org/wiki

(٢) ولد الشيخ شعيب الأرنؤوط في مدينة دمشق سنة ١٩٢٨، ونشأ في ظل والديه نشأة دينية خالصة، تعلم في خلالها مبادئ الإسلام، وحفظ أجزاء كثيرة من القرآن الكريم، ولعل الرغبة الصادقة في الفهم الدقيق لمعاني القرآن الكريم، وإدراك أسراره، هي من أقوى الأسباب التي دفعته إلى دراسة اللغة العربية في سن مبكرة، فمكث ما يربو على السنوات العشر يختلف إلى مساجد دمشق ومدارسها القديمة، قاصدا حلقات اللغة في علومها المختلفة، من نحو وصرف وأدب وبلاغة وما إلى ذلك. محدث، محقق المخطوطات الإسلامية ولد في دمشق (١٣٤٦ هـ/ ١٩٢٨م). وتوفى في يوم الخميس ٢٦ محرم سنة ١٤٣٨ هـ الموافق ٢٧ أكتوبر ٢٠١٦م في مدينة عمان، يُكْنَىٰ: أبا أسامة.
/https://ar.wikipedia.org/wiki/

(٣)الشيخ أبو محمود عبد القادر الأرناؤوط واسمه قدري صوقل وهو من بلاد الشام عاش في مدينة دمشق في القرن العشرين، انتقل إليها من كوسوفا قرية ريلا تابعة لبلدة اسمها دييّا التي كانت جزءا من يوغسلافيا، ويتكلم اللغتين الألبانية والعربية، هاجر والده (صوقل) إلى الشام خلال اضطهاد الصرب للمسلمين في كوسوفا والبوسنة. خطب في مساجد كثيرة وكان يعطي دروس عامة في شرح الحديث اختصاصه كما درّس الطلاب في معهد بدر الدين الحسني الشهير بالأمينية في جامع فاطمة الزهراء بالمزة كما كان يعطي دروس مصطلح الحديث أسبوعيا في نفس المعهد. بعد خروج ناصر الدين الألباني من دمشق أصبح الشيخ عبد القادر مرجع السلفية بسورية حتى وفاته في فجرَ يوم الجمعة، الثالثَ عشرَ من شوَّال، من سنة ١٤٢٥هـ، نوفمبر ٢٠٠٤م./https://ar.wikipedia.org/wiki /

(٤) /https://www.marefa.org

(٥) بلاد الداغستان وما حولها من الجهة الجنوبية والغربية لدولة روسيا القيصرية.

أو التوطين في معسكرات جماعية، وتحت طائلة التنصير القسري[١]، وهم مسلمون من أهل السنة، وقد كان عدد منهم موجودا في سوريا قبل ذلك مع دولة المماليك كجنود وقادة جيوش. وقد استقر معظمهم في هضبة الجولان، ولهم عدة قرى حول المدن الرئيسية، وبعض الأحياء الرئيسية في المدن كحي المهاجرين في دمشق وحي الشراكس في جبلة.

يحافظ الشركس بصورة جيدة على لغتهم وتقاليدهم الشركسية.

٦-العرق التركماني:

وهم أصول تركية مسلمون ومن أهل السنة ويتكلمون اللغة التركية، ويرجع أصلهم إلى العائلات التركية الممتدة من الذين أتوا سوريا مع السلاجقة ومن ثم المماليك والعثمانيين، ثم اندمجوا مع الشعب السوري[٢]. ويقدر عددهم في سوريا ٣.٥٠٠.٠٠٠نسمة[٣]، كما ترجع أصول بعضهم إلى قبائل تركية أسكنها العثمانيون في الريف للتخفيف من وجود العشائر التي تعتمد على الرعي.

يوجد التركمان في غالب المدن السورية مندمجين مع المجتمع، مع وجود القليل من القرى التركمانية في اللاذقية وحلب، وهي قرى لا زالت تتحدث اللغة التركية القديمة (التركمانية)[٤].

مع انطلاق الثورة السورية عام ٢٠١١، برز دور التركمان من جديد، وخرجوا بمعظمهم ضد النظام السوري في الحراك السلمي ومرحلة العسكرة.

---

(١) https://www.marefa.org/

(٢) https://www.enabbaladi.net/archives/١٣٠٧١٣

(٣) الطوائف والعرقيات في سوريا، طارق إسماعيل كاخيا ص ١٩٠

(٤) https://ar.wikipedia.org/wiki/

وعانى التركمان من ظلم وفساد نظام الأسد على مر أربعة عقود[1]، وعوملوا معاملة "مواطن من الدرجة الثانية"، والذين رأوا أنهم "وجدوا النور والأمل مع أولى شرارات الثورة"، للتخلص من ظروفهم وأوضاعهم "المأساوية".

٧-أعراق الآشوريين أو السريان أو الكلدان:

ينحدرون عرقيا من حضارات قديمة في الشرق الأوسط، أهمها الآشورية والآرامية، وينتشرون في شمال العراق الغربي والشمال السوري الشرقي، ولهم وجود في الجنوب الشرقي من تركيا، وهم من أول المعتنقين للديانة النصرانية ابتداء من القرن الأول الميلادي، ويتميزون بلغتهم السريانية وهي إحدى لهجات اللغة الآرامية[2]. ينتمي أفراد هذه المجموعة العرقية إلى كنائس مسيحية سريانية متعددة ككنيسة السريان الأرثوذكس والكاثوليك والكنيسة الكلدانية وكنيسة المشرق. وكما يتميزون بلغتهم الأم السريانية وهي لغة سامية شمالية شرقية نشأت كإحدى لهجات الآرامية في مدينة الرها[3].

يوجد الآشوريون في القامشلي بشكل ملحوظ، ويشكلون حوالي ثلث نصارى سوريا، وقد ازداد عددهم بعد هجرة الآشوريين من العراق بعد حرب٢٠٠٣م [4].

---

(١) الطوائف والعرقيات في سوريا، طارق إسماعيل كاخيا ص٢٠١

(٢) https://ar.wikipedia.org/wiki/

(٣) الطوائف والعرقيات في سوريا، طارق إسماعيل كاخيا ص١٥٥ - ١٥٦

(٤) https://ar.wikipedia.org/wiki/

ب-التقسيم الديني الطائفي للنازحين[1]:

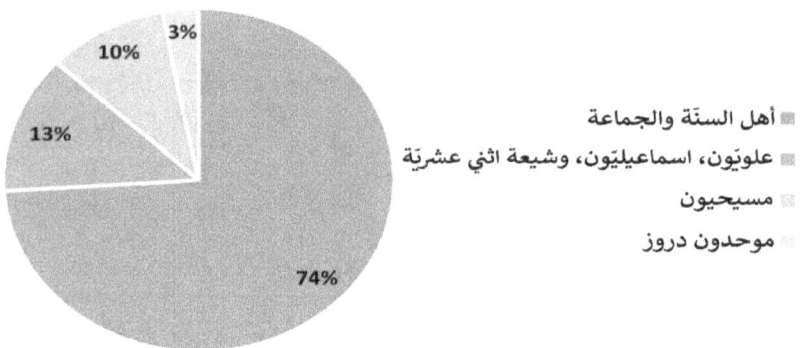

يتكون المجتمع السوري دينياً من عدة أديان وطوائف متعددة تتبع هذه الأديان، وقد عاشت هذه المكونات على مدار القرون الماضية حالة من الود والوئام، عندما كانت تحكم سوريا بالحكم الإسلامي، فلما تولاها حكام ينتمون إلى القومية والبعثية عملوا على تأجيج الخلافات وإضعاف كل مكون منها، على قاعدة: فرِّق تسُد، ويتألف المجتمع السوري مما يلي:

١-المسلمون السُّنة:

وهم الذين يعتقدون بقلوبهم ويشهدون بألسنتهم أنه لا إله إلا الله وأن محمداً رسول الله ويقيمون الصلاة ويؤتون الزكاة ويصومون رمضان ويحج المستطيع منهم بيت الله الحرام، ويؤمنون بالله وملائكته وكتبه ورسله واليوم الآخر والقدر خيره وشره[2]، والمتبعون للسلف الصالح، وهم صحابة رسول الله صلى الله عليه وسلم والتابعون وأتباعهم من أهل القرون الثلاثة المفضلة الذين شهد لهم رسول

---

(١) https://ar.wikipedia.org/wiki/Religious_Groups_Percentage_in_Syria_٢٠١٨-ar.svg

(٢) الأديان والفرق المعاصرة، عبد القادر شيبة الحمد، الطبعة الرابعة ١٤٣٣هـ- الرياض، ص ٢٤٩

الله صلى الله عليه وسلم بالخيرية[1]، في قوله: (خير القرون قرني ثم الذين يلونهم ثم الذين يلونهم ثم الذين يلونهم)[2]

دخل الإسلام سوريا عام ١٥هـ - ٦٣٦م في عهد الخليفة الراشد عمر بن الخطاب رضي الله عنه، على يد خالد بن الوليد وأبي عبيدة عامر بن الجراح رضي الله عنهما بعد معركة اليرموك، سِلمًا دون قتال، وقد كان ذلك بسبب مظالم الدولة البيزنطية، ورغبة أهل الشام بالتخلص منها.

وانتشر الإسلام في العهد الراشدي في المدن الكبرى، فيما بقيت الأرياف والقبائل الكبرى مسيحية حتى القرن العاشر الميلادي وهو أواخر القرن الرابع الهجري.

وفي العهد الأموي أصبحت دمشق عاصمة الخلافة الإسلامية مما أدى إلى ازدهارها اقتصادياً وعمرانياً، حيث شهدت تعمير الكثير من المساجد وسكنها عدد كبير من الصحابة والتابعين، ثم انتقلت العاصمة في زمن الخلافة العباسية إلى بغداد عام ١٣٢هـ. وقد تعرضت الشام لغزو فكري ومذهبي وديني من قبل النصارى في (الحملات الصليبية)، والمذهبية على يد الفاطميين الرافضة، فظهرت الطوائف الأخرى (العلوية، والدروز، والإسماعيليون) مما أثر ذلك على وجود وكثرة أهل السنة في سوريا والشام على وجه العموم، وقد عاد العثمانيون لأهل السنة حضورهم وقوتهم بعد

(١) موسوعة ماذا تعرف عن الفرق والمذاهب الجزء الأول، د أحمد عبد العزيز الحصين، دار عالم الكتب، الرياض ١٤٢٨هـ ص ٤٤٣ - ٤٤٤

(٢) أخرجه البخاري، في كتاب فضائل الصحابة، باب فضائل أصحاب النبي صلى الله عليه وسلم، حديث رقم (٣٤٥١) ج٥/ ١٨٦

انتصارهم في معركة مرج دابق[1]، وظلت تحت سيطرتهم لأربعة قرون حتى الثورة العربية الكبرى عام ١٩١٨، وشهدت البلاد خلالها بعض المظاهر العمرانية والتطور الفكري من خلال المسجد أولا، ثم من خلال البعثات والمدارس الأجنبية التي ولدت تيارا فكريا من المجددين أمثال زكي الأرسوزي[2] وعبد الرحمن الكواكبي[3].

يشكل السنيون الأغلبية في كافة المحافظات السورية باستثناء اللاذقية والسويداء[4]، فأهل السنة هم أكبر الطوائف في سوريا، والمذهب السائد هو المذهب الشافعي، ويلحظ انتشار واضح للصوفية في أنحاء سوريا، بسبب تشجيع الأتراك العثمانيين لهذا المنهج في أواخر دولتهم.

٢-العلويون (النصيرية):

ينسب مذهب النصيرية إلى محمد بن نصير البصري النميري العبدي[5] الذي عاش في القرن الثالث للهجرة، واستمر المذهب من بعده في كنف الدولة

---

(١) هي معركة وقعت بالقرب من مدينة حلب في سوريا، بين العثمانيين -بقيادة السلطان سليم الأول-، والمماليك -بقيادة قانصوه الغوري-، في الثامن من آب عام ألفٍ وخمسمئةٍ وستة عشر للميلاد. عام ٩٢٢هـ.

(٢) **زكي نجيب إبراهيم الأرسوزي** (اللاذقية، يونيو ١٨٩٩ - دمشق، ١٩٦٨)، مفكر وعربي سوري ومن أهم مؤسسي الفكر القومي العربي. أسس حزب البعث العربي في ٢٩ تشرين الثاني نوفمبر عام ١٩٤٠ هو المنظِّر الأيديولوجي الرئيسي لحزب البعث في سوريا، في حين كان ميشيل عفلق هو المقابل له في حزب البعث العراقي، توفي زكي الأرسوزي في مدينة دمشق في ٢ يوليو عام ١٩٦٨م
https://ar.wikipedia.org/wiki/

(٣) **عبد الرحمن أحمد بهائي محمد مسعود الكواكبي** (١٢٧١ هـ / ١٨٥٥ - ١٣٢٠ هـ / ١٥ حزيران ١٩٠٢م) أحد رواد النهضة العربية ومفكريها في القرن التاسع عشر، وأحد مؤسسي الفكر القومي العربي، اشتهر بكتاب «طبائع الاستبداد ومصارع الاستعباد» توفي في ظروف غريبة عام ١٩٠٢م
https://ar.wikipedia.org/wiki/%

(٤) الصراع على السلطة في سوريا، فان دام ص ٢٤

(٥) العلويون النصيريون، أبو موسى الحريري، بيروت، الطبعة الثانية ١٩٨٠م

الحمدانية¹، حتى تم إنشاء مركزين للطائفة أحدهما في حلب، والآخر في بغداد.

انقرض مركز بغداد بعد حملة هولاكو عليه، وانتقل مركز حلب إلى اللاذقية².

وعقائد النصيرية خليط من عقائد الشيعة واليهود والنصارى والبوذية والفلاسفة والمجوس والوثنية القديمة³، وبقي النصيرية ضمن الدول الإسلامية المتعاقبة محل صراع ومعارك حتى تقسيم سوريا، ولما جاء الاستعمار الفرنسي أطلق عليهم اسم العلويين، لتغيير الاسم العقدي الذي عرفوا به تاريخياً، وتشكلت الدولة العلوية عام ١٩٢٠ حتى ١٩٣٦ حيث تم اندماجها بالجمهورية العربية السورية والتي كان من بنودها أن يكون رئيس الدولة مسلماً سنياً، ثم عادت لهم السطوة مرة أخرى على يد حافظ الأسد في عام ١٩٧١م، وابنه بشار اللذين أسسا لنظام مركب طائفي وأمني⁴.

٣- الشيعة (الاثني عشرية):

أشهر فرق الإمامية، وقيل لهم (الاثنا عشرية) لدعواهم أن الإمام المنتظر هو الثاني عشر من سلسلة الأئمة الذين يزعمون أن رسول الله صلى الله عليه وسلم نصَّ على إمامتهم من بعده⁵، وأنهم أئمة معصومون، وتعود جذور

---

(١) **الدولة الحمدانية**: يعود الحمدانيون في أصولهم قبيلة بني تغلب، أسسها أبو محمد الحسن بن أبي الهيجاء، وهي إمارة شيعية قامت في حلب عام ٢٦٠هـ. واستمرت دولتهم ٧٧ سنة وانتهت على يد الفاطميون الرافضة الذين بسطوا سيطرتهم على بلاد الشام. (بتصرف).
التاريخ الإسلامي، الدولة العباسية، الجزء الثاني، محمود شاكر، ط المكتب الإسلامي، بيروت ٢٠٠٠م، ص ٢١٨ - ٢١٩

(٢) الأديان والفرق والمذاهب المعاصرة، عبد القادر شيبة الحمد، ص ٩٣ (بتصرف).

(٣) النصيرية، محمد أبو النصر، تجمع دعاة الشام، الطبعة الأولى ١٤٣٧هـ ص ٩

(٤) الموسوعة الميسرة في الأديان والمذاهب المعاصرة، الندوة العالمية للشباب الإسلامي، ط الثانية، ص ٥٠٩.

(٥) الأديان والفرق والمذاهب المعاصرة، عبد القادر شيبة الحمد، ص ٢٤٥

التشيع في سوريا إلى القرن الأول الهجري منذ أن امتطى الفتنة التي وقعت بين علي ومعاوية رضي الله عنهما عبد الله بن سبأ وسانده أتباع المجوسية في وضع قواعدها الفكرية والفلسفية، ولكن الانتشار الأعم كان في القرن الرابع الهجري مع ظهور الدولة الحمدانية في حلب، ومن ثم الدولة الفاطمية التي حاولت نشر التشيع في سوريا خصوصا في دمشق، ضمن نجاح محدود في هذا السياق؛ ثم عادت للانحسار مع بداية الدولة الأيوبية التي حاربت التشيع، وكذلك أيام الدولة العثمانية، إلى أن أصبح الشيعة يمثلون أقلية صغيرة محدودة في بعض المناطق.

ولهم وجود في البحرين والشام ولبنان وباكستان وغرب أفغانستان والأحساء والدمام والمدينة المنورة في السعودية[١]، ولهم دولة في إيران والعراق حالياً.

يذكر أن العلاقات الاقتصادية السياسية بين سوريا وإيران في عهد بشار الأسد انعكست كسياسة تشييع ممنهجة في كثير من المناطق خصوصا في الأرياف، مستغلة حاجتها الاقتصادية، وظهرت مراكز أكثر وضوحا للشيعة السوريين والإيرانيين في بعض مناطق دمشق[٢].

٤-الإسماعيليون (الباطنيون):

ينتسبون إلى إسماعيل بن جعفر الصادق[٣] ويزعمون إمامته، ومن أشهر ألقابهم (الباطنية)، لقولهم بأن الناس يعلمون علم الظاهر، والإمام يعلم علم الباطن، وأوَّلوا آيات القرآن تأويلات غريبة وجعلوها علم الباطن الذي عند الإمام[٤].

---

(١) استهداف أهل السنة، نبيل خليفة، مركز بيبلوس للدراسات، بيروت، ص١٤٠.

(٢) الموسوعة الميسرة في الأديان والمذاهب المعاصرة ص ٢٩٧

(٣) الحركات الباطنية في العالم الإسلامي، د. محمد أحمد الخطيب ص٥٧

(٤) الموجز في الأديان والمذاهب المعاصرة، ناصر العقل وناصر القفاري ص ١٢٦.

وقاد أئمة الإسماعيليين سرا من سلمية[1] في القرن التاسع أنشطة الأتباع في المناطق الأخرى، وحتى مع وصول الفاطميين للحكم في مصر ظلت سوريا مركز نشاط مهم لهم، وقد ضعفت سيطرتهم بعد انضمام بلاد الشام لحكم العثمانيين، مما اضطرهم إلى تأمين حياتهم في شبكة من المعاقل الآمنة والقلاع في مثلث ريف حمص وريف حماة والساحل، وهي المنطقة التي يوجدون فيها الآن، حيث أصبحت القدموس ومصياف مراكزهم المهمة في تلك الفترة، وحتى اليوم، ويمتاز الإسماعيليون بنشاط فكري وعلمي مميز، امتدادا لاهتمام الفاطميين بالمكتبات والجامعات، كما يملكون قدرة إدارية عالية لمناطق نفوذهم التي يسيطرون عليها من خلال القلاع الموجودة في الجبال، والتي يصل عددها في سوريا إلى ستين قلعة تقريبا[2].

٥-اليهود:

وهم أمة موسى عليه السلام[3].

يرجع وجود اليهود في سوريا إلى العصور القديمة، إذ تذكر بعض الروايات التوراتية وجود اليهود منذ عهد النبي داود عليه السلام، ثم ازداد عددهم في القرن السادس عشر نتيجة طردهم من الأندلس من قبل النصارى. أكبر التجمعات التاريخية لليهود هي دمشق وحلب والقامشلي، وبشكل أصغر في نصيبين واللاذقية.

ومنذ الفتح الإسلامي وحتى العهد العثماني لم يتأثر وجود اليهود في سوريا، حيث ظلت لهم أحياؤهم ومناطقهم وأماكن عباداتهم، فقد كان لهم حي في

---

(١) بلدة تقع في شرق حماة السورية.

(٢) الموسوعة الميسرة في الأديان والمذاهب المعاصرة ص ٤٣

(٣) الموجز في الأديان والمذاهب المعاصرة، ناصر العقل وناصر القفاري ص ١٨.

دمشق، ومنطقة قرب القلعة في حلب، وكثر وجودهم في جوبر في ريف دمشق.

وقد بقي الوضع هكذا حتى النكبة، إذ تصاعدت العدائية ضدهم مما أدى لهجرة عدد كبير منهم إلى فلسطين، وبعد النكسة صدرت ضدهم عدد من القوانين التقييدية التي تمنعهم من السفر والوظائف العامة وغيرها، مما أدى لتزايد هجرتهم بشكل غير شرعي حتى عام ١٩٩٢، إذ رفع حظر السفر عنهم فهاجرت الغالبية الساحقة منهم، خصوصا مع العروض المقدمة من الولايات المتحدة، ولم يبق منهم الآن سوى بضع مئات في دمشق وحلب والقامشلي[١].

٦-الدروز:

هم طائفة من الطوائف الباطنية التي انشقت عن الإسماعيلية في عصرها العبيدي[٢]، ظهرت في عهد الحاكم بأمر الله العبيدي، والمؤسس لمذهب الدروز هو حمزة بن علي أحمد الزوزني وهو من أكبر دعاة الباطنية، ويعتقدون بأن روح الله حلت ثم انتقلت إلى علي بن أبي طالب ثم إلى العزيز ثم الحاكم بأمر الله[٣].

ويفضل الدروز أن يطلق عليهم اسم (الموحدين) لأنهم يرون أنفسهم أهل التوحيد للخالق منذ قديم الزمان، ولا ينكرون تلقيبهم بالدروز[٤].

تعرض الدروز في القرن التاسع الهجري لما يسمى بالمحنة من قبل الدولة الفاطمية، وخصوصا في حلب وأنطاكية، مما حدا بهم للتحرك نحو جبل

---

(١) الموسوعة الميسرة في الأديان والمذاهب المعاصرة ص ٥٦٣

(٢) الحركات الباطنية في العالم الإسلامي، د. محمد أحمد الخطيب ص١٩٩

(٣) موسوعة ماذا تعرف عن الفرق والمذاهب، د أحمد الحصين الجزء ٣ ص٩٦٤

(٤) الحركات الباطنية في العالم الإسلامي: (عقائدها وحكم الإسلام فيها) -د. محمد أحمد الخطيب-ص: ١٩٩

العرب في الجولان، بغرض إقامة دولة خاصة بهم[1]، والذي صار من وقتها معقلا تاريخيا لهم منذ تلك الفترة حتى اليوم.

أثناء الاحتلال الفرنسي لسوريا اندلعت الثورة العربية الكبرى من جبل العرب بقيادة سلطان باشا الأطرش، ويشكل الدروز نسبة كبيرة من سكان الجولان المحتل من قبل إسرائيل اليوم، إضافة للسويداء الواقعين جنوب سوريا[2].

٧-المسيحيون (النصارى):

تطلق النصرانية على الدين المنزل من الله تعالى على عيسى عليه السلام، وكتابها الإنجيل، وأتباعها يقال لهم (النصارى) نسبة إلى بلدة الناصرة في فلسطين، وهي التي ولد فيها المسيح، فهي في أصلها دين منزل من الله تعالى، ولكنها غيرت وبدلت وغيرت نصوصها وتعددت أناجيلها، وتحول أتباعها من التوحيد إلى الشرك[3].

وقد كان سكان سوريا من أوائل الشعوب التي اعتنقت النصرانية، حيث اعتنق الآراميون وبعض القبائل العربية المقيمة في سوريا النصرانية. وتعد سوريا مركزا مهما للديانة النصرانية، إذ يوجد على امتدادها العشرات من الأديرة والكنائس والمراكز المقدسة في التاريخ النصراني[4].

ترتفع نسبة النصارى في دمشق وحمص واللاذقية والجزيرة الفراتية، وقد ازداد عددهم من خلال هجرتين: هجرة الأرمن وهجرة الأشوريين، إلا أن عددهم عاد للتناقص منذ منتصف القرن العشرين بسبب الظروف المحلية والإقليمية.

---

(١) رؤية إسلامية للصراع العربي الإسرائيلي، محمد سرور زين العابدين، ص٤٧

(٢) الموسوعة الميسرة في الأديان والمذاهب المعاصرة ص ٢٢١

(٣) الموجز في الأديان والمذاهب المعاصرة، ناصر العقل وناصر القفاري ص ٦٤.

(٤) المسيحيون السوريون قديماً وحديثاً، سمير عبده ص٩

ونصارى سوريا متنوعون طائفيًا فهناك الروم الأرثوذكس وهم الأغلبية يليهم السريان الأرثوذكس والروم الكاثوليك مع وجود جماعات مختلفة من اللاتين والبروتستانت والموارنة والكلدان والآشوريين والسريان الكاثوليك والأرمن، وتحوي حلب وحدها عشر أبرشيات[1] في حين تعتبر دمشق كرسي بطريركي ومقرًا لثلاث كنائس على مستوى العالم هم بطريركية أنطاكية وسائر المشرق للروم الأرثوذكس وبطريركية أنطاكية وسائر المشرق للسريان الأرثوذكس وبطريركية أنطاكية والقدس والإسكندرية للروم الملكيين الكاثوليك، وأغلب نصارى سوريا على تنوّع مشاربهم يتكلمون العربية، مع بعض الاستثناءات المتعلقة بمنطقة معلولا مثلاً حيث تستخدم الآرامية الغربية وبعض قرى الجزيرة حيث تستخدم السريانية.

قام كثير من نصارى البلاد بدورٍ فكريٍّ وثقافي وسياسي مهم، وساعد في ذلك الوضع الاجتماعي والاقتصادي للنصارى، إذ يوجد أغلبهم في المدن، وينتمي أغلبهم لطبقات اقتصادية عليا[2].

٨-اليزيديون: (الأزيديون)

ويقال لهم: عبدة الشيطان، وينسبون إلى: يزيد بن أنيسة الخارجي[3]، وهؤلاء من الغلاة أتباع عدي بن مسافر بن إسماعيل الهكاري (٤٦٧ – ٥٥٧ هـ) ويعتقد فيه أتباعه بأن شيخهم تَحمَّل عنهم التكاليف الشرعية من صلاة وصيام، وسيذهب بهم إلى الجنة يوم القيامة، ويعتقدون بأن الشيطان إله، ويستفتحون

---

(١) تعتبر الأبرشية (باللاتينية: Episcopatus) في بعض أشكال المسيحية أصغر وحدة في النظام الكنسي. وهي جزء من أجزاء المركز. يرأس الأُسقف الكنيسة الخاصة بالأبرشية.
https://ar.wikipedia.org/wiki/

(٢) الموسوعة الميسرة في الأديان والمذاهب المعاصرة ص ٤٩٧

(٣) اليزيديون في حاضرهم وماضيهم، السيد عبد الرزاق الحسني، ص٩

باسمه ويستقبحون أن يعاذ منه، واسمه عندهم (يزيد ملك طاووس)، ويؤمنون بالتناسخ[١] والحلول[٢]، ويشبهون بذلك الدروز والنصيرية بهذا المعتقد[٣].

ويعود أصل ديانتهم ومكان وجودهم هناك إلى العصور القديمة، كغالب ديانات ما بين النهرين المرتبطة بالطبيعة كخدمة للإنسان أو هلاك له.

يوجد اليزيديون في الحسكة وعفرين، ويتحدثون اللغة الكردية بشكل رئيسي مع عادات وتقاليد وأزياء عربية، ومجتمعهم مغلق، فإنهم لا يتزوجون من القوميات أو الأديان الأخرى[٤].

ويتوزع سكان سوريا وفق التجمعات الدينية والطائفية في رقعتها الجغرافية حسب الخريطة التالية:

(١) التناسخ هو: اعتقاد بأن النفس البشرية تنتقل من جسم بشري إلى جسم بشري آخر، باعتبار أن النفس لديهم لا تموت، بل يموت قميصها (الجسم)، ويصيبه البلى، فتنتقل النفس إلى قميص آخر.

(٢) ومفهوم الحلول عند هؤلاء أن الله سبحانه وتعالى حل في بعض خلقه وامتزج به بحيث تلاشت الذات الإنسانية في الذات الإلهية، فصارتا متحدتين غير منفصلتين.

(٣) موسوعة الفرق والجماعات والمذاهب الإسلامية، عبد المنعم الحفني، ص ٤٢٩

(٤) الموسوعة الميسرة في الأديان والمذاهب المعاصرة ص ٥٤٧

ملاحظة مهمة:

إحصاءات الطوائف في سوريا غير دقيقة، لأن النظام يتلاعب بهذه النسب للتقليل من نسبة أهل السنة، ويزيد في نسبة الطوائف الأخرى وخاصة النصيرية (العلوية)، ليستفيد من مكاسب التمثيل في المجالس التشريعية، والتنفيذية لطائفته[1].

ولكن أبرزها[2] يشير إلى النسب التالية:

٦٩٪ من سكان سوريا هم من المسلمين السنة.

١١٪ من سكان سوريا هم من العلويين (النصيرية).

(١) يحرص النظام السوري على أن يخفي حقيقة الإحصاءات للمحافظة على توازناته في البلد، وإلا فتعداد أهل السنة أكثر من ذلك. سورية في قرن، د. منير محمد الغضبان، ص ٦

(٢) تاريخ سوريا المعاصر، كمال ديب، ص ٤٣ وما بعدها (بتصرف).

١٤٪ من سكان سوريا هم من النصارى.

١ % من سكان سوريا من اليهود[1].

٣٪ من سكان سوريا هم من الدروز.

٢٪ من سكان سوريا هم من الشيعة والإسماعيليين وباقي الطوائف[2].

ويرجع السوريون في مسائل الأحوال الشخصية، مثل الولادة والزواج والميراث إلى دينهم حيث يتبع كل من النصارى والدروز نظم قانونية خاصة بهم.

أما بالنسبة لجميع الطوائف الأخرى، فتخضع هذه المسائل للقانون الإسلامي.

ومما يحسن ذكره في ختام هذا المطلب:

أن سوريا تتميز بتنوع طوائفها وأديانها، وأن التجمعات السكانية لهذه الطوائف ليست منعزلة بشكل تام، ولكن تكثر النسبة وتقل ولا تنعدم.

والمسلمون (أهل السنة) الأكثرية بين سكان سوريا على اختلاف مذاهبهم، ومع ذلك فقد عاش أبناء هذه الطوائف على مدار القرون الماضية حالة من الود والوئام، وتنتمي هذه المجموعات إلى ديانات وعرقيات مختلفة، أسهم كل منها في بناء حضارة بلاد الشام[3].

---

(١) قبل هجرتهم إلى خارج سوريا ثم إلى فلسطين، سورية في قرن ص ٦٥٦

(٢) التاريخ الإسلامي، محمود شاكر الجزء ١٠ ص ١٨٣

(٣) الصراع على السلطة في سوريا نيكولاس فان دام، ص ١٦ – ١٧ بتصرف

المطلب الثاني: أماكن وجود النازحين السوريين ومخيماتهم وأعدادهم:

مع اندلاع النزاع في سورية في ٢٠١١، وجد السكان المحليون أنفسهم مضطرين لمغادرة مناطقهم في رحلة نزوح قسري أججها تصاعد وتيرة العمليات العسكرية والاستهداف الممنهج للمدنيين من قبل قوات النظام السوري في المناطق الثائرة ضده. حيث أجبرت هذه الظروف ملايين السوريين بمختلف الشرائح العمرية على هجرة مدنهم وقراهم، بحثاً عن مناطق أكثر أمناً داخل سورية. إلا أن تبدل السيطرة العسكرية على المناطق في العديد من المحافظات السورية، أفرزت حالة من عدم استقرار السكان النازحين في هذه المناطق، إلى جانب إجبارها أعداداً متزايدة من السكان على ركوب موجة النزوح. ومع توالي سنوات النزاع ازداد عدد الأفراد النازحين ليصل إلى ما يقارب (٦.٧٨٤) مليون نازح في نهاية عام ٢٠١٧م[١].

وقد اتسمت موجات النزوح الداخلي في العديد من المناطق السورية بصفة النزوح المؤقت، بعد أن لجأ العديد من السكان للنزوح إلى المناطق القريبة من مناطقهم الأصلية على أمل الرجوع إليها قريباً بعد انتهاء الأعمال العسكرية. إلا أن واقع الحال أجبرهم على تكرار تجربة النزوح لأكثر من مرة مما فاقم من معاناتهم وضعفهم الاجتماعي على مدار السنوات السبع الماضية.

وليس خفياً على المتابع للحالة السورية الوضع الإنساني الصعب الذي تعيشه هذه الكتلة البشرية من النازحين على مختلف الصعد، فمع غياب المأوى والظروف الاقتصادية الصعبة اضطرت نسبة كبيرة منهم للعيش في مخيمات تفتقد لأدنى مقومات الحياة الكريمة، منها ما أقيم بشكل عشوائي والبعض

---

[١] Internal Displacement Monitoring Center: https://goo.gl/rWaucz

الآخر أقيم ضمن تجمع تشرف عليه بعض منظمات المجتمع المدني. وشكلت هذه المخيمات مستوطنات واسعة الامتداد يزداد أعداد النازحين فيها يوماً بعد آخر، مع افتقار غالبيتها إلى الخدمات الأساسية كالتعليم والصحة والصرف الصحي وغيرها من الخدمات الحياتية الأخرى. إلا أن التحدي الأكبر الذي يواجه سكان هذه المخيمات يتمثل في تأمين سبل عيشهم مع طول أمد وجودهم داخلها، وفي ظل غياب فرص العمل وقلة الدعم المقدم من قبل الجهات المانحة التي اقتصر دعم الكثير منها على تقديم بعض السلال الغذائية والصحية، مع وجود بعض المبادرات المحدودة لنشر سبل العيش ضمن هذه المخيمات. إلى جانب أن الكثير من العائلات المقيمة في هذه المخيمات تفتقد المعيل مما يفاقم من بؤسها واحتياجها، ولتشكل هذه المخيمات أحد أبرز التحديات في مناطق وجودها مع قلة الإمكانات المادية المتاحة لدى المنظمات واللجان المحلية لتلبية احتياجاتها أو دمجها في المجتمعات المضيفة.

إن الناظر بعين الملاحظ والمدقق، يلاحظ أن التهجير والنزوح طال أهل السنة في الشام على وجه الخصوص، وإن تحالف الطائفة النصيرية مع الطائفة الشيعيّة الصفويّة التي اجتاحت بلاد الشام وبلاداً إسلامية وعربيّة متعددة مثل العراق وسوريا ولبنان واليمن والبحرين[1] هدفها:

١-نشر التشيّع في هذه البلاد.

٢-تحقيق حلمها في بناء الإمبراطوريّة الصفويّة.

٣-قتل أهل السنّة وإبادتهم، أو تهجيرهم والاستيلاء على ممتلكاتهم.

---

(١) المخطط العالمي لنشر التشيع، خطورته وسبل مواجهته، محمد زيد المهاجر، دار الجبهة للنشر والتوزيع، ١٤٣٢هـ ص٣٧

٤- إنهاء الوجود العربي، بدافع قومي فارسي يفوق دافعهم الديني لذلك.

أمّا الطائفة النصيريّة التي احتلت سوريا منذ خمسين سنة ونكّلت بأهل السنّة أشدّ التنكيل، فإن هدفها من ذلك إضعاف الوجود السني وتقوية طائفتها الضعيفة بشتى الوسائل، ولا وسيلة أقرب إلى تحقيق هذا الهدف من توحيد مصالحها مع شيعة المنطقة وإيران، فاتفقوا على اجتثاث أهل السنّة وزيادة الروابط بين أبناء الطائفتين الشيعية والنصيرية؛ رغم ما كان بينهم من عداء ديني مستحكم على مدى التاريخ، إذ يعتقد الشيعة كفر النصيرية، وهذا ما يرجح عودة الحرب بينهم فور انتهاء مصلحة أحد الطرفين عند حليفه الآخر.

وهكذا يبدو لنا من المشهد السوريّ، ما يخطط ويعمل عليه النصيرية والشيعة من محاولة لإزالة الأثر الإسلاميّ السنيّ في سوريا، بل وفي كل العالم الإسلامي، فلم يوفّروا جهدًا أو طريقة إلا استخدموها لاحتلال المدن السنية ونهب خيراتها وبناء مستعمراتهم الإجرامية على أنقاض المدن السورية المدمرة.

أ- أماكن وجود النازحين السوريين وأعدادهم:

من يتتبع حركة النازحين يرى أنهم يتوجهون في نزوحهم إلى:

١- المدن الداخلية:

وهذه الفئة من النازحين ليس لهم تجمع خاص بهم كمخيمات، ولكنهم متفرقون في الأحياء والمدن والقرى.. ولا يمكن ضبط أعدادهم وأماكن تواجدهم بشكل دقيق.

٢- الحدود مع دول الجوار:

١- الحدود التركية. (شمال سوريا).

٢- الحدود اللبنانية. (غرب سوريا).

٣- الحدود الأردنية. (جنوب سوريا).

٤- الحدود العراقية. (شرق سوريا).

وذلك لكونها أكثر أمناً من غيرها، وأبعد عن المواجهات العسكرية، ويكون فيها أعمال المنظمات الإغاثية، والجمعيات الخيرية التي تساعدهم في معيشتهم بعدما تركوا بيوتهم وأعمالهم ومصادر دخلهم وزراعتهم ومصانعهم وأرزاقهم.

وهذه الخارطة توضح أماكن توزع النازحين في سوريا:

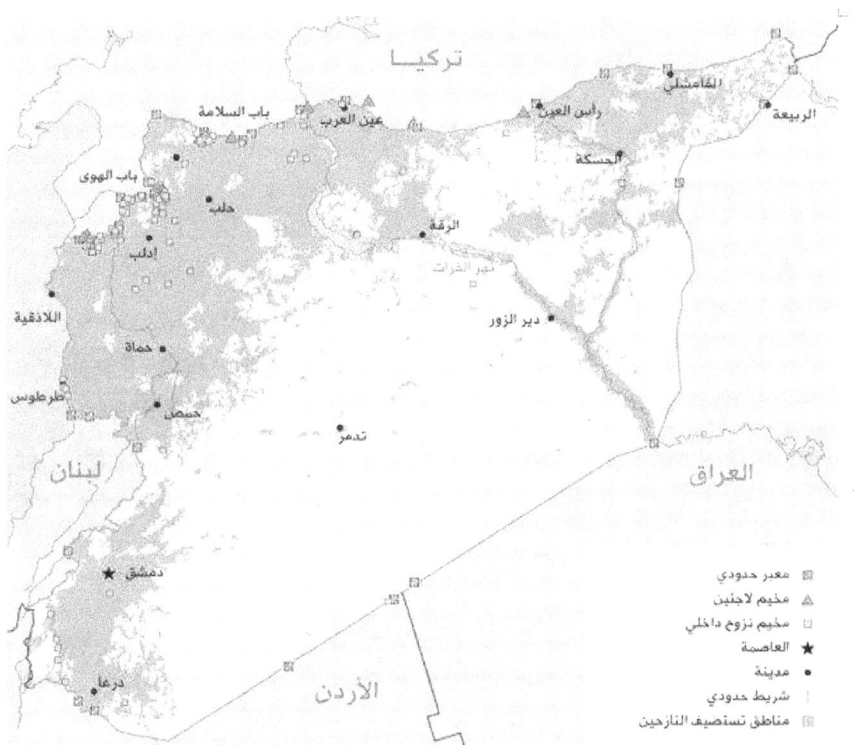

الشكل (5) يبين توزع مخيمات النزوح داخل سورية في شهر شباط من عام 2018

المصدر: Humanitarian Information Unit, US department of state, 04-02-2018: https://goo.gl/YsMcCo

ب- أعداد النازحين:

١-في المخيمات: من عام ٢٠١٢ وحتى ٢٠١٨م[١]: جاء في الإحصائية وجود ١٦.٩ مليون سوري داخل سوريا موزعين على مناطق سيطرة النظام والإدارة الذاتية والمعارضة. يعيش نصفهم أي ما يعادل ٨.٥ مليون نسمة في مناطق النظام، ٣.٢ يعيشون في مناطق الإدارة الذاتية، فيما يعيش ٥.١٨٩ مليون نسمة في مناطق المعارضة (ادلب[٢]، عفرين[٣]، درع الفرات[٤]).

انظر الشريحة[٥] رقم (١):

---

(١) https://www.internal-displacement.org

(٢) تقع محافظة إدلب في أقصى الشمال الغربي لسورية المحاذي للحدود التركية، وتحيط بها محافظة حلب شرقاً ومن الجنوب محافظة حماة ومحافظة اللاذقية من الغرب. وتبلغ مساحة المحافظة ٦١٠٠ كم٢، وتقسم المحافظة إلى خمس مناطق إدارية وهي مركز المحافظة (مدينة إدلب)، ومعرة النعمان، وجسر الشغور، وأريحا وحارم. وبلغ عدد سكان المحافظة عند تاريخ ٣١-١٢-٢٠١٠ (٢.٠٧١) مليون نسمة بحسب سجلات الأحوال المدنية. وقدر عدد السكان المقيمين بنحو (١.٥٣٥) مليون نسمة. وكانت محافظة إدلب من أولى المحافظات التي شهدت مظاهرات ضد حكومة نظام الأسد وخرجت عن سيطرتها في آذار من عام ٢٠١٥.

(٣) تقع مدينة عفرين ضمن منطقة جبلية في أقصى الزاوية الشمالية الغربية من سوريا تشكل الحدود السورية التركية، ومنطقة عفرين منطقة جبلية، تتبع منطقة عفرين محافظة حلب إدارياً، ومركزها مدينة عفرين التي تبعد عن حلب ٦٣ كم، عدد السكان حوالي ٥٠ ألف نسمة، تتألف بالإضافة إلى مدينة عفرين من سبع نواح هي: (شران، شيخ الحديد، جنديرس، راجو، بلبل، المركز ومعبطلي) و٣٦٦ قرية، يبلغ مجموع عدد سكان منطقة عفرين (٥٢٣,٢٥٨)، وغالبيتهم من الأكراد، وفيهم أهل السنة وهم الغالبية، وهناك علمانيون ونصارى بعدد قليل جداً.

(٤) هي: مناطق ريف حلب الشمالي والشرقي بعد طرد تنظيم داعش وميليشيات حماية الشعب الكردية، تحمل اسمها بدءًا من ريف حلب وتشمل أعزاز وجرابلس والباب وضواحيها جميعًا، وصارت تعرف من قبل طيف واسع بـ "مناطق درع الفرات". وتبلغ مساحة تلك المناطق التي تخضع للنفوذ التركي أربعة آلاف كيلومتر مربع، ويقدّر عدد سكان مناطق درع الفرات بـ٧٥٠ ألف نسمة.

(٥) https://www.acu-sy.org/imu-reports/

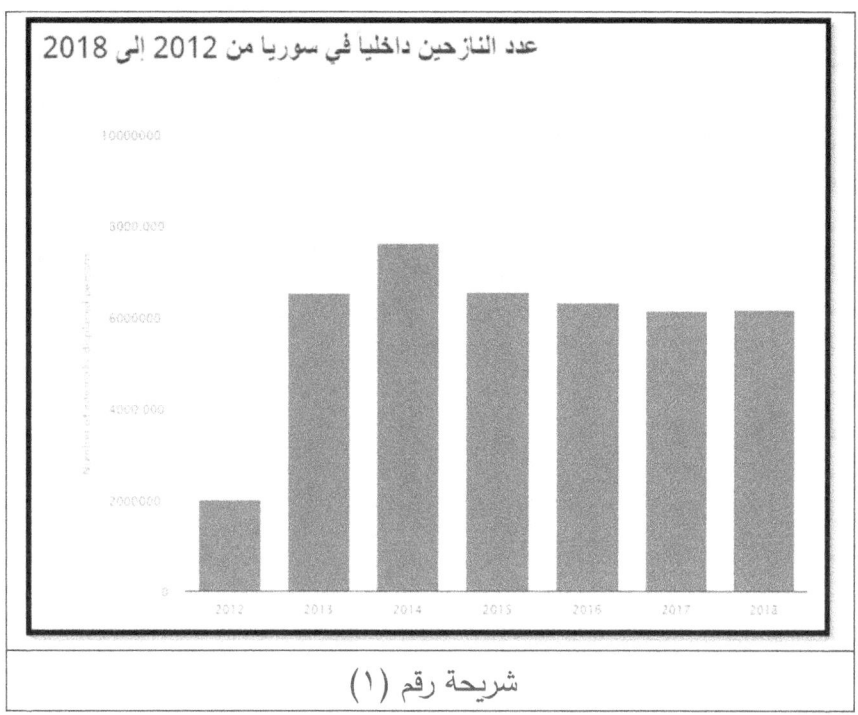

شريحة رقم (١)

ونلاحظ في هذا التقرير أن أعداد النازحين ارتفعت في عام ٢٠١٤م ثم بدأ في التناقص قليلاً، وذلك بسبب دخول أعداد كبيرة من النازحين إلى تركيا للإقامة فيها رغبة في الحصول على فرص معيشية وتعليمية أفضل، ومنهم من دخل تركيا لتكون عبوراً إلى أوروبا عبر البحر.

كما بلغ عدد المخيمات المشيدة في الشمال السوري بشكل كلي ١.١٥٣ من بينهم ٢٤٢ مخيم عشوائي، وتحوي جميع تلك المخيمات على ٩٦٢.٣٩٢ نازح[١].

وتفتقر هذه المخيمات إلى الخدمات التعليمية والدعوية، فقليلاً منها يوجد فيها مدارس (وهذه المدارس لا تتبع للتعليم النظامي الحكومي، وإنما تعليم يتبع لجمعيات ومنظمات تهتم بتقديم التعليم للنازحين)، والمساجد تنتشر في المخيمات بشكل كبير، فيندر أن يوجد مخيم إلا وفيه جامع أو مسجد أو

---

(١) https://www.acu-sy.org/imu-reports

مصلى، ويكون مكاناً لأداء الصلوات الخمس والجمعة[1]، وتقام فيه حلقات تعليم القرآن الكريم وتحفيظه والدروس الدينية، ويكون مكاناً لإقامة اللقاءات والاجتماعات الدينية، فالشعب السوري متدين بطبعه.

---

[1] في غالب هذه المساجد أنها تكون عبارة عن خيمة كبيرة يتم تجهيزها كمسجد لإقامة الصلاة، وتقام فيها حلقات تحفيظ القرآن الكريم، ومجالس التعليم الشرعي، ويمكن أن يقام فيها مدرسة للتعليم المدرسي.

٢-في غير المخيمات:

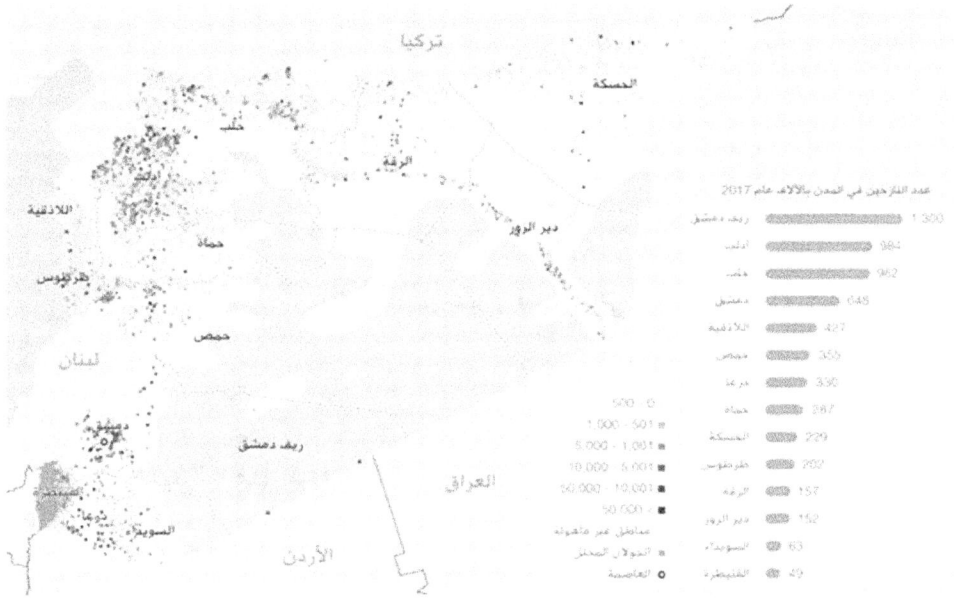

الشكل (4) يبين التوزع النسبي للنازحين داخل سورية وأعدادهم في المحافظات في عام 2017

المصدر: Humanitarian Needs Overview 2018, Syrian Arab Republic, United Nations Office for the Coordination of Humanitarian Affairs (OCHA)

يسكن بعض النازحين القادرين على الاستئجار في البيوت السكنية في المدن والقرى، وهؤلاء من طبقة ميسورة مادياً، وغالباً ما يكون ذلك لأجل، فإذا انتهى ما معهم من الدخل ذهبوا إلى المخيمات وبدأوا الحياة في المخيمات من جديد.

ويصل تعداد هؤلاء قرابة ٧٠٠.٠٠٠ سبعمائة ألف شخص حسب تقدير وحدة تنسيق الدعم[1].

(١) https://www.acu-sy.org/imu-reports/

المبحث الثاني: واقع النازحين التعليمي والديني والاجتماعي:

وفيه ثلاثة مطالب:

المطلب الأول: واقع التعليم النظامي والشرعي.

المطلب الثاني: اتجاهات القائمين على العمل الدعوي في المخيمات وتوجهاتهم المذهبية والفكرية.

المطلب الثالث: أسباب قلة فرص نجاح العمل الدعوي في المخيمات.

المطلب الأول: واقع التعليم النظامي والشرعي:

يتميز الشعب السوري بحب العلم والحرص على تحصيله، وتعتبر سوريا من أوائل الدول التي اهتمت بإقامة المدارس النظامية والجامعات والمعاهد العلمية والفنية، ولدى الشعب السوري ثقافة حب التعليم والحصول على الدرجات العلمية، ومن أكبر الهموم التي عانى منها النازحون توقف العملية التعليمية لأبنائهم، بل إن الدافع الأكبر لكثير من النازحين واللاجئين، في نزوحهم ولجوئهم الحصول على فرصة تعليم لأبنائهم وعدم انقطاعهم عن التحصيل العلمي.

والتعليم في سوريا نوعان:

أ-التعليم النظامي:

لقد شهدت المخيمات في الشمال السوري (مناطق شمال حلب)، نهوضاً تعليمياً وتربوياً، فرُممت فيها المدارس المدمرة، وعُيِّن فيه المعلمون الأكفاء، وذلك بعد إشراف الحكومة التركية على الوضع التعليمي فيها، فيما لا تزال باقي مخيمات النزوح في باقي الأراضي السورية، تعاني من المشاكل الكبيرة التي تؤدي إلى تعثر العملية التعليمية، ومن أهمها:

١-جعل المدارس هدفاً حربياً، فقد استخدمه الطيران الحربي وسيلة للضغط على السكان ليتركوا التعليم والمدارس، حتى أصبح الذهاب إلى المدرسة مجازفة بالأرواح ومخاطرة كبرى، وأدى ذلك إلى تراجع الأهالي عن إرسال أبنائهم إلى المدارس خوفا على حياتهم، خاصة في مناطق المواجهات العسكرية.

٢-ظروف أهالي الطلاب المادية الصعبة، حيث يضطر كثير من الأطفال للعمل بدل الذهاب للمدارس من أجل إعانة عوائلهم ماديا.

٣-نقص المدارس واكتظاظ القائم منها، بسبب الدمار الكبير للمدارس واستهدافها بالبراميل المتفجرة والصواريخ الفراغية.

٤-تخلّي الداعمين للعملية التعليمية، وإيقاف دعمهم المادي للمؤسسات التعليمية، مما سبب في تعطيل مئات المدارس وتوقفها عن العمل.

٥-العشوائية وفقدان المرجعية: تعاني المدارس في المخيمات من تراجع مستواها العلمي، وسبب ذلك يرجع إلى أن المدارس التي تم فتحها وإعادة تأهيلها لم ترتقِ للمستوى المطلوب (أبنية، ومعلمين، ومناهج تعليمية)، إضافة لعدم التزام الأهالي بإرسال أبنائهم إلى المدرسة، خوف القصف، وكذلك نزوح وهجرة معظم المعلّمين وتهميش الجيّد منهم، ووصول أناس ليسوا أكْفَاء استلموا زمام المبادرة في العملية التعليمية، وعسكرة التعليم أحياناً ضمن أجندات معيّنة.

وفي تقرير قامت به وحدة تنسيق الدعم[١] غطت فيه: ٣,٧٨٧ مدرسةً ضمن ١,٣٤٨ مجتمعاً محلياً، منها ٣٠٨٦ مدرسةً عاملةً؛ في حين أن ٧٠١ غير عاملة.

ويتضح من خلال التقرير أن العدد الأكبر من الطلاب يتركز في محافظة إدلب والأرياف المتصلة بها من محافظتي حلب وحماة، حيث سُجِّلت نسبتهم ٥١٪ (٤٣٧,٢٩٣ طالب) من إجمالي عدد الطلاب الذين تم تقييمهم. كما سُجِّل تواجد نسبة ١٩٪ (١٦١.١٦٣ طالبًا) من الطلاب الذي شملهم التقرير في المناطق التي تسيطر عليها الميليشيات الكردية. أما بالنسبة للمدرسين فقد تبين أن معدل تواجدهم تركز أيضا في محافظة إدلب والأرياف المتصلة بها من محافظتي حلب وحماة بنسبة ٥١٪ (١٦،٨١٣ معلمًا) من المعلمين المشمولين في التقرير. وسُجِّل تواجد ٤ ٪ (١.٤٣١ معلماً) في ريف حمص

---

(١) https://www.acu-sy.org/

الشمالي. وفي المناطق الخاضعة لسيطرة المليشيات الكردية (في الحسكة والرقة ودير الزور وريف حلب الشرقي) تتواجد ٧٦٨ مدرسةً عاملةً تم تقيميها في الدارسة، ويعمل فيها ١٢٪ (٤,٠٦٥ معلماً) من إجمالي عدد المعلمين في هذه المناطق.

ب-التعليم الشرعي في سوريا بعد الثورة:

فينقسم إلى ثلاثة أقسام:

الأول: التعليم الشرعي في الثانويات الشرعية:

تمثل المدارس الشرعيّة الطريقة التقليدية لاكتساب العلوم الشرعيّة وهي واحدة من أبرز مجالات التعليم الأهلي غير الربحي وتشكل أحد فروع التعليم الثانوي في سوريا إلى جانب العام والمهني. وتشرف وزارة الأوقاف على إدارة المدارس الشرعيّة العامة وتقوم بتحديد مناهجها وسائر تفاصيل الخطة التدريسيّة فيها وتدرس أيضًا كافة مواد التعليم العام الثانوي الأدبي وتعتبر شهادتها منذ العام ١٩٧١ معادلة لشهادة التعليم الثانوي العام الأدبي وهو ما يتيح لخريجيها إكمال دراستهم بمختلف الفروع والاختصاصات في الجامعات الممولة من قبل الحكومة. وإلى جانب التمويل الوزاري لهذه الثانويات فإن التبرعات الأهليّة تسدّ جزءًا كبيرًا من حاجاتها وتقترب بها من نظام المدارس الأهلية الخاصة ومعظم هذه التبرعات تأتي من أموال الزكاة، التي يخرجها أصحاب رؤوس الأموال من أموالهم ويقدمونها للمعاهد الشرعية كفالة لطلبة العلم، وقد أنشأت وزارة الأوقاف صندوق "دعم وتمويل التعليم الشرعي" الذي يعمل على جمع التبرعات من المواطنين لبناء مدارس وثانويات شرعية جديدة، وتقديم الأموال للعاملة منها.

الثاني: التعليم الشرعي في المعاهد الشرعية الخاصة:

وهو النوع الثاني من المدارس الشرعيّة، فهي المدارس الشرعيّة الخاصة أو الأهليّة التي تتبع نظريًا لوزارة الأوقاف بينما يتولى المجتمع الأهلي كل مسؤوليات إدارتها والإنفاق عليها.

ويعد أول ظهور مؤسسي للمعاهد الشرعية زمن الوزير الصالح نظام الملك[1] الذي نشر المعاهد الشرعية (كانت تسمى بالمدارس النظامية) بالتعاون مع الإمام الغزالي[2] وبقية العلماء للنهوض بالأمة وصد العدوان، واستمرت هذه بالانتشار والتطور في كافة البلدان الإسلامية، وفي سوريا مع بدايات القرن الماضي فقد أسس هذه المعاهد أكابر علماء الشام لتربية وتعليم الطلاب العلوم الدينية التأصيلية.

---

(١) **قوام الدين أبو علي الحسن بن علي بن إسحاق بن العباس الطوسي** الملقب بـ خواجة بزك أي نظام الملك، من مواليد طوس ٤٠٨هـ، في خراسان أحد أشهر وزراء السلاجقة، كان وزيرا لألب أرسلان وابنه ملكشاه، لم يكن وزيرًا لامعًا وسياسيًّا ماهرًا فحسب؛ بل كان داعيًا للعلم والأدب محبًّا لهما؛ أنشأ المدارس المعروفة باسمه «المدارس النظامية»، وأجرى لها الرواتب، وجذب إليها كبار الفقهاء والمحدِّثين، وفي مقدِّمتهم حُجَّة الإسلام أبو حامد الغزالي. اغتاله الإسماعيليون عام ٤٨٥هـ.
نظام الملك، د. عبد الهادي محمد رضا محبوبة، الدار المصرية اللبنانية، الطبعة الأولى ١٩٩٩م.ص ٢٣٥ وما بعدها بتصرف

(٢) **أبو حامد محمد الغزّالي الطوسي النيسابوري الصوفي الشافعي الأشعري**، أحد أعلام عصره وأحد أشهر علماء المسلمين في القرن الخامس الهجري، (٤٥٠ هـ - ٥٠٥ هـ / ١٠٥٨م - ١١١١م). كان فقيهاً وأصولياً وفيلسوفاً، وكان صوفيّ الطريقةِ، شافعيّ الفقهِ إذ لم يكن للشافعية في آخر عصره مثلَه.، وكان على مذهب الأشاعرة في العقيدة، وقد عُرف كأحد مؤسسي المدرسة الأشعرية في علم الكلام، وأحد أصولها الثلاثة بعد أبي الحسن الأشعري، (وكانوا الباقلاني والجويني والغزّالي). لُقّب الغزالي بألقاب كثيرة في حياته، أشهرها لقب "حجّة الإسلام"، وله أيضاً ألقاب مثل: زين الدين، ومحجّة الدين، والعالم الأوحد، ومفتي الأمّة، وبركة الأنام، وإمام أئمة الدين، وشرف الأئمة. ولد وعاش في طوس، ثم انتقل إلى نيسابور ليلازم أبا المعالي الجويني (الملقّب بإمام الحرمين)، فأخذ عنه معظم العلوم، ولمّا بلغ عمره ٣٤ سنة، رحل إلى بغداد مدرّساً في المدرسة النظامية في عهد الدولة العباسية بطلب من الوزير السلجوقي نظام الملك. في تلك الفترة اشتُهر شهرةً واسعةً، وصار مقصداً لطلاب العلم الشرعي من جميع البلدان.
سير أعلام النبلاء ، شمس الدين الذهبي، مؤسسة الرسالة، الطبعة الأولى ١٩٨٤م جزء ١٩ ص ٣٢٢

وكانت البداية مع مفتي الشام ومحدثها ومشعل ثورتها الكبرى ضد الاحتلال الفرنسي الشيخ المحدث بدر الدين الحسني[١]، ومن ثم بدأت المعاهد الشرعية تأخذ طابعها المؤسساتي في عهد الشيخ محمد علي الدقر[٢] صاحب أكبر نهضة علمية في بلاد الشام الذي كانت له اليد الطولى في تأسيس الجمعيات والمدارس والمعاهد الشرعية التي خرجت كبار العلماء.

والشيخ حسن حبنكة[٣] العلامة المجاهد المربي الذي أسس فيما بعد معهداً شرعياً تخرج منه عباقرة العلم وأرباب السلوك، منهم: الدكتور وهبة الزحيلي[٤]، والشيخ كريم راجح[٥] شيخ القراء بدمشق الذي وقف بوجه طاغية الشام منتقدا

---

(١) **هو: محمد بدر الدين بن يوسف بن بدر الدين الحسني المراكشي**، ولد بدر الدين الحسني في دمشق سنة ١٢٦٧هـ، نشأ في حجر والده وقد أتم حفظ القرآن الكريم وتعلم الكتابة وهو ابن سبع سنين ثم أخذ في مبادئ العلوم، ولما توفي والده كان له من العمر اثنتا عشرة سنة فجلس في غرفة والده في دار الحديث الأشرفية يطالع الكتب ويحفظ المتون بأنواع الفنون وقد حفظ عشرين ألف بيت من متون العلم المختلفة، وكان الإمام يحفظ غيبًا صحيحي البخاري ومسلم بأسانيدهما وموطأ مالك ومسند أحمد وسنن الترمذي وأبي داود والنسائي وابن ماجه وكان يحفظ أسماء رجال الحديث وماقيل فيهم من جرح وتعديل ويحفظ سني وفاتهم توفي يوم الجمعة الواقع في ٢٧ ربيع الأول سنة ١٣٥٤هـ الموافق لسنة ١٩٣٥ م في دمشق وقد دفن في تربة باب الصغير. https://ar.wikipedia.org/wiki/

(٢) **الشيخ علي الدقر**، (١٢٩٤ هـ/١٨٧٧م - ١٣٦٢ هـ/١٩٤٣م)، أحد أبرز علماء السنة في سوريا، اعتبره الكثيرون أنه صاحب أكبر نهضة علمية في بلاد الشام. https://ar.wikipedia.org/wiki/

(٣) **ولد الشيخ حسن حبنكة الميداني** عام ١٣٢٦ هـ الموافق لعام ١٩٠٨م، وهو عالم دين سني، وفقيه سوري، في حي الميدان الدمشقي، تخرج على يديه كبار العلماء في سوريا في العصر الحديث أمثال محمد سعيد رمضان البوطي ومصطفى البغا ومصطفى الخن، توفي في ذي القعدة ١٣٩٨ هـ الموافق لتشرين الأول ١٩٧٨م. https://ar.wikipedia.org/wiki/

(٤) **وهبة بن مصطفى الزحيلي الدمشقي** (١٩٣٢ - ٨ أغسطس ٢٠١٥)، أحد أبرز علماء أهل السنة والجماعة من سوريا في العصر الحديث، عضو المجامع الفقهية بصفة خبير في مكة وجدة والهند وأمريكا والسودان. ورئيس قسم الفقه الإسلامي ومذاهبه بجامعة دمشق، توفي الدكتور وهبة الزحيلي يوم السبت ٨ أغسطس ٢٠١٥ الموافق ٢٣ شوال ١٤٣٦ هـ في دمشق بسوريا عن عمر يناهز ٨٣ سنة. https://ar.wikipedia.org/wiki/

(٥) **محمد كريّم بن سعيد بن كريم راجح** (١٣٤٤هـ/ ١٩٢٦م) هو شيخ قراء بلاد الشام، وُلد في حي الميدان بدمشق، شيخ قراء الشام. https://ar.wikipedia.org/wiki/

ظلمه بقتل شعبه ومدافعا عن الشعب الذي خرج يطلب حريته، والشيخ عبد الوهاب دبس وزيت[١] مفتي الأحناف بدمشق، والشيخ عبد الكريم الرفاعي[٢] العالم الرباني مؤسس العمل الدعوي الشبابي في مساجد دمشق ووالد الشيخ أسامة الرفاعي[٣] رئيس المجلس الإسلامي السوري وأخوه الشيخ سارية الرفاعي[٤]، هذا غيض من فيض من العلماء الذين تخرجوا من المعاهد الشرعية وغيرهم الكثير.

---

(١) **هو العلامة الفقيه الحافظ المتقن المتمكن عبد الوهاب بن عبد الرحيم بن عبد الله بن عبد القادر الحافظ الملقب بـ "دبس وزيت"** ولد رحمه الله في حي العقيبة من أبوين كريمين سنة ١٣١١هـ ، وبدأ بتلقي القران الكريم عن والده الذي كان من شيوخ القراءة المشهود لهم بالإتقان ، ثم أعاد تلاوته على شيخ قراء الشام الشيخ محمد سليم الحلواني ، وتهيأ لطلب العلم الشرعي فاتصل بكبار علماء عصره بهمة ونشاط فريدين ، واخذ عن جهابذة دمشق آنذاك، وافته المنية في يوم الأربعاء عاشر رمضان المبارك لسنة ١٣٧٩هـ./https://ar.wikipedia.org/wiki

(٢) **ولد العالم المربي عبد الكريم الرفاعي** في دمشق مطلع القرن العشرين عام ١٩٠١م، سلك عبد الكريم طريق العلم الشرعي على يدي أستاذه الشيخ علي الدقر، وتلقى عنه مبادئ العلوم، حتى غدا أستاذا لحلقةٍ أو أكثر من الحلقات العلمية التي كان يعقدها شيخه لطلبة العلم، ثم أذن له شيخه بحضور دروس الشيخ بدر الدين الحسني، استمر عبد الكريم على القيام بأعمال الدعوة والتعليم والتربية والعناية بالمجتمع سنين طوالا ربما قاربت الثلاثين عاما، وأصيب الشيخ بشلل نصفي أقعده عن العمل ستة أشهر، وقبيل وفاته بعشرة أيام أصيب بغيبوبة لم يُفق منها إلا لحظة وفاته وكان ذلك في عام ١٩٧٣م /https://ar.wikipedia.org/wiki

(٣) **ولد الشيخ أسامة الرفاعي** في دمشق عام ١٩٤٤. تخرج في مدارس دمشق وثانوياتها. التحق بجامعة دمشق ودرس اللغة العربية وعلومها في كلية الآداب قسم اللغة العربية، وتخرج منها عام ١٩٧١. لازم والده العلَّامة الداعية الشيخ عبد الكريم الرفاعي رحمه الله تعالى، وتلقَّى عنه العلومَ العقلية والنقلية. تنقَّلَ الشيخُ حفظه الله تعالى في عَدَدٍ من العواصم الإسلامية، أثناء مسيرته الدعوية.
خطيب جامع الشيخ عبد الكريم الرفاعي في دمشق. رئيس رابطة علماء الشام، رئيس المجلس الإسلامي السوري.https://ar.wikipedia.org/wiki /

(٤) **ولد الشيخ سارية الرفاعي** في دمشق عام ١٩٤٨م، ونشأ في كنف والده الشيخ عبد الكريم الرفاعي شيخِ ما يُسمى بجماعة زيد "جماعة إسلامية بارزة في سورية، تخرج من كلية أصول الدين في جامع الأزهر، ثم حصل على شهادة الماجستير منها عام ١٩٧٧م. عمل في مجال الدعوة الإسلامية وأسس العديد من المشاريع الخيرية، والنفعية، والاجتماعية في سوريا وخارجها، وكان إماماً وخطيباً لجامع زيد بن ثابت في شارع خالد بن الوليد وسط العاصمة دمشق. أخرجه النظام السوري مرتين من البلاد (من

ويعد أشهر وأبز هذه المعاهد معهد الفتح الإسلامي بدمشق الذي تأسس سنة ١٩٥٦ على يد العلامة الشيخ محمد صالح الفرفور [1] وقد تخرج من هذا المعهد كبار علماء الشام كأمثال الشيخ عبد الرزاق الحلبي [2] والشيخ أديب كلاس [3] وغيرهم من العلماء الأفاضل، ومعظم طلاب وأساتذة هذا المعهد كانوا في الصفوف الأولى من الثورة، ولا ننسى الشيخ المحدث رياض الخرقي عضو أمناء المجلس الإسلامي الذي كان من خريجي هذا المعهد العريق والذي أكرمه الله تعالى بالشهادة في هذه الثورة.

عام ١٩٨٠ حتى ١٩٩٣) ثم (من عام ٢٠١٢ عقب اندلاع الثورة السورية وحتى لحظة كتابة هذه النبذة). https://ar.wikipedia.org/wiki/

(١) **العلامة المربي الكبير الشيخ محمد صالح بن عبد الله بن محمد صالح الفرفوري الدمشقي الحنفي،** ولد بدمشق سنة (١٣١٨) هـ الموافق (١٩٠١)م ونشأ بين أبوين صالحين، قرأ رحمه الله على أجلة علماء دمشق، في مقدمتهم العلامة المحدِّث الأكبر الشيخ محمد بدر الدين الحسني (١٢٦٧.١٣٥٤)، فقد لازمه ملازمة تامَّة سنوات، قرأ عليه خلالها علوم الحديث والتفسير والفقه والأصول، والعقيدة وعلوم العربية وعلوم الفلسفة، وفي سنة (١٣٧٥) هـ=١٩٥٦ م أسَّس جمعية الفتح الإسلامي مع نُخبة من كبار تلاميذه، وثلة من صُلحاء التجار، ثم أسَّس معهد الفتح الإسلامي ليضمَّ طلبة العلم فيعلمهم فيه أصناف العلوم، ويفقههم في دينهم، ويربيهم على الصلاح والتقوى، وافاه الأجل صبيحة يوم الثلاثاء في الخامس من المحرم سنة (١٤٠٧)هـ، الموافق للتاسع من أيلول سنة (١٩٨٦)م، وصُلِّيَ عليه في المسجد الأموي. https://ar.wikipedia.org/wiki/

(٢) **وُلِد الشيخ عبد الرزاق الحلبي** بدمشق في شعبان سنة ١٣٤٣ هـ - ١٩٢٥ م، ونشأ بين أَبَوَين صالحين، تلقى العلم على العلاَّمة الشيخ محمد صالح الفرفور، قضى الشيخ -حفظه الله- جميع عُمُره في التدريس وإقراء الكُتُب ليلاً ونهاراً، لا يَكلُّ ولا يَمَلُّ، فأقرأ العَشَرات من الكُتُب الأمهات في مُختلف العُلوم. تلاميذه الذين تخرجوا عليه، أو حضروا دروسه لا يُحصَوْن كثرةً، توفي فجر يوم السبت ١٢ ربيع الأول ١٤٣٣ هـ الموافق ٤ فبراير ٢٠١٢م https://ar.wikipedia.org/wiki/

(٣) **العلامة المربي الزاهد الفقيه الشيخ محمد أديب الكلاس بن أحمد بن الحاج ديب الدمشقي** أصلاً و الكلاس شهرةً و عملاً، ولد في دمشق الشام في حي القميرية عام ١٩٢١، نبغ الشيخ نبوغاً كبيراً، وكأنه حوى في صدره كل ما قرأه ووعاه حتى غدا جبلاً من جبال العلم يمشي على الأرض، وكانُ يدرس في معهد الفتح الإسلامي منذ تأسيسه، والمدرسة الأمينية، وبعض الثانويات كدار الثقافة وثانوية الشرق. توفي في الثاني من ذي الحجة لعام ١٤٣٠هـ. https://ar.wikipedia.org/wiki/

وجمعية علماء حمص والمعهد الشرعي التخصصي وغيرها من المعاهد الشرعية في دمشق والتي كان لها الأثر الطيب في تخريج العلماء والدعاة الذين جابوا الأرض بعلمهم.

وفي حمص العدية كان معهد خالد بن الوليد الذي أسسه الشيخ عبد الفتاح الدروبي سنة ١٩٤٨ والذي خرج العديد من العلماء الذين كانت لهم بصمة واضحة في الثورة السورية وأكبر أثر لهذا المعهد هيئة علماء حمص التي تنشط الآن في الشمال وتضم بين جوانبها العديد من طلاب العلم الذين تخرجوا من هذا المعهد.

وفي حلب فإن أول معهد شرعي أنشأ في العهد العثماني باسم المدرسة الخسروية[1] وقد خرج أكثر من ٢٥٠ عالماً منهم الذي أسس معاهد شرعية خرجت الآلاف الذين كانوا دعاة وثوار ومجاهدين التحقوا في الثورة منذ بدايتها واستشهد واعتقل وجرح وهجر كثير منهم ومازال كثير منهم على العهد ماض في ثورته في الشمال المحرر.

والشيخ محمد النبهان[2] الذي أسس معهد الكلتاوية بحلب سنة ١٩٦٤ وخرج آلاف الطلاب الذين لهم بصمة كبيرة في الثورة.

---

(١) **المدرسة الخسروية:** هي أول مدرسة بنيت في مدينة حلب السورية في عهد الدولة العثمانية، وتقع المدرسة الخسروية في محلة السفاحية غرب قلعة حلب مباشرة ولا يفصل بينهما سوى الطريق المحيط بالقلعة. أوصى والي حلب خسرو بن سنان باشا مولاه فروخ بن عبد المنان الرومي بإنشاء هذه المدرسة عام ١٥٤٦ م ٩٥١ هـ. https://ar.wikipedia.org/wiki/

(٢) **الشيخ محمّد بن أحمد بن نبهان**، ولد يوم الخميس في الثامن من ربيع الأول سنة ١٣١٨ هـ الموافق للخامس من تموز سنة ١٩٠٠م، تنقل في طلبه للعلم بين مصر والعراق، فتتلمذ على علمائها، وكان أعمدة التصوف في حلب، أنشأ معهد الكلتاوية للعلوم الشرعية وافتتح الدراسة فيها سنة ١٣٨٤ هـ / ١٩٦٤ م، توفي رحمه الله في اليوم السادس من شعبان ١٣٩٤ هـ الموافق ٢٤ آب ١٩٧٤، ودفن في المعهد الذي بناه. https://ar.wikipedia.org/wiki/

والشيخ عبد الله سراج[1] الدين العالم الرباني ومحدث الديار الحلبية الذي أسس معهد الشعبانية بحلب سنة ١٩٥٩

والشيخ أحمد الحصري[2] العالم الرباني الذي أسس معهد الامام النووي الشرعي في معرة النعمان سنة ١٩٦٢.

والشيخ محمود الشقفة[3] الذي أسس معهد التكية في حماة سنة ١٩٤٣.

شهادة المعاهد الشرعية في عهد نظام الأسد:

المعاهد الشرعية كانت معروفة بكافة أنحاء العالم الإسلامي منذ العصر العباسي وكانت تتفاوت من حيث القوة العلمية فبعضها يخرج العلماء فكان بمثابة الجامعات العريقة وأدناها يخرج الدعاة والمشايخ الذين يقومون بشؤون

---

(١) **عبد الله سراج الدين الحسيني.** ولد سنة ١٣٤٢ للهجرة النبوية الموافقة لسنة ١٩٢٤م، بمدينة حلب. والده الشيخ الإمام محمد نجيب سراج الدين. التحق بالمدرسة الشرعية (المدرسة الخسروية)، ونبغ بين أقرانه، وحفظ القرآن، واشتغل بحفظ الحديث ودراسته. وكان من شيوخه الشيخ محمد راغب الطباخ (مؤرخ حلب ومحدثها). وقد بلغ محفوظه نحو ثمانين ألف حديث؛ من أحاديث السنة والمسند والترغيب والترهيب والتفسير وغير ذلك. واعتنى عناية كبيرة بمختلف علوم الشرع وعلوم العقل واللغة حتى صار بحراً في كل علم منها، وما لبث أن طار صيته في العلوم الشرعية وخاصة علم الحديث ومصطلحه، افتتح المدرسة الشعبانية، سنة ١٩٦٠م، توفي يوم الإثنين ٢٠ ذي الحجة ١٤٢٢ من الهجرة الشريفة الموافق ٤ / ٣ / ٢٠٠٢ م في مدينة حلب.https://ar.wikipedia.org/wiki /

(٢) **هو الشيخ أحمد بن مصطفى بن صالح بن سعيد الحصري،** ولد عام ١٩١٢ م في معرة النعمان، إمام وخطيب الجامع الكبير بالمعرة، مؤسس ومدرس في معهد الإمام النووي الشرعي بمدينة معرة النعمان عام ١٩٦٢م– ١٣٨٢هـ، مؤسس ورئيس جمعية النهضة الإسلامية الخيرية. توفي الشيخ أحمد الحصري في عام ١٩٨٦م.https://ar.wikipedia.org/wiki /

(٣) هو **الشيخ العلامة محمود بن عبد الرحمن حسين الشقفة،** ولد رحمه الله تعالى عام (١٣١٥ هـ الموافق ١٨٩٨ م) في حماة الشام، يعتبر الشيخ رحمه الله تعالى واحد من علماء حماة المبرزين، ومن مشايخ سوريا المشهورين، أشهر شيوخه:

محدث الديار الشامية الشيخ محمد بدر الدين الحسني (١٢٦٧– ١٣٥٤هـ)، ومفتي حماة العلامة الشيخ المعمر محمد سعيد النعسان، أنشأ المدرسة المحمدية الشرعية (المشهورة بمعهد التكية) عام ١٩٣٩م، وتوفي ليلة الأحد (١٢/ رمضان المبارك/ ١٣٩٩هـ الموافق ١٩٧٩/٨/٥م).

/https://ar.wikipedia.org/wiki

المساجد من دعوة وخطابة وإمامة وتعليم شرعي، وكان هذا عرف معمول به، وقد جعل نظام الأسد البعثي همه الأكبر في إضعاف هذه المعاهد ومحاربتها، كونها تتمتع بالاستقلالية، بوسائل كثيرة جداً منها: عدم الاعتراف بشهادتها بهدف إبعاد الناس عنها أو أنها ترضخ له فيكون هو المتحكم بها، بالرغم من أن خريجي بعض المعاهد مثل معهد الفتح الإسلامي أقوى علمياً ولغة عربية من خرجي الجامعات، وطلاب العلم يقصدونه من مختلف البلدان حول العالم، والغريب بالأمر أن هذه المعاهد مقدرة وشهادتها معترف بها في غالب البلاد، فمثلا شهادة المعاهد معترفا بها من قبل أكبر وأعرق جامعة في الدول الإسلامية وهي جامعة الأزهر في جمهورية مصر العربية، هذا وقد نحت حكومات في عدد من الدول منحى تسجيل المعاهد في وزارات الأوقاف وأصبحت شهادة المعاهد معترفا بها، وفي السعودية والصومال ودول أخرى فالطالب المتخرج من المعاهد الشرعية لديهم يحق له الالتحاق والتسجيل فورا بكلية الشريعة أو أصول الدين أو اللغة العربية أو كليات أخرى في الجامعات الحكومية والخاصة.

وبعد قيام الثورة السورية وبعد أن أصبح للثوار حكومتهم، فكان أقل الإنصاف بالنسبة لخريجي المعاهد أن يتم معادلة شهادتهم بشهادة الثانويات الشرعية، وهذا ما عملت عليه الجهات الحكومية الثورية.

أهم مزايا وخصائص المعاهد الشرعية:

١. يدرس الطالب فيها ٦ سنوات تعد بمثابة المرحلة المتوسطة والثانوية

٢. يدرس الطالب فيها المواد الكونية بالإضافة للمواد الشرعية

٣. المواد الشرعية واللغة العربية في معظم المعاهد ذات مستوىً عالٍ جدا مثل الذي يدرس في الجامعات.

٤. في حين يشترط في الثانويات الشرعية سن محدد فإن المعاهد تتجاوز هذا الشرط لمنح من كبر سنه أو تسرب من التعليم أن يلتحق بها ويتابع دراسته

٥. المزج القوي بين العلم والتربية وتزكية النفس

٦. معظم موادها الشرعية تعتمد من التراث بشكل مباشر وبعض المؤلفات الحديثة.

٧. تدفع الطالب للبحث والتأليف عبر تكليفه بحلق البحث.

٨. تشجع طلابها على الانخراط في المجتمع توعية ودعوة عبر الدروس والإمامة والخطابة

٩. تشجع طلابها على الالتحاق بالجامعات واستكمال دراستهم.

١٠. معظم طلاب العلم الشرعي يفضلون أن يتلقوا العلوم الشرعية في المعاهد لما فيها من ميزات وخصائص فريدة.

١١. يتميز معظم طلابها بحسن أخلاقهم وهمتهم وجدهم ونشاطهم.

١٢. نظام التعليم والدوام والمذاكرات والامتحانات مشابه تماما لنظام المدراس.

١٣. يقوم بتدريس المواد في المعاهد مشايخ وعلماء متخصصون في المواد الشرعية واللغة العربية وأصحاب كفاءة في المواد الكونية.

١٤. اتباعها الفكر الوسطي (المدرسة الشامية) فلا تجد في هذه المعاهد مكانا للمتشددين والغلاة والمنحلين ولا للحزبين سواء من التيار الإسلامي أو غيره.

١٥. تعتمد المعاهد الشرعية في مناهجها على أمهات الكتب وأمهات المتون وشروحها مما يعتمد على المذاهب الأربعة المعروفة والتي لاقت قبولا في العالم الإسلامي وأبرزها:

أ. الفقه وأصوله: مغني المحتاج – كتاب الاقناع – المجموع شرح المهذب – كفاية الأخيار – كتاب الأم – منهاج الطالبين – البيجرمي على الخطيب – بدائع الصنائع – نور الإيضاح – تحفة الملوك – إرشاد السالك – اللمع في الفقه المالكي – الشرح الكبير لابن قدامة – الوجيز في الأصول للدكتور وهبة الزحيلي – أصول الفقه.

ب. اللغة العربية: شرح ابن عقيل – أوضح المسالك في شرح ألفية ابن مالك – قطر الندى وبل الصدى – مغني اللبيب – البلاغة الواضحة – شذرات الذهب – وغيرها من الكتب.

ت. التفسير وعلوم القرآن: تفسير النسفي – تفسير آيات الأحكام للصابوني والسايس وغيرها من الكتب.

ث. الحديث: رياض الصالحين والأذكار للنووي – دراسات تطبيقية في الحديث للدكتور نور الدين عتر – إعلام الأنام وغيرها من الكتب.

ج. العقيدة: تعتمد المعاهد الشرعية في مناهجها في تدريس العقيدة الإسلامية مذهب الأشاعرة والماتريدية والسلف وتعرضها بطريقة علمية غير متعصبة.

ح. المواد الكونية التي تدرس في المدارس (التاريخ – الجغرافيا – الرياضيات – .... إلخ) في المرحلة المتوسطة والثانوية الأدبية.

وقد وضعت وزارة الأوقاف منذ عدة سنوات مناهج شرعية موحدة لجميع الثانويات الشرعية وتضم سبعة مواد هي: الفقه الشافعي، والحديث الشريف،

والعقيدة الإسلامية، والسيرة النبوية، والتفسير والاستحفاظ، والتلاوة والتجويد، والخطابة ويبلغ عدد هذه المدارس في سوريا نحو ٢٢٠ مدرسة في عام٢٠١٣ حسب وزارة الأوقاف[1].

م	المعهد	المكان	الوضع	الاعتراف بالمعهد		تاريخ التأسيس	تاريخ الاغلاق
				النظام	الحكومة المؤقتة		
١	مجمع الإمام النووي بفروعه	ادلب	قائم	معترف	معترف	١٩٦٣	
٢	معهد عبد الله بن حذافة السهمي	ادلب	قائم	غير معترف	معترف	٢٠١٣	
٣	معهد أبي حنيفة النعمان	ادلب	قائم	غير معترف	غير معترف	٢٠١٣	
٤	معاهد الفرقان للعلوم الشرعية	دمشق	قائم	معترف	معترف	١٩٦٧	
٥	المعهد الشرعي للدعوة والإرشاد مجمع أبو النور	دمشق	قائم	معترف	معترف	١٩٧١	
٦	مدرسة دار الأرقم الشرعية	منبج	مغلق	معترف	معترف		
٧	معهد الفتح الإسلامي	دمشق	قائم	معترف	معترف	١٩٥٦	

(١) تم الحصول على هذه الإحصائية من إدارة شؤون الأوقاف والتعليم الشرعي في الحكومة المؤقتة. وكذلك الجداول المرفقة.

٨	المعهد الشرعي للدراسات الشرعية والعربية	الحسكة	مغلق	معترف	معترف		٢٠٠٧
٩	معهد جمعية التهذيب والتعليم	دمشق	قائم	معترف	معترف	١٩٣٠	
١٠	المعهد الشرعي في عين العرب	حلب	مغلق	معترف	معترف		
١١	معهد التكية	حماة	قائم	معترف	غير معترف	١٩٤٣	
١٢	جمعية بدر الدين الحسني معهد الزهراء	دمشق	قائم	معترف	غير معترف	١٩٥٩	
١٣	دار النهضة للعلوم الشرعية الكلتاوية	حلب	قائم	معترف	غير معترف	١٩٦٤	
١٤	معهد التعليم الشرعي الشعبانية	حلب	قائم	معترف	غير معترف	١٩٥٩	
١٥	جمعية علماء حمص	حمص	قائم	معترف	غير معترف	١٩٦٣	
١٦	المعهد الشرعي التخصصي	ادلب	مغلق	غير معترف	غير معترف		٢٠١٨
١٧	معهد المحمدية الهدائي الشرعي	حماه	قائم	معترف	غير معترف	١٩٣٩	
١٨	معهد الشيخ محمد صالح الفرفور	دمشق	قائم	معترف	غير معترف	١٩٩٠	
١٩	معهد العرفان الخزنوي	الحسكة	قائم	معترف	غير معترف	٢٠٠٩	

وضع المعاهد الشرعية في الثورة:

معظم طلاب ومدرسو المعاهد كانوا ومازالوا ثوارا ولهم بصمتهم على كافة الأصعدة وهذا شيء طبيعي فهم من أبناء هذا الشعب العظيم وجزء لا يتجزأ من نسيجه وتكوينه.

أحوال المعاهد بالنسبة للثورة:

١. المعاهد في الشمال المحرر مثل مجمع الإمام النووي بإدارة عضو مجلس أمناء المجلس الإسلامي السوري الشيخ عبد العليم عبد الله ومعهد عبد الله بن حذافة السهمي بإدارة عضو مجلس أمناء المجلس الإسلامي السوري الشيخ عبد الله رحال ومعهد أبي حنيفة النعمان بإدارة الشيخ أحمد حاج عبد الله فهؤلاء مرخصون لدى هيئة الأوقاف والشؤون الدينية لدى الحكومة السورية المؤقتة.

٢. المعاهد الموجودة في مناطق النظام ويتم التعامل مع خريجيها وفق:

أ. من تخرج قبل الثورة أو في بداياتها فهؤلاء يتم العمل على معادلة شهاداتهم وفق الضوابط العلمية والمعايير الموضوعة واللجان المتخصصة في هيئة الأوقاف ووزارة التربية في الحكومة السورية المؤقتة.

ب. من تخرج حديثا ويطلب معادلة شهادته، فيتم التعامل معه وفق السياسة التي تحددها الحكومة السورية المؤقتة وأشبه مثال لهذا مكتب خدمة المواطن فهو يقبل الشهادات وفق ما يأتيه من توجيه من الحكومة السورية المؤقتة، وشهادة المعاهد مثلها مثل شهادة الثانوية، طبعا بشرط أن يكون المعهد مطابقا للشروط والمعايير الموضوعة، والأمر بالنهاية يعود لسياسة الحكومة السورية المؤقتة.

الثالث: التعليم الشرعي المسجدي:

بعد تدمير المدارس والمعاهد الشرعية وتفرق الكوادر العلمية لجأ النازحون إلى التعليم المسجدي، حيث تقام في المساجد والمصليات مناشط علمية متنوعة أهمها: حلقات تعليم القرآن الكريم وتحفيظه ودراسة السنة النبوية، وتعليم أساسيات الدين (مالا يسع المسلم جهله)، ثم تطور بعضها في التعليم الشرعي حتى تحوَّل إلى معاهد شرعية لها مناهجها التعليمية، وبعضها يتضمن السكن والمبيت والكفالة الكاملة لطالب المعهد.

وفي هذا الجدول أسماء المعاهد الشرعية العاملة في المناطق المحررة وفي وسط مخيمات النازحين:

ومن هذه المعاهد: معهد الإمام الشافعي في إدلب وله فروع عدة، ومعهد الإمام النووي وله فروع كثيرة في ريف إدلب وحلب تصل لأكثر من ٦٠ فرعاً.

وقد حرصت هذه المعاهد على الاعتراف بها من قبل الحكومات القائمة في مناطق النزوح (الإنقاذ – المؤقتة)، وذلك لتشجيع الطلبة على الالتحاق بها:

المعاهد الشرعية التي تم معادلة شهادتها الى الثانوية الشرعية المعتمدة في وزارة التربية والتعليم

م	اسم المعهد	المواد التي تم تحميلها
1	معهد الامام النووي للعلوم الشرعية والعربية	1- علوم القرآن 2- الجغرافيا-3- التاريخ 4- الفلسفة
2	معاهد الفرقان للعلوم الشرعية	1- التاريخ
3	المعهد الشرعي للدعوة والارشاد	مباشر
4	مدرسة دار الارقم الشرعية	1- التاريخ 2- الفلسفة
5	معهد عبدالله بن حذافة السهمي خريجي قبل عام 2017	1- التاريخ 2- الفلسفة
6	معهد الفتح الاسلامي	1- التاريخ 2- الفلسفة
7	المعهد الشرعي للدراسات الإسلامية والعربية بالحسكة	1- التاريخ 2- الجغرافيا 3- الفرائض
8	معهد جمعية التهذيب والتعليم بدمشق	1- التاريخ 2- الجغرافيا
9	المعهد الشرعي في عين العرب	1- الجغرافيا

ولا يزال التدهور التعليمي يسود مخيمات النازحين في الشمال السوري التابعة لمحافظة إدلب، والواقعة على الحدود السورية التركية، وتعبر مخيمات النزوح الموجودة في هذه المنطقة هي الأكثر حظاً في المجال

التعليمي من باقي مناطق النزوح، لرعاية الحكومة التركية للجانب التعليمي وإشرافها عليه بدرجة جيدة، حيث تنتشر فيها المدارس والجامعات والمعاهد الشرعية، وقد تمت مناقشة رسائل علمية لدرجتي الماجستير والدكتوراه في بعضها[1].

وأما مخيمات النازحين على الحدود الأردنية (الركبان)، ومخيمات النازحين على الحدود العراقية، ومخيمات النازحين في مناطق سيطرة الأكراد (مخيم الهول) في الحسكة، والمخيمات على الحدود اللبنانية فالواقع فيها مخيف، ونسبة الأمية بين الأطفال مرتفعة جداً.

توجد مدارس في هذه المخيمات، ولكنها قليلة وتفتقد لأدنى درجات التعليم، فقلة المعلمين وندرتهم، وكذلك ما يتبع العملية التعليمية من مناهج ومباني وإدارة فهي نادرة إن لم تكن معدومة، وبحسب المسح الميداني الذي قمت به فتقتصر العملية التعليمية على التعليم المسجدي الذي يقتصر على تعليم القراءة والكتابة وحفظ قصار السور، وتعليم أساسيات ومبادئ الدين الإسلامي، وقد توجد بعض الخيام مخصصة لتعليم النساء، ولكن بشكل قليل.

جميع المخيمات تتشارك مع بعضها مصاعب النزوح ومتاعبه، وتختلف فيما بينها في مستوى الرعاية والدعم المقدمَين من المنظمات والهيئات المختلفة.

ففي الوقت الذي توافرت فيه مقومات العملية التعليمية في بعض المخيمات، غابت نهائياً عن مخيمات أخرى، وفقاً لدراسة أصدرتها وحدة تنسيق الدعم في الحكومة المؤقتة، والتي بيّنت اختلاف الأوضاع التعليمية في التجمعات

---

[1] توجد فيها من الجامعات: جامعة إدلب، وجامعة حلب الحرة، وجامعة الشام الدولية، وفرع لجامعة غازي عينتاب التركية، والجامعة العثمانية، وفرع لجامعة اليرموك الأردنية في الباب بإشراف أكاديمية باشاك شهير التركية.

السابقة، من حيث عدد المدارس والكوادر التدريسية ونسب تسرّب الطلاب وتوافر الكتب والقرطاسية وغيرها.

تبقى المدارس في مخيمات النازحين الواقعة تحت الإشراف التركي، في مناطق شمال حلب وشرقها والتي تسمى (درع الفرات)، وشمال الرقة وشرقها والتي تسمى (نبع السلام)، وشمال إدلب في عفرين ومناطقها والتي تسمى (غصن الزيتون)، هي الأوفر حظاً وأكثر انضباطاً، وأفضلها تعليماً.

لفهم هذه التقسيمات ينظر في الخريطة التالية:

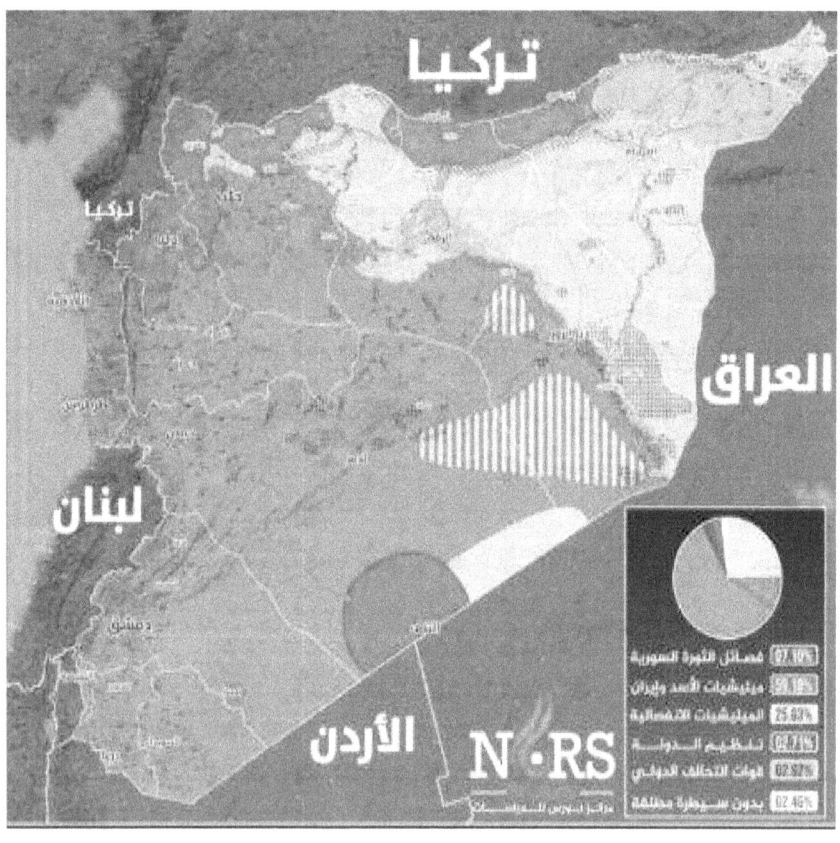

المطلب الثاني: اتجاهات القائمين على العمل الدعوي في المخيمات وتوجهاتهم المذهبية والفكرية:

نلاحظ تكوين المجتمع السوري من أعراق عدة، ومن ديانات متنوعة، وقد عمل النظام الطائفي الذي أسسه حافظ الأسد منذ انقلابه في ١٩٧٠م، على تفرقة الصفوف وخاصة أهل السنة، فانتهج إثارة النعرات المناطقية، والمذهبية، والفكرية، بين أهل السنة حتى تبقى الخلافات بينهم، يؤلب بعضهم على بعض، ويستفيد من فرقتهم هذه في تقوية طائفته وتمكنها من البلد وتمكين القبضة الحديدية منها.

وقد عُرفتْ دمشق عبر التاريخ بأنها مركز مهم لانطلاق التصوف للمناطق المجاورة، ففيها عاش ومات الزعيم الروحي لصوفية الشام ابن عربي الطائي[١]، وتعددت وتنوعت الطرق الصوفية من شمال إلى جنوب سورية، فظهرت

---

[١] **محمد بن علي بن محمد بن عربي الحاتمي الطائي الأندلسي** الشهير بـ **محيي الدين بن عربي**، أحد أشهر المتصوفين لقبه أتباعه وغيرهم من الصوفيين "بالشيخ الأكبر"، ولذا تُنسب إليه الطريقة الأكبرية الصوفية. ولد في مرسية في الأندلس في شهر رمضان عام ٥٥٨ هـ الموافق ١١٦٤م قبل عامين من وفاة الشيخ عبد القادر الجيلاني. وتوفي في دمشق عام ٦٣٨هـ الموافق ١٢٤٠م. ودفن في سفح جبل قاسيون. وهو عالم روحاني من علماء المسلمين الأندلسيين، وشاعر وفيلسوف، أصبحت أعماله ذات شأن كبيرٍ حتى خارج العالم العربي. تزيد مؤلفاته عن ٨٠٠، لكن لم يبق منها سوى ١٠٠. كما غدت تعاليمه في مجال علم الكون ذات أهمية كبيرة في عدة أجزاء من العالم الإسلامي. https://ar.wikipedia.org/wiki/

الجماعات الشاذلية[١]، والقادرية[٢]، والخزنوية[٣]، والرفاعية[٤]، والنقشبندية[٥]، وغيرها، إضافة إلى عدد من الطرق الأخرى الصغيرة متفرقةً في مناطق سورية، وعلى حين تنتشر الطرق الصوفية بين الاكراد والتركمان في الشمال السوري نراها تتراجع بين السكان العرب في الجنوب.

وكان لذهاب أبناء الشام للدراسة في مصر دوره في نقل فكر جماعة الإخوان المسلمين إلى سوريا، وتشبعهم بأفكار الجماعة ومنهجا، وعلى رأسهم د. مصطفى السباعي[٦]الذي أنشأ كلية الشريعة في جامعة دمشق، وأسس جماعة الإخوان المسلمين في سوريا.

---

(١) **الشاذلية:** طريقة صوفية تنسب إلى أبي الحسن الشاذلي يؤمن أصحابها بجملة الأفكار والمعتقدات الصوفية، وإن كانت تختلف عنها في سلوك المريد وطريقة تربيته بالإضافة إلى اشتهارهم بالذكر المفرد "الله" أو مضمرًا "هو"، مؤسسها: أبي الحسن الشاذلي: مغربي الأصل حيث ولد سنة ٥٧١ هـ، تفقه وتصوف في تونس، وسكن مدينة تونس والإسكندرية، وتوفي بصحراء عيذاب متوجهًا إلى بيت الله الحرام في أوائل ذي القعدة ٦٥٦ هـ.https://ar.wikipedia.org/wiki/

(٢) **القادرية:** أحد الطرق الصوفية السنية والتي تنتسب إلى عبد القادر الجيلاني (٤٧١ هـ – ٥٦١ هـ)، وينتشر أتباعها في بلاد الشام والعراق ومصر وشرق أفريقيا. وقد كان لرجالها الأثر الكبير في نشر الإسلام في قارة أفريقيا وآسيا، وفي الوقوف في وجه المد الأوروبي الزاحف إلى المغرب العربي. https://ar.wikipedia.org/wiki/

(٣) **الخزنوية:** طريقة صوفية مؤسسها الشيخ أحمد الخزنوي عام ١٩٢٠م والقائم عليها حالياً حفيده الشيخ محمد مطاع الخزنوي داعية إسلامي معروف، وعالمٌ شافعيٌ صوفيٌ وشيخ الطريقة النقشبندية.

(٤) **الرفاعية:** هي طريقة صوفية سنية ينتشر أتباعها في العراق ومصر وسوريا وغرب آسيا. لهم راية باللون الأسود تميزهم عن باقي الطرق الصوفية. تُنسب إلى الفقيه الشافعي الأشعري، أحمد بن علي الرفاعي (٥١٢ هـ – ٥٧٨ هـ) الملقب بـ "أبو العلمين" و"شيخ الطرائق" و"الشيخ الكبير" و"أستاذ الجماعة".https://ar.wikipedia.org/wiki/

(٥) **النقشبندية:** هي واحد من أكبر الطوائف الصوفية والتي تنتسب إلى محمد بهاء الدين نقشبند واشتق اسمها منه، ومن ثم عرفت به. الطريقة النقشبندية هي الطريقة الوحيدة التي تدّعي تتبع السلسلة الروحية المباشرة مع نبي الإسلام محمد من خلال أبو بكر الصديق وبذلك تكون تلك الطريقة مرتبطة بطريق غير مباشر بسيدنا علي عن طريق جعفر الصادق.https://ar.wikipedia.org/wiki/

(٦) سبق التعريف به.

وكان الفكر السلفي الذي أسسه شيخ الإسلام ابن تيمية[1]، في القرن الثامن الهجري، لا تزال آثاره باقية في المجتمع السوري، يتوارثه التلامذة عن الأساتذة، وينشرون علمه وتأصيله ومنهجه في العلوم الشرعية والالتزام بالدليل من الكتاب والسنة، وفي الرد على المخالف.

وكذلك كان لذهاب أبناء الشام إلى دول الخليج للعمل وللدراسة، جهود في نقل الفكر السلفي، بشتى درجاته وأنواعه: العلمية والمدخلية[2] والجهادية.

وكان من خطط النظام الأمني الذي أسس له حافظ الأسد منذ توليه السلطة، العمل على ضبط الإسلاميين والاستفادة من توجهاتهم الفكرية المتصارعة فيما بينها، وتغذية هذا الصراع بما يضمن له الفائدة والاستمرار في السلطة، وصناعة الأحداث وأعمال العنف، واتهامهم بها للبطش والتنكيل بهم[3].

وبدأت حكاية التصنيع والتحضير لهؤلاء ولغيرهم عام ٢٠٠٥م في زمن بشار الابن، وذلك بعدما عاد عدد كبير من شباب سوريا الذين سهل لهم النظام

---

(١) **هو: تقي الدين أبو العباس أحمد بن عبد الحليم بن عبد السلام النميري الحراني المشهور باسم ابن تيمية**. ولد في منطقة حرّان يوم الاثنين في العاشر أو الثاني عشر من شهر ربيع الأول لعام ٦٦١هـ، وهو فقيه ومحدث ومفسر وعالم مجتهد من علماء أهل السنة والجماعة. وهو أحد أبرز العلماء المسلمين خلال النصف الثاني من القرن السابع والثلث الأول من القرن الثامن الهجري. تُوفي الإمام ابن تيمية في شهر ذي القعدة سنة ثمان وعشرين وسبعمائة، ودفن في دمشق.
https://ar.wikipedia.org/wiki/

(٢) **المداخلة أو المدخليون** نسبة إلى إمامهم ربيع المدخلي، أو حزب التجريح اشتقاقًا من كلمة الجرح ومعناها عند علماء الحديث: الطعن بالشخص. وحزب نتيجة لتكتلهم وانغلاقهم، وكل جماعة من الناس متكتلة لها انتماء فكري تسمّى في اللغة العربية حزبًا. أو غلاة الطاعة نسبة إلى ما يعتقده غيرهم أنه إفراطهم في مسألة طاعة السلطان، والتيار المدخلي تيار سياسي يقوم أساسه المنهجي على رفض الطائفية والفرقة والتحزب وهي بالتحديد تصنف ضمن التيارات السلفية، من أدبيات المداخلة الأساسية ومذهبهم عدم جواز معارضة الحاكم مطلقاً، وعدم إبداء النصيحة له في العلن، وتعتبر ذلك أصلاً من أصول عقيدة أهل السنة والجماعة، ومخالفة هذا الأصل يعتبر خروجاً على الحاكم المسلم – في مذهبهم
https://ar.wikipedia.org/wiki/-

(٣) الدين والدولة في سورية، توماس بيريه ص ٩٨

السوري الذهاب إلى العراق للجهاد ومحاربة المحتل الأمريكي، وكانت الباصات ووسائل النقل المجانية التي تقل هؤلاء الشباب المتحمسين للقتال في العراق ونصرة أهلها، تنطلق برعاية الحكومة بعدما تأخذ كامل المعلومات عنهم، عادوا من العراق بعدما عرف الكثير منهم تلك المصيدة والفخ الذي سقطوا فيه، ليستلمهم الأمن السوري ويضعهم في المعتقلات، بشكل مدروس، يطبقون فيه خطة رهيبة في التصنيع والتحضير لكفاءات يتم تجهيزها فكرياً ومنهجياً، بخطة تتم دراستها من قبل علماء ومختصين في علم النفس والاجتماع.

تقوم الفكرة على تقسيم عنابر السجن بحسب الفكر الذي يريدون دراسته وتوجيهه، فقسم خاص للجهاديين، وآخر للسلفية المدخلية، وآخر للتكفيريين، وآخر لأتباع الفكر الإسلامي السياسي، وآخر للصوفية، وآخر للإخوان السلفيين، وهكذا.

قامت أجهزة المخابرات بتنفيذ هذا البرنامج: تدريب عملي لإعداد إسلاميين جهاديين ومدنيين جرى تأهيلهم كجزء من اختبار أكبر لصراع داخلي محتمل، وكان مكان الاختبار هو معتقل صيدنايا[1]، قام هذا البرنامج بحشد مئات من المعتقلين الإسلاميين، ومعتقلين أبرياء تمّ زجّهم في السجن بغاية أسلمتهم بعد ضغط نفسي وجسدي استمرّ سنوات.

تبدأ التهيئة من الفروع الأمنية بالضغط النفسي والجسدي، حيث يتعمّد السجّان شتم الأعراض وإهانة الكرامة وشتم الله والإسلام والرسول، إضافة للجوع والعطش والمنع من الحركة أو رفع الصوت أو تبادل الأحاديث في مجموعة لا تزيد عن اثنين، والنوم «تسييف» (أي بمحاذاة بعض بسبب ضيق المساحة عن جميع أجساد النائمين)، إضافة للإهانة بشكل مستمر وللتعذيب أثناء

---

[1] سجن كبير يقع في بلدة صيدنايا، وتقع في شرقي دمشق.

التحقيق، وبالطبع يمنع أي اتصال بالعالم الخارجي ويجري تصعيد الشعور الطائفي، فالسجّان يجب أن يكون علوياً[1] غالباً، بحيث تدلّ عليه لهجته القروية التي يتعمّد إظهارها، كما درج بقية السجانين على تقليد هذه اللهجة العلوية كي يوحوا للسجناء أنهم علويون، وبالتالي يحدث التأثير المطلوب (الشعور بالتمييز والاضطهاد الطائفي).

ولم يكن معتقل صيدنايا فقط مكاناً لهذا البرنامج التدريبي، الذي ربما كان تحت إشراف يتجاوز إشراف الأمن السوري، فلقد كان أيضاً مكاناً لتنظيم الحركات الإسلامية العنيفة التي ظهرت خلال الثورة والحرب السورية الأخيرة، وكان سجن صيدنايا مكاناً لاختبار صراع أهلي مصغّر يرافق ويسبق إعلان دولة إسلامية داخل السجن هي الأولى من نوعها في تاريخ سورية الحديث[2].

لقد كان النظام الأسدي موفقاً في مسألتين تبدوان متناقضتين، ولكنهما في الحقيقة متكاملتان: تصنيع الإرهابيين من جهة، وملاحقتهم والقبض عليهم من جهة ثانية، وذلك بحسب المتطلبات الإقليمية والدولية ما بعد الحرب الباردة. وهكذا زجّت أجهزة الأمن بمئات الشبان والأطفال الأبرياء في الفروع الأمنية بدون اتهامات أو باتهامات سخيفة، وأوحت لهم وللمجتمع الذي ألقي فيه القبض عليهم أنهم إرهابيون وإسلاميون خطيرون.

وقامت بتهيئة أفواج جديدة من الإرهابيين ليتم استخدامهم لاحقاً في أماكن أو أوقات يحددها النظام.

كان الجزء الأول من برنامج صيدنايا يشمل في جزء أساسي منه اختباراً لصراع أهلي بين التنظيمات الإسلامية نفسها، صراع فكري وسياسي وعملي،

---

(١) ينتمي للطائفة النصيرية، والذين سماهم الفرنسيون بالعلويين.

(٢) وقد وقع ذلك بتسهيلات من إدارة السجن في عام ٢٠٠٨م.

وصراع مفاوضات، وكان من ضمن ذلك عملية اختيار ممثلين للسجناء بطريقه ديموقراطية ربما تجري لأول مرة في تاريخ سورية الحديث خارج سلطة النظام.

إن الصراع الأهلي داخل سجن صيدنايا جرى بين كل العناصر الإسلامية المتعددة الآراء والتوجهات والمسالك ابتداء من حزب التحرير الإسلامي والأكراد وقليل من بقايا الإخوان المسلمين وعناصر القاعدة (حوالي ٣٠٠ عنصر) وفلسطينيين إسلاميين وتنظيمات إسلامية صغيرة (جند الشام، فتح الإسلام). وانتهاءً بالسلفيين بأنواعهم الثلاثة (الدعوي، الجهادي، التكفيري[1]).

الجزء الثاني من برنامج صيدنايا كان لاختبار إعلان دولة إسلامية وتأسيس حكومة إسلامية فيها ما يشبه ضباطاً مسؤولين عن الدفاع والأمن ووزراء للصحة والإعاشة والتموين، ومحكمة شرعية داخل السجن، وهو ما جرى في الاستعصاء الثالث تحت اسم «دولة صيدنايا الإسلامية» التي أعلنتها القيادات المتشددة في صيدنايا، وكانت بنظر معظم هؤلاء المنطلق لإعلان الدولة الإسلامية في سورية وبلاد الشام.

وعندما قامت الثورة ضد نظام بشار الأسد في عام ٢٠١١م، وكانت سلمية وتنادي بالسلمية، وبقي على ذلك قرابة ستة أشهر، كان اختيار النظام والقائمين عليه استخدام آلية البطش والمواجهة، فأصدر عفواً عن المساجين، الذين تم تدريبهم على الأفكار المتنوعة في داخل سجن صيدنايا، فتمّ إطلاق سراح ما يقرب من ٨٥٠ إسلامي من صيدنايا والفروع الأمنية داخل سورية[2]، وبعضهم لم يكمل مدة حكمه بعد، وكان الهدف من ذلك العفو خروج من تم

---

(١) وهو: الحكم الشرعي بالكفر على مقالة، أو على طائفة، أو على شخص معين، بسبب قيام موجب التكفير من جحد لربوبية الله أو ألوهيته، أو الرسالة، أو لما هو معلوم من الدين بالضرورة، أو للقيام بقول أو فعل حكم الشارع بأن فاعله يكون كافراً، وإن لم يجحده، بعد قيام الحجة، **موسوعة العقيدة والأديان والفرق والمذاهب ج١** ص ٧٠٣

(٢) كان ذلك في عام ٢٠١١م، وكما شمل العفو عشرات الآلاف من المجرمين وأصحاب السوابق.

تحضيره بشكل جيد للعمل المسلح، ليتم تصوير الثورة السلمية بأنها تطرف وإرهاب، وتتحول للمواجهة العسكرية، وذلك ما حصل، وتدفق المقاتلون على سوريا من جميع الدول يحملون المناهج المتعددة والمتباينة، من الفكر التكفيري لأمة الإسلام والمتمثل ب(داعش)[١]، إلى فكر المرجئة[٢] والتعبد لله بطاعة ولي الأمر (المدخلية) الذين يحرمون الخروج على الحاكم، وإن أظهر فسوقه ومعاصيه أمام الناس، لأن ما يقع من مفاسد في نظرهم أشد وأكبر مما يكون عليه.

كما نشط التيار السلفي الجهادي كثيراً، وخاصة في أوساط الشباب وحملة السلاح، وأقيمت لذلك المعسكرات التدريبية والشرعية على ذات المنهج، ولكن بسبب نقص الكوادر العلمية التأصيلية، تصدر غير المتمكن علمياً للتعليم والتوجيه، والقضاء والفتيا، فوقعت الطوام والمشاكل الكثيرة.

وكان لوجود المنظمات الغربية، -والتي تتخذ من العمل الإنساني غطاءً -دور في نشر الفكر الإلحادي والتنصيري المنفلت، وقد نشطت في نشر ما لديها من

---

(١) **الدولة الإسلامية في العراق والشام** ويسمى تنظيم الدولة الإسلامية في العراق والشام الذي يُعرف اختصاراً بـ داعش، وهو تنظيم مسلَّح يتبع فكر جماعات السلفية الجهادية، ويهدف أعضاؤه -حسب اعتقادهم- إلى إعادة "الخلافة الإسلامية وتطبيق الشريعة"، ويتواجد أفراده وينتشر نفوذه بشكل رئيسي في العراق وسوريا مع أنباء بوجوده في المناطق دول أخرى، ويبني فكره على قاعدة التكفير ولو بارتكاب الذنوب الصغيرة./https://ar.wikipedia.org/wiki

(٢) **المرجئة** هم فرقة كلامية تنتسب إلى الإسلام، خالفوا رأي الخوارج وكذلك أهل السنة في مرتكب الكبيرة وغيرها من الأمور العقدية، وقالوا بأن كل من آمن بوحدانية الله لا يمكن الحكم عليه بالكفر، لأن الحكم عليه موكول إلى الله تعالى وحده يوم القيامة، مهما كانت الذنوب التي اقترفها. وهم يستندون في اعتقادهم إلى قوله تعالى (وَآخَرُونَ مُرْجَوْنَ لِأَمْرِ اللَّهِ إِمَّا يُعَذِّبُهُمْ وَإِمَّا يَتُوبُ عَلَيْهِمْ وَاللَّهُ عَلِيمٌ حَكِيمٌ) الآية ١٠٦ سورة التوبة والعقيدة الأساسية عندهم عدم تكفير أي إنسان، أيا كان، ما دام قد اعتنق الإسلام ونطق بالشهادتين، مهما ارتكب من المعاصي، تاركين الفصل في أمره إلى الله تعالى وحده، لذلك كانوا يقولون: لا تضر مع الإيمان معصية، كما لا ينفع مع الكفر طاعة.
https://ar.wikipedia.org/wiki/

فكر وانحلال تحت مسميات الدعم النفسي ودورات التنمية البشرية وتطوير الذات.

فيمكن وصف الواقع الفكري والمنهجي الذي ينتشر وسط النازحين بأنه: صوفي، أشعري، إخواني، سلفي (دعوي، علمي، مدخلي، جهادي)، تكفيري، إلحادي.

ولجميع هذه المناهج والمذاهب دعاة يعملون وينشطون في دعواتهم في وسط النازحين، وكل يرغب أن ينشر ما عنده من فكر ومنهج ومذهب بكل ما يستطيع من قوة، مع غياب لقوة مسيطرة تمنع أو تسمح.

منذ أن تم إطلاق سراح المعتقلين عام ٢٠١١م، واحال الدعوي على هذه الحالة، حتى وقع فرض السيطرة من قبل هيئة تحرير الشام (النصرة سابقاً)، والتي تنتهج منهج السلفية الجهادية وتميل لمنهج (القاعدة)، وقد استتب لها الأمر في نهاية عام ٢٠١٦م، وبدأت تتابع وتلاحق وتمنع من نشر الأفكار التغريبية والتنصيرية، وكذلك من يخالف فكرها ومنهجها، فضيقت الخناق على كثير من الدعاة الذين يخالفوهم المنهج[1].

ونحن إذ نتكلم عن هذا الواقع، لا بد من الإشارة إلى وجود المذاهب الفقهية ومدارسها، حيث ينتشر المذهب الشافعي على نطاق واسع بين أهل السنة في سوريا، ثم يأتي المذهب الحنفي ثم الحنبلي، ولا يوجد خلاف معتبر يثير المشاكل جراء اتباع هذه المذاهب، ولكني ذكرت ذلك ليعرف القارئ الواقع الذي يعيشه المدعو من النازحين، وليكون الداعية على معرفة تامة ليعرف الطريق الأفضل لدعوته.

(١) وسنجد كثيراً من الدعاة الذين شملهم الاستبيان، حالة التضييق بإلزامهم بنشر فكر معين، وفي حالة المخالفة يتم التهديد بالسجن والتهجير.

المطلب الثالث: أسباب قلة فرص نجاح العمل الدعوي في المخيمات:

يرتكز نجاح أي عملية تواصل دعوية على أربعة أركان هي: موضوع الدعوة، والداعي، والمدعو[1]، والوسيلة:

١) المدعو إليه: وهو دين الإسلام الذي يراد دعوة الناس إليه وهو سبيل الله، وصراطه المستقيم.

٢) الداعي: هو القائم بأمر دعوة الناس.

٣) المدعو: وهو من يراد دعوته وهم الناس جميعاً بوجه عام وأهل الإسلام بوجه خاص.

٤) الوسيلة الدعوية: وهي الواسطة في إيصال الرسالة الإسلامية إلى المدعوين.

ولا تكتمل العملية الدعوية بدون هذه الأركان الأربعة، فكلما اجتمعت وتوافرت هذه الأركان، كلما كانت نتائج العملية الدعوية أفضل وأكمل، ودراسة الواقع الدعوي في مخيمات النازحين ضرورة كبيرة لنجاحها.

ويتعامل الدعاة القائمون على العمل الدعوي في وسط النازحين مع الظروف القائمة في حياة النازحين في المخيمات بأحد أمرين:

منهم من يراها فرصة مناسبة يمكن استثمارها دعوياً، ويحاول جمع ما استطاع من هذه الأركان لتكون دعوته ناجحة.

---

[1] المدخل إلى علم الدعوة، محمد أبو الفتح البيانوني، مرجع سابق ص١٥٢

ومنهم ينظر إلى الواقع العام الذي يعيشه النازحون، فيراها عقبات، وصعوبات تمنعه من النجاح في دعوته، فيتوقف عن العمل الدعوي ويستسلم للواقع المؤلم، ولا يستفيد من الفرصة القائمة[1].

انظر الشريحة رقم (٢):

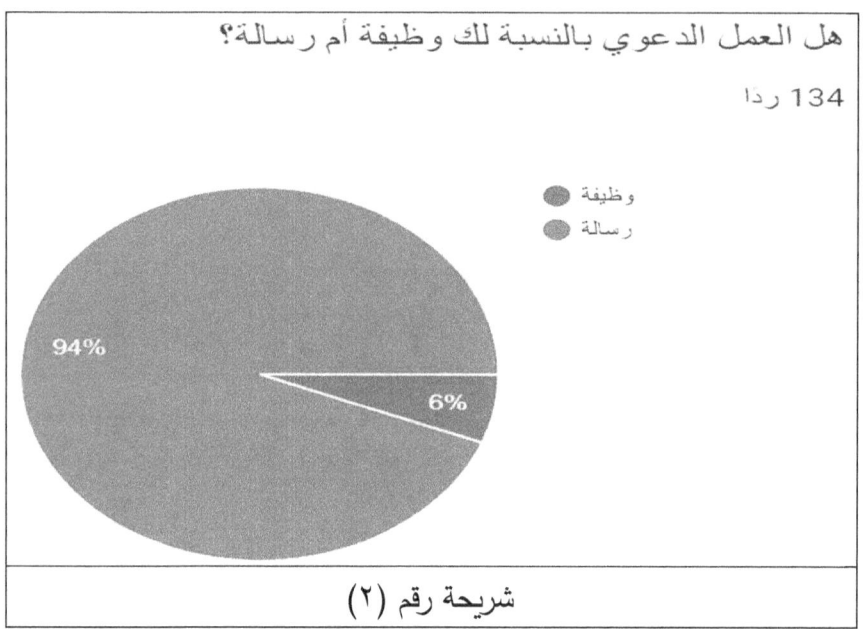

شريحة رقم (٢)

يمكن إجمال أسباب قلة فرص نجاح العمل الدعوي في المخيمات فيما يلي:

أ-الواقع الأمني:

يعيش النازحون في المخيمات حياة تفتقد كثيراً من الأوضاع الأمنية المستقرة، فهم يعانون من انتشار السلاح، والخوف من عمليات الاغتيال للمواقف السياسية والعسكرية، والأخطاء الفردية الكثيرة، مما يسبب حالة من الخوف

(١) سيتم توضيح هذه الأمور بشكل تفصيلي في الاستبيانات التي قمت بجمعها من واقع العمل الدعوي في الفصل التالي في هذا البحث.

وعدم الاستقرار، كما أن الخلافات بين الفصائل المسلحة والتي تنشأ بشكل عشوائي، مما يجعل العمل الدعوي يمضي بحذر وترقب.

ب-عدم التفرغ للعمل الدعوي:

يعاني الدعاة من ضعف الأحوال المادية، فلا توجد جهة ترعى حاجتهم بشكل مستمر[1]، فيصبح عملهم الدعوي متقطعاً، وفي أوقات الفراغ والنشاط، أما أن يكون هنالك تفرغ تام فقليل، والنادر لا حكم له.

انظر الشريحة رقم (٣):

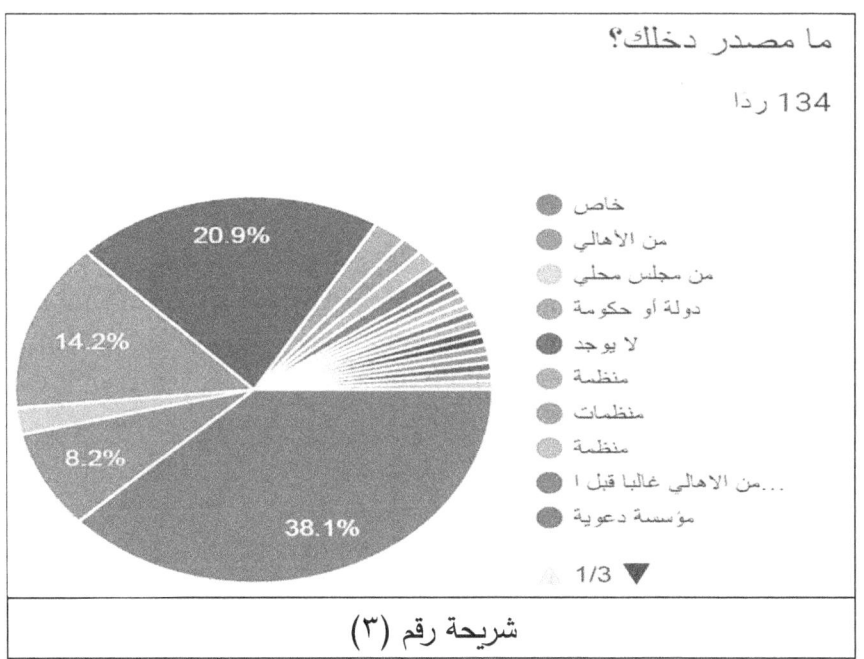

شريحة رقم (٣)

ومما يتعرض له الدعاة، مع وجود الحاجة الماسة للمال، أن يعرض عليهم المال بمقابل نشر فكر معين.

---

(١) توجد مشاريع لرعاية الدعاة وكفالتهم، ولكنها غير مستمرة، فتقوم برعاية الدعاة وتقديم المكافآت لفترة معينة تصل لأشهر أو سنة، وقد تزيد المدة أو تنقص، ولكنها غير دائمة.

انظر شريحة رقم (٤):

شريحة رقم (٤)

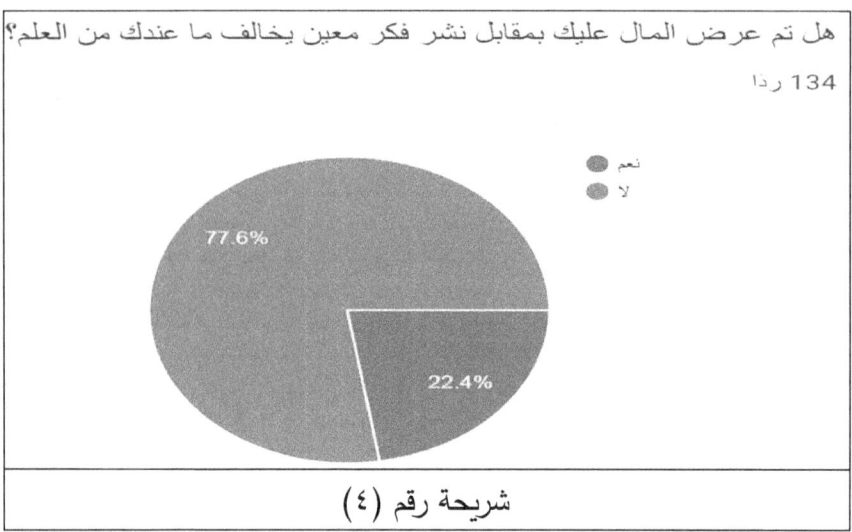

جـ -وجود تحديات:

١-ذاتية:

يعاني الدعاة من قلة الإمكانيات وضعفها، فوسيلة الانتقال وأجهزة الصوت، والوسائل الدعوية المساندة من مطبوعات ومنشورات، وللضعف العلمي تأثير في ضعف النشاط الدعوي في وسط المخيمات. انظر شريحة رقم (٥):

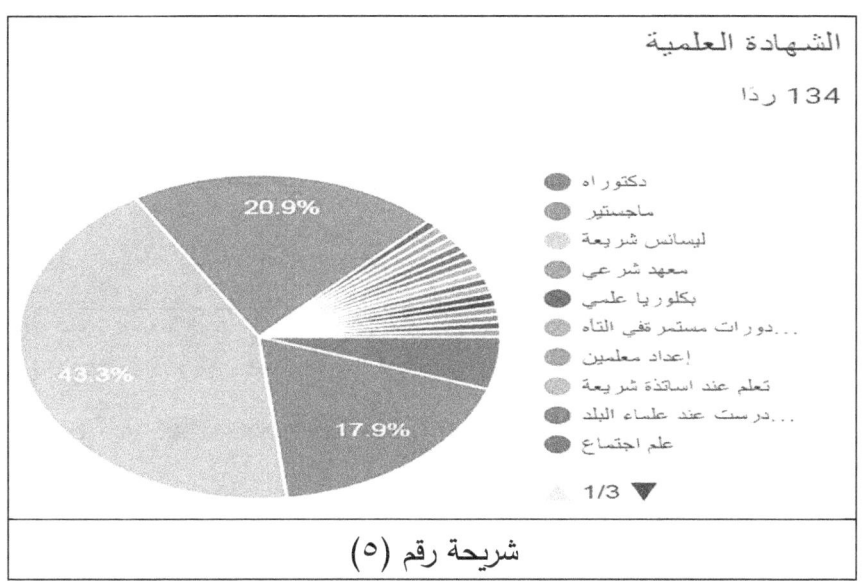

شريحة رقم (٥)

كما أن للخبرة في العمل الدعوي تأثير في النجاح، وكذلك دراسة الأساليب والطرق المناسبة للدعوة، ومما يعاني منه بعض الدعاة عدم القدرة على إيصال الخطاب الدعوي لكل المستهدفين.

انظر الشريحة رقم (٦):

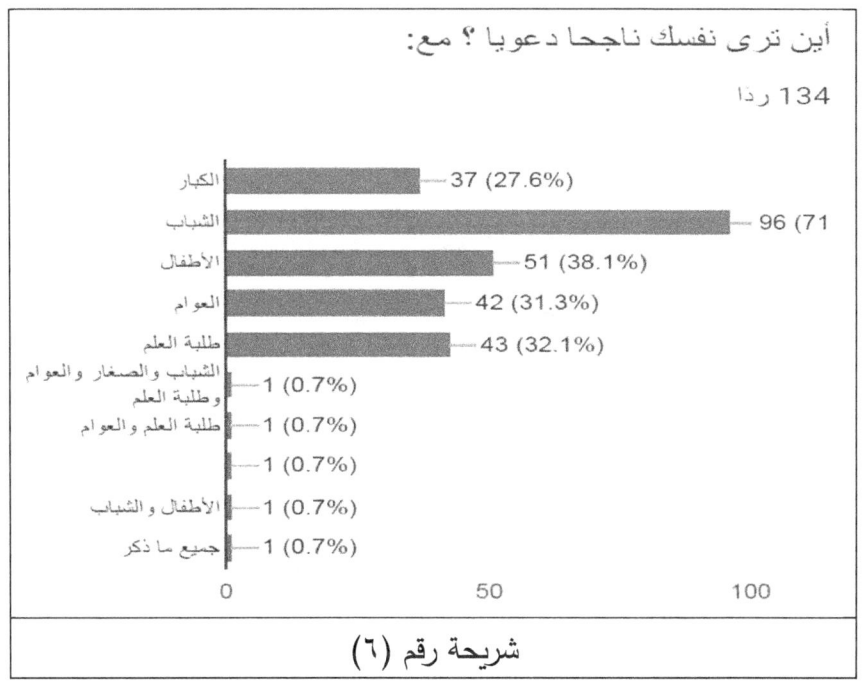

شريحة رقم (٦)

ومنهم من يكون أسلوبه تقليدياً في العمل الدعوي فيركز على الدعوية المسجدية مكتفياً بخطبة الجمعة وإقامة الشعائر الإسلامية فيه، وهذه من الأخطاء في التواصل في ظل المتغيرات المعاصرة.

انظر شريحة رقم (٧)

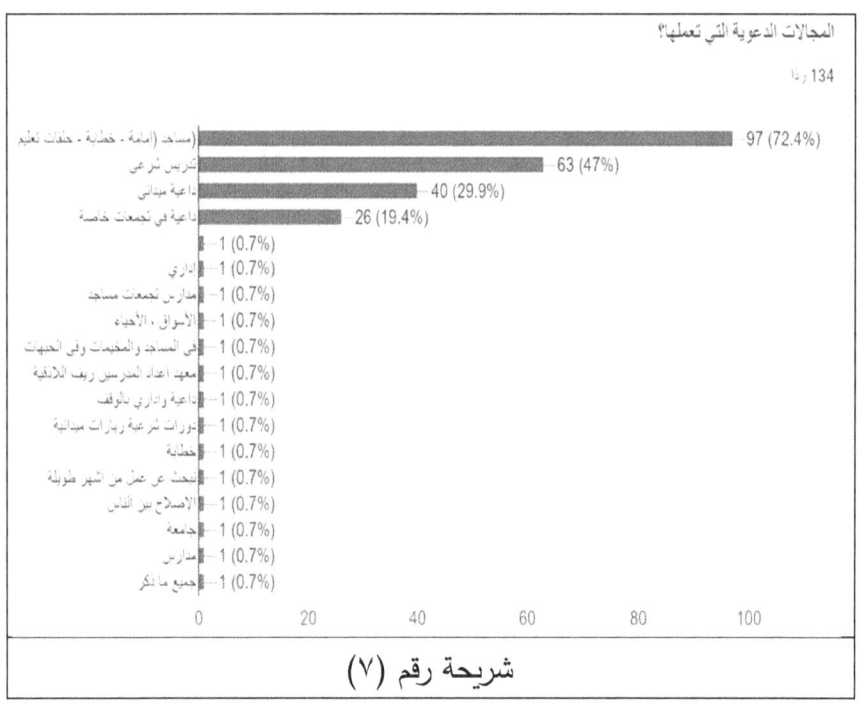

شريحة رقم (٧)

٢- اجتماعية:

لتركيبة السكان العرقية، والمذهبية، ووجود فكرة العداوة بين أبناء المدن والقرى، والتعصب الفكري والمنهجي بين الناس وبين طلبة العلم والدعاة أنفسهم، تجعل فرص النجاح في الدعوة تحتاج لمهارة في التعامل، وتحتاج لأسلوب يناسب الواقع الدعوي، ويجعل الهدف الأول جمع القلوب على المصدرين الأساسيين في ديننا وهما: الكتاب والسنة، ومعرفة حال المدعو ضرورة لنجاح الداعية في دعوته، وتقديم الدعوة بأسلوب يرغبه المدعوون، يساعد الداعية في النجاح في مهمته.

٣-عامة:

هناك تحديات خاصة تتمثل بالتهديد للداعية، وانتشار السلاح، والخوف من التجمعات لوجود عمليات التفجير، والاستهداف لكل تجمعات عامة من قبل الطيران، فكلها عوامل تزيد في مناطق وتقل في مناطق أخرى[١].

انظر شريحة رقم (٨):

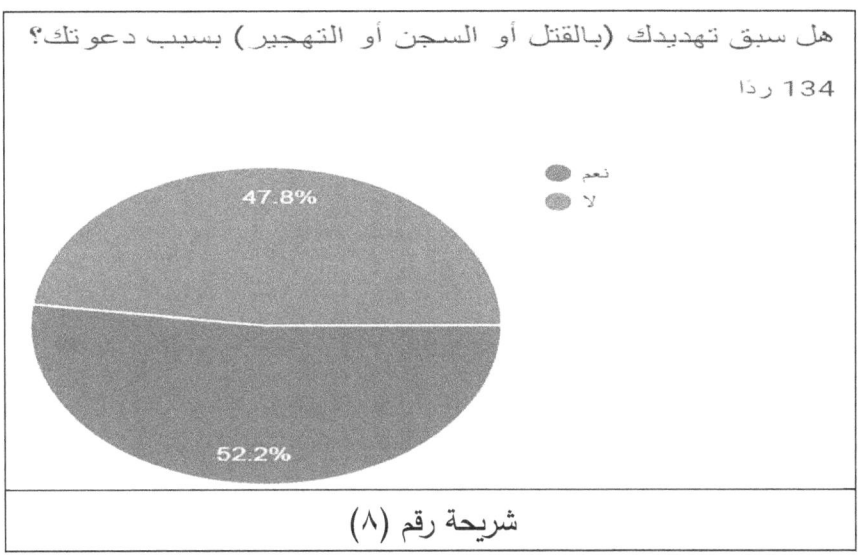

شريحة رقم (٨)

د-انشغال النازحين بطلب الرزق:

هذا التحدي يشكل عقبة عند الدعاة الذين يهتمون في دعوتهم بطريقة البناء العلمي، والذين يخططون لعملهم لدعوتهم، فانشغال المدعوين وعدم انضباطهم في الحضور للمناشط الدعوية، يسبب انقطاع لما يقدم لهم من علوم، ولذلك على الداعية أن يضع البرنامج المناسب الأفضل والأكثر مناسبة لأوقات المدعوين، ويحرص على إيصال النفع والدعوة بما يناسبهم ولو كان ذلك يسبب له بعض الحرج.

---

(١) تم وضع مجموعة عن هذه التحديات في الاستبيان الذي أجراه الباحث، والذي سيتم عرضه في الفصل القادم.

الفصل الثالث: تحديات العمل الدعوي في مخيمات النازحين:

وفيه مبحثان:

المبحث الأول: التحديات العمل الدعوي الخارجية.

المبحث الثاني: تحديات العمل الدعوي الداخلية.

المبحث الأول: تحديات العمل الدعوي الخارجية:

وفيه مطالب:

المطلب الأول: أنواع التحديات الخارجية.

المطلب الثاني: اتجاهات القائمين على الدعوة (الإسلامية وغيرها) في المخيمات.

المطلب الثالث: دراسة استبانة عن التحديات الخارجية.

المطلب الأول: أنواع التحديات الخارجية:

تتمثل التحديات الخارجية في العمل الدعوي في المخيمات:

التحدي الأول: **الدعوة لديانات أخرى، (عمليات التنصير).**

التحدي الثاني: **الشبهات الفكرية التي تحارب مسلمات الدين الإسلامي.**

التحدي الثالث: **الدعوة إلى عقيدة التكفير للمسلمين، والحكم عليهم بالردة.**

التحدي الرابع: **فرض ثقافة الحرية غير المنضبطة بأخلاقيات المجتمع والدين.**

التحدي الأول: الدعوة إلى ديانات أخرى:

غالبية الشعب السوري مسلمون من أهل السنة، وجميع من اضطر للنزوح والهجرة منهم، وجميع من يسكن مخيمات النزوح منهم، وتسعى الجمعيات التنصيرية إلى نشر الديانة النصرانية في أوساطهم، وهذا عملهم منذ نزول كتاب الله عزوجل القائل:(وَلَن تَرْضَىٰ عَنكَ الْيَهُودُ وَلَا النَّصَارَىٰ حَتَّىٰ تَتَّبِعَ مِلَّتَهُمْ ۗ قُلْ إِنَّ هُدَى اللَّهِ هُوَ الْهُدَىٰ ۗ وَلَئِنِ اتَّبَعْتَ أَهْوَاءَهُم بَعْدَ الَّذِي جَاءَكَ مِنَ الْعِلْمِ ۙ مَا لَكَ مِنَ اللَّهِ مِن وَلِيٍّ وَلَا نَصِيرٍ)[1]، ويسلكون في سبيل ذلك أساليب كثيرة منها: الإغاثة (المساعدات المالية والغذائية والطبية)، الدورات التعليمية والتطويرية للذات، توزيع الكتب الدراسية الموجهة، إنشاء المدارس والمعاهد التي تنشر أفكار التنصير، كفالة الأيتام ورعايتهم في الكنائس والأديرة.

انتشر النشاط التنصيري في عام ٢٠١٣م على نطاق واسع في مخيمات النازحين، ورصدت حالات كثيرة، خاصة في مخيمات النزوح على الحدود اللبنانية، والأردنية، والتركية.

---

(١) سورة البقرة آية رقم ١٢٠

وقد سلك القائمون على هذه الدعوة أساليب متعددة لإيصال دعوتهم إلى السوريين منها:

١-توزيع السلل الغذائية الإغاثية وفي داخلها كتب تدعو إلى النصرانية[1].

٢-توزيع منشورات في التجمعات، تدعو الفتيان والفتيات إلى مناشط ترفيهية، ويشجعون على الحضور بوجود جوائز.

٣-إقامة مناشط ترفيهية، بهدف الدعم النفسي ورفع الضغوط النفسية عن النازحين، وغالباً ما يكون هنالك اختلاط بين الجنسين، ويتم تشجيع الجنسين على ضرورة إقامة علاقات الصداقة فيما بينهم.

٤-توزيع المساعدات المالية على النازحين، وتقديم بعض الخدمات الطبية[2]، ويتم توزيع منشورات ودعوات لحضور لقاءات مع دعاة ومفكرين، تتكلم عن الدين والإله وفق نظرتهم.

٥-استضافة العوائل المحتاجة في أماكن مخصصة للإيواء لفترة معينة، وكفالة الأيتام خاصة فاقدي الأبوين (اللطماء[3])، والعمل على نقلهم إلى البلاد الأوروبية وإدخالهم تحت رعاية الكنائس[4].

ومن خلال الاستبيان الذي تم جمعه من عدد كبير من الدعاة نلاحظ الإجابة:

انظر شريحة رقم (٩):

---

(١) وتم إثبات هذه الواقعة في مخيمات النازحين على الحدود الأردنية، واللبنانية، والتركية. وتم نشر هذه الوقائع في وسائل الإعلام.

(٢) التنصير في البلاد الإسلامية، أهدافه، ميادينه، آثاره، د. محمد ناصر الشثري ص ٢٠

(٣) اللطيم: من فقد والديه.

(٤) وقد تم نقل ما يزيد على ٦٠.٠٠٠ستون ألف يتيم سوري إلى بلاد أوروبية، موثقين بالأسماء والجهات التي قامت باستلامهم.

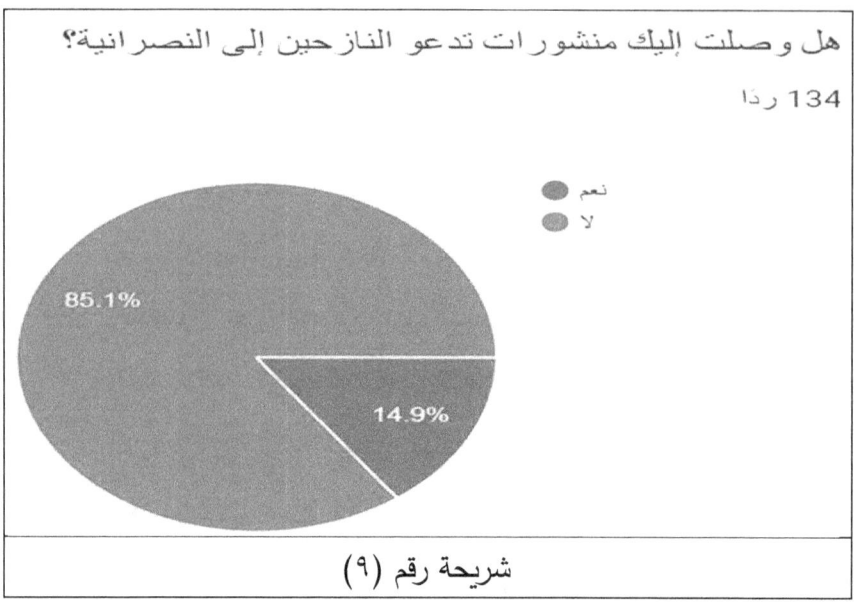

شريحة رقم (٩)

أهداف العملية التنصيرية ليس المقصود بها تحويل المسلمين إلى النصرانية ولكن يهدفون لما يلي:

١-القضاء على الإسلام في نفوس المسلمين وواقعهم.

٢-وقف المد الإسلامي وتبطئة انتشار الدين على مستوى الأقاليم والبلدان، بإشغال المسلمين بأنفسهم، ومحاولة الهجوم على المسلمين للحد من وصول الإسلام إلى بلادهم وأتباعهم.

٣-إفساد المرأة وإشاعة الانحراف الجنسي[1]، من حيث المناداة بما يسمى بحقوق المرأة، والتركيز على إخراج المرأة المسلمة من بيتها لأمرين أحدهما: أنه على ذلك هدم المجتمع وفساد الأخلاق، والثاني: لأنها إن خرجت واستجابت لهم كانت واسطة سريعة لنقل ما يريدون إلى الأسرة، فإن المرأة سرعان ما تتأثر بما تقرأ وبما تسمع.

---

(١) التنصير، مفهومه، جذوره، أهدافه، أنواعه، وسائله، صولاته، الشيخ: أكرم كساب، مركز التنوير الإسلامي. ٢٠٠٤م. ص ١٥٧

٤-إثارة الخلافات بين الطوائف الإسلامية، وتقوية الأقليات غير المسلمة، والحرص على النصارى منهم[1]، وحمايتهم من أي دين أو فكر غير الفكر النصراني ولاسيما دين الإسلام.

٥-تشكيك المسلم في الإسلام وقذف الشبه في قلبه.

٦-تقليل المسلمين من حيث تحديد النسل، ولذلك نجد أن ما يتعلق بتحديد النسل كحبوب منع الحمل، والواقيات الذكرية[2].

٧-تقديم تسهيلات كبيرة للهجرة إلى بلادهم لمن يرون فيه ما ينفعهم ويخدم مخططاتهم.

٨-تغيير المناهج الدراسية، وطباعتها وتقديمها مجاناً للمدارس[3]، وحذف الآيات التي تتعلق بالجهاد في سبيل الله أو بكفر أهل الكتاب أو تأمر بعداء الكفار أو نحوها.

٩-القضاء على معالم اللغة العربية لغة القرآن الكريم، واستخدام لغة ركيكة وبسيطة في المناهج التعليمية، والخطابات والمحاضرات، وأحياناً استخدام كلمات عامية[4].

١٠-تأييد دعاة الفساد الفكري والأخلاقي في بلاد المسلمين، وإخراج جيل ضعيف علمياً ودينياً من بين المسلمين يقومون بالسيطرة على الإعلام وغيرها من وسائل التسلط على عقول المسلمين.

---

(١) وقد قدمت للنصارى من الأرمن وغيرهم المقيمين في سوريا تسهيلات كبيرة للهجرة إلى بلاد أوروبا وأمريكا وكندا، للحفاظ عليهم.

(٢) وهذا مما يكثرون عنه الحديث في محاضراتهم واللقاءات التي يجرونها مع النازحين.

(٣) التنصير في فلسطين في العصر الحديث، أمل عاطف محمد الخضري، بحث تكميلي لنيل درجة الماجستير، الجامعة الإسلامية في غزة، ٢٠٠٤م. ص١٨١

(٤) التبشير والاستعمار في البلاد العربية، د. مصطفى خالدي و د. عمر فروخ ص ٧٠ وما بعدها (بتصرف).

١١-المطالبة بحرية الاعتقاد وحرية الرأي، ليبقى المسلمون متفرقين ومنشغلين فيما بينهم.

تم كشف هذه الأعمال التنصيرية في مخيمات النازحين في الداخل السوري، وعلى الحدود السورية مع لبنان والأردن وتركيا، وفضحت أعمالهم على وسائل الإعلام وذلك في أواسط عام ٢٠١٥م.

واتخذت إجراءات صارمة من قبل حكومتي الإنقاذ والمؤقتة، بإنهاء تواجد هذه المنظمات التنصيرية، وتم طردها وملاحقة العاملين معهم في الشمال السوري المحرر، فيما بقيت أنشطتهم قائمة إلى الآن في مخيمات النازحين على الحدود اللبنانية والأردنية، ولكن بشكل قليل.

التحدي الثاني: الشبهات الفكرية التي تحارب مسلمات الدين الإسلامي:

بعد قيام الثورة انقسم العلماء في سوريا إلى ثلاثة أقسام:

الأول: ناصر النظام في حملته العسكرية وشرع له عمليات البطش والتهجير لأهل السنة، بحجة محاربة الإرهاب والفكر التكفيري، وعلى رأسهم: د. محمد سعيد البوطي، والمفتي أحمد حسون، ووزير الأوقاف محمد السيد.

الثاني: من وقف مع مطالب الثورة وناصر الشعب في مطالبه بالحرية ورفع الظلم: وعلى رأسهم الشيخ أسامة الرفاعي وأخيه الشيخ سارية، وشيخ قراء الشام محمد كريم راجح، وانضم إليهم عامة علماء الشام بشتى أطيافهم وكونوا المجلس الإسلامي السوري.

الثالث: من نأى بنفسه عن كلا الفريقين، وانزوى عن أي فعالية ثورية أو نظامية: ومنهم د. محمد الزحيلي، وصهيب الشامي، ومحمود الحوت وغيرهم.

أثر هذا الانقسام بين العلماء على ثقة الناس في المرجعية الدينية، وأصبح تحدياً دعوياً صعباً أمام الدعاة.

ودخل من خارج الشام (طلبة علم، وعلماء، أو ممن يدعي العلم) من شتى بقاع الأرض وخاصة من مصر والسعودية وتونس، والتي ينتشر فيها الفكر التكفيري، والحكم بالردة على عوام المسلمين، ممن يأخذون بعقيدة الخوارج في زماننا.

فانتشرت الشبهات الفكرية، وكثرت المرجعيات الدينية وكل منها له رأيه وتنظيره للنوازل والقضايا الشرعية المستجدة، وأثيرت القضايا التالية:

مفهوم الديمقراطية، تجديد الخطاب الديني، اثارة الشبهات العقيدية، الحكم بالتكفير على من يتعامل مع الكفار، (سواء كان كفره أصلياً أو ممن حكم عليه بالردة لتعامله مع الكفار ولو بيعاً وشراءً). وقد أجريت الاستبيان التالي على الدعاة المستهدفون لهذا التحدي فكانت نتيجته كما في الشرائح التالية:

انظر شريحة رقم (١٠):

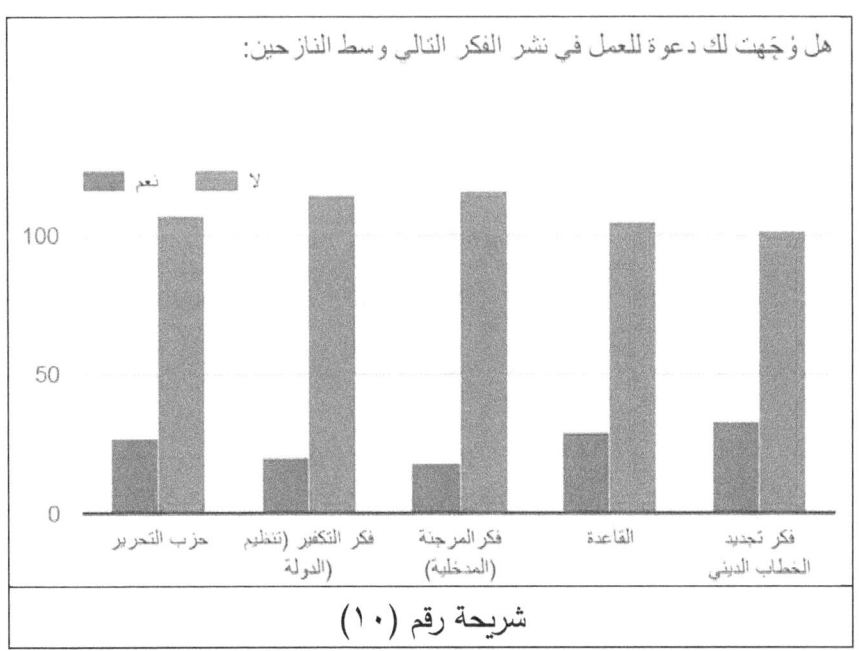

شريحة رقم (١٠)

وانظر شريحة رقم (١١):

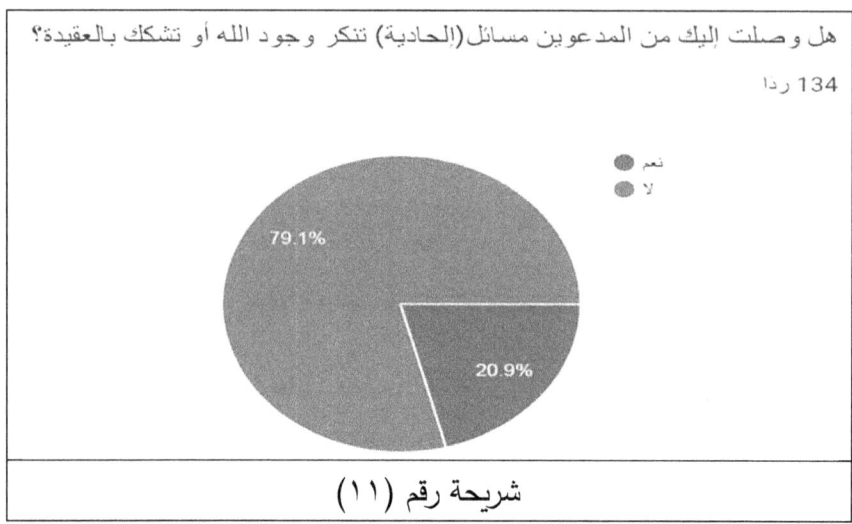

شريحة رقم (١١)

وانظر شريحة رقم (١٢):

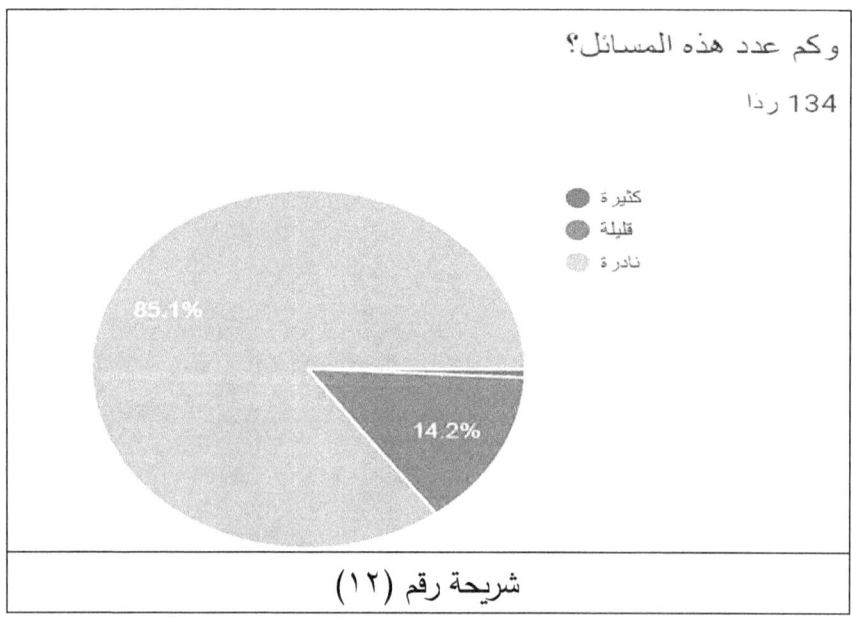

شريحة رقم (١٢)

وما يصل إلى النازحين من دعوات تغريبية أو دعوات للانحلال الأخلاقي، أو إقامة برامج تهدف لإفساد المرأة وإخراجها من أخلاقها وضوابط دينها، وما يثار في التشكيك بمُسَلَّمات الدين، ومناقشة ما تلقته الأمة بالقبول، حتى وصل الحال للطعن في السنة والتشكيك بها.

فكان واجباً على الدعاة استيعاب هذه القضايا وفهمها، والعمل على ردها بالحكمة والموعظة الحسنة، وكان لعلماء الشام ممثلين بالمجلس الإسلامي السوري دور كبير في تأصيل المفاهيم الشرعية، والرد على الشبهات بأسلوب علمي تأصيلي مقنع، والتزم كثير من الدعاة بما يصدر عن المجلس الإسلامي السوري فكان لهم مرجعية علمية معتمدة.

التحدي الثالث: الدعوة إلى عقيدة التكفير للمسلمين، والحكم عليهم بالردة:

لم يكن المجتمع السوري قبل انطلاق الانتفاضة السورية بيئة منتجة للتطرف الديني أو المذهبي، لكنه كان قابلاً للتحول إلى مثل هذه البيئة لكونه مجتمعاً أقرب إلى حالة التجمع السكاني منه إلى حالة المجتمع المنظّم مدنياً أو سياسياً، مع خواء تام من أي معرفة سياسية.

وبُعيد انطلاق الانتفاضة السورية في آذار (مارس) ٢٠١١، أصبح الجمهور السوري، من أسهم منه في هذه الانتفاضة ومن لم يسهم، عرضة لتدخل أطراف خارجية من المفترض أن تكون أكثر دراية منه بقواعد الصراع السياسي. ومع استمرار العنف المفرط من جانب النظام تجاه الجمهور المنتفض، أصبح، هذا الجمهور، لقمة سائغة لهذه الأطراف.

لقد أدرك النظام السوري منذ اليوم الأول لانطلاق الثورة السورية أن الشرط الأساسي، وربما الكافي للقضاء على هذه الثورة، هو شيطنتها وإلباسها ثوب الإرهاب. فمع خروج أول تظاهرة في مدينة درعا، بدأ النظام يروج لفكرة أن من يقوم بالتظاهرات هم عبارة عن مندسين يريدون إنشاء إمارات سلفية بدعم

خارجي[1]. وكان الشارع السوري الثائر يتعامل مع دعاية النظام، في تلك الفترة، على أنها غير قابلة للتصديق.

لم يفلح النظام في إقناع حتى مؤيديه بهذه الفكرة، بدأ يعمل بشكل ممنهج على صناعة إرهاب يدسه في جسم الثورة بهدف القضاء عليها، قام النظام بإطلاق سراح معتقلي سجن صيدنايا المتهمين بالجهادية السلفية، والذين كان قسم كبير منهم متهم بالانتماء إلى تنظيم "القاعدة". وفور خروج تلك الجماعات من السجن، انتقل القسم الأكبر منها إلى شمال سورية حيث قاموا بتأسيس "جبهة النصرة" التي تتبع لتنظيم "القاعدة"، و"حركة أحرار الشام الإسلامية" التي تتبع المنهج السلفي من دون الارتباط بـ "القاعدة"، وبدا واضحاً منذ بداية تشكيل هذين الفصيلين أن هناك إرادة دولية بتحويلهما إلى قوة ضاربة في مناطق المعارضة، إذ تم تحويل معظم الدعم، المقدم باسم الثورة السورية، إلى هذين الفصيلين، بدعوى أنهما يمتلكان "منظومة أخلاقية"، في الوقت الذي تم فيه حجب الدعم[2] عن الجيش السوري الحر[3].

كما تم تمكين هذين التنظيمين من قراءة الاحتياجات الخدمية لسكان المناطق المعارضة من أجل إكسابهما حاضنة شعبية. كما تم بث العديد من الشائعات، التي تشبه تلك التي تطلقها الفروع الأمنية، والتي كانت كلها تمجد المنهج السلفي "الجميل" وكيف أن النظام كان يحجب هذا المنهج عن السوريين. وبدأ تنظيما "جبهة النصرة" و"حركة أحرار الشام" بالنمو سريعاً، بقوة المال والسلاح الذي

---

[1] وقد عانيت من هذه التهمة كثيراً بتجربة شخصية مريرة.
[2] وكثيراً ما يتم نشر مقالات متنوعة حول هذا الدعم غير المشروط لهذين الفصيلين، بشكل مباشر وغير مباشر، لتتمكن من بسط سيطرتها على الأرض وتنهي وجود الفصائل المعتدلة، ليسهل اتهامها بالإرهاب وتكون ذريعة لإنهاء ثورة أهل الشام.
[3] **الجيش السوري الحر**: هو مجموعة من الضباط والعناصر المنشقين عن جيش النظام، ممن رفض إطلاق النار على المتظاهرين من الشعب، وهم من عامة الشعب ومن خليطه، فمنهم الملتزم بدينه ومنهم عامي ومنهم الجاهل، فهم خليط من المناهج والمذاهب.

امتلكوه، إلى أن حصل الانشقاق في صفوف "جبهة النصرة" إثر إعلان أبو بكر البغدادي[١] الانشقاق عن "القاعدة" وإعلان ما سمي بـ "دولة الخلافة في العراق والشام"، فبقي قسم، بقيادة أبو محمد الجولاني[٢]، على بيعة زعيم "القاعدة"، أيمن الظواهري[٣]، باسم تنظيم "جبهة النصرة"، فيما بايع قسم منهم البغدادي، وأسسوا ما عرف بتنظيم "الدولة الإسلامية في العراق والشام"، التي عرفت فيما بعد اختصاراً بـ "داعش".

تم التمكين لداعش بعد استيلائها على سلاح الجيش العراقي في الموصل، وحصولها على الأموال الكثيرة من بنكها المركزي، وبدأت قوة التنظيم تظهر وتتعاظم حتى أزالت الحدود بين العراق وسوريا، وتوغلوا في الداخل السوري

---

(١) **إبراهيم عواد إبراهيم علي البدري السامرائي** وشهرته أبو بكر البغدادي (٢٨ يونيو ١٩٧١ – ٢٦ أكتوبر ٢٠١٩) كان قائد تنظيم القاعدة في العراق والمُلقب بأمير الجماعات المسلحة التي تتسمى بـ"دولة العراق الإسلامية"، قام بإعلان الوحدة بين تلك الجماعات –"دولة العراق الإسلامية"– المسلحة ومنظمة جبهة نصرة أهل الشام في سوريا تحت اسم تنظيم الدولة الإسلامية في العراق والشام الذي اشتهر بـ(داعش)، وفي ٢٦ أكتوبر ٢٠١٩، قيل إن البغدادي قُتل بعد غارة شنتها الولايات المتحدة في عملية خاصة في محافظة إدلب شمال غرب سوريا./https://ar.wikipedia.org/wiki

(٢) هو **أحمد حسين علي الشرع**، وُلد في السعودية، ويتحدر من الجولان، بيد أنه نشأ في دمشق، وقيل: وُلد عام ١٩٨١ في بلدة الشحيل التابعة لمدينة دير الزور وسط عائلة أصلها من محافظة إدلب، وانتقلت إلى دير الزور، تلقى الجولاني المراحل الأولى من التعليم النظامي، والتحق بكلية الطب في جامعة دمشق، حيث درس الطب البشري سنتين، ثم غادر إلى العراق وهو في السنة الجامعية الثالثة، لينضم إلى فرع تنظيم القاعدة في العراق بعد الغزو الأمريكي ٢٠٠٣،عاد الجولاني إلى سوريا في آب/ أغسطس ٢٠١١ مع اندلاع الاحتجاجات الشعبية ضد نظام بشار الأسد ، مبتعَثاً من تنظيم القاعدة لتأسيس فرع له في البلاد يمكّنه من المشاركة في القتال ضد الأسد.
https://ar.wikipedia.org/wiki/%D

(٣) **أيمن محمد ربيع الظواهري** (مواليد ١٩ يونيو ١٩٥١) هو زعيم تنظيم القاعدة خلفاً لأسامة بن لادن بعد ما كان ثاني أبرز قياديي منظمة القاعدة العسكرية التي تصنفها معظم دول العالم كمنظمة إرهابية من بعد أسامة بن لادن، وزعيم تنظيم الجهاد الإسلامي العسكري المحظور في مصر. تولى الظواهري قيادة التنظيم في أعقاب مقتل بن لادن على يد قوات أمريكية في الثاني من مايو عام ٢٠١١. وكان غالباً يشار إليه بالساعد الأيمن لأسامة بن لادن والمنظر الرئيسي لتنظيم القاعدة.
https://ar.wikipedia.org/wiki/%D

حتى وصلوا إلى ريف اللاذقية، وبدأت عمليات التوغل على الفصائل العسكرية الثورية، فاجتمعت وطردت التنظيم من مناطق الشمال السوري في نهاية عام ٢٠١٤م، حيث استقل التنظيم في مناطق سوريا الشرقية، وأقاموا فيها الدولة الإسلامية التي بنوها على الظلم والقتل والدماء، ومما ساعدهم في بث الرعب والخوف في قلوب الناس، إصداراتهم الإعلامية والفيديوهات التي كانوا ينشرونها، وتسهل لهم منصات التواصل الاجتماعي نشرها بشكل إعلامي متميز، يظهرون فيه قطع الرقاب والتفنن بأساليب القتل للمرتدين (حسب حكمهم)، مما أعطى صورة سوداء للإسلام للعالم، وأصبحت النظرة لدين الإسلام أنه دين التطرف وحب سفك الدماء، والتفنن بأساليب القتل.

وقد استفاد نظام الأسد من صنيعته الكثير، فقد كان يبحث عن كل صورة أو مقطع لمثل هذه الأعمال ليقدمها للعالم، ليبرر فيها حملته العسكرية والبطش الرهيب الذي استخدمه لإجهاض الثورة.

ومما حرص عليه التنظيم: نشر فكر التكفير للمسلمين، وتقديم قتالهم على قتال أعداء الدين، مستدلين بأدلة من الكتاب والسنة (ليس مجال بسطها) يخدعون فيها العوام والجهلة من المسلمين.

فانتشر هذا التحدي الرهيب للدعاة (الحكم بتكفير المسلمين)، وأصبح واجباً على الدعاة أن يردوا على الشبهات التي يثيرها التكفيريون بالحجة والتأصيل العلمي، وأن ينهجوا الأسلوب المناسب لذلك، وقد فقد كثير من الدعاة حياتهم في سبيل ذلك، أو تم سجنهم أو تهجيرهم أو طردهم من بلدهم لأنهم وقفوا في وجه هؤلاء.

وبعد أن أتم هؤلاء التكفيريون مهمتهم بنجاح في أرض الشام، تم إنهاء وجودهم في نهاية عام ٢٠١٩م بقتل زعيمهم أبي بكر البغدادي، وتم تسليم الأراضي التي استولوا عليها لتنظيم آخر (قوات سوريا الديمقراطية) التي تتبع للتنظيمات الكردية الملحدة، تحت قيادة الأمريكان، والتي عانى منهم المسلون كثيراً ولا يزالون كذلك.

انظر نتيجة الاستبيان عن هذا التحدي في الشريحة رقم (١٣):

شريحة رقم (١٣)

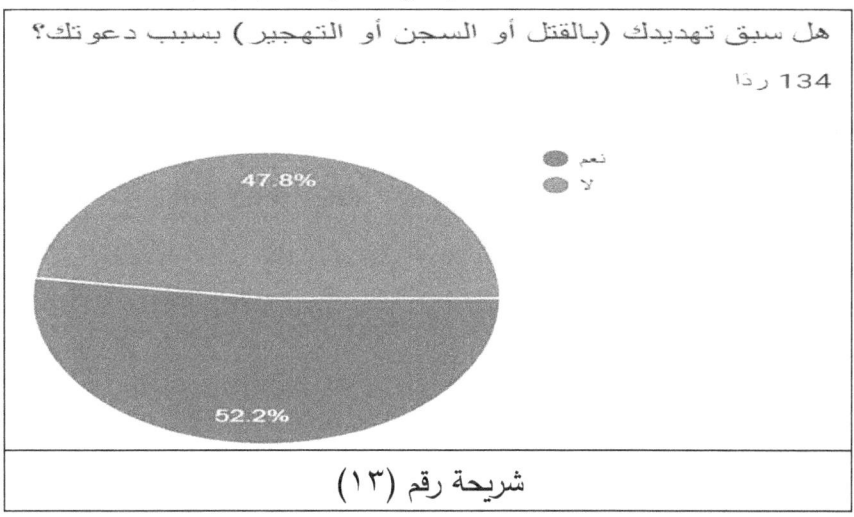

وانظر الشريحة رقم (١٤):

شريحة رقم (١٤)

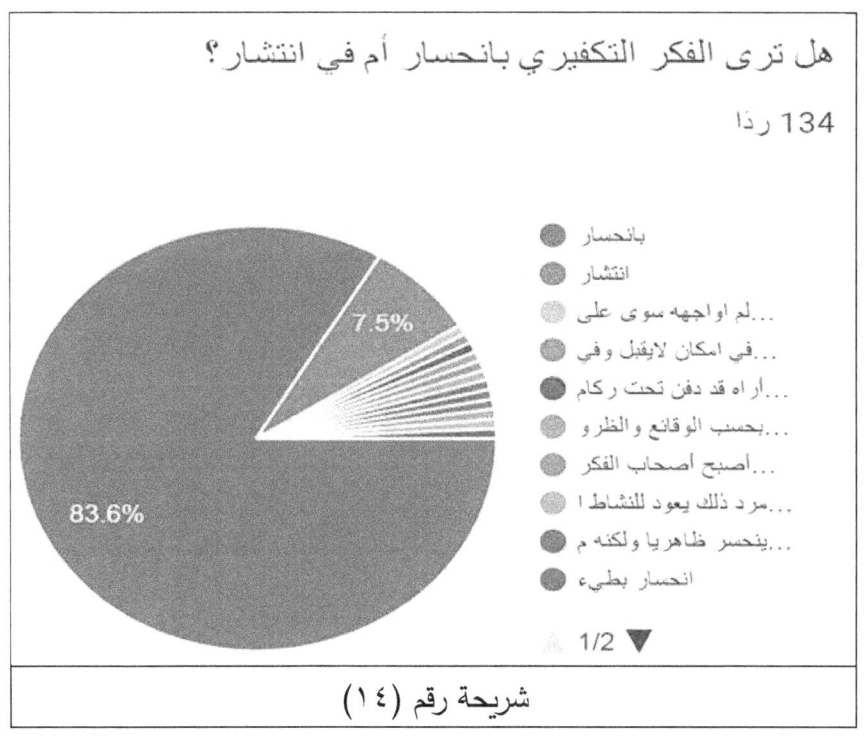

التحدي الرابع: فرض ثقافة الحرية غير المنضبطة بأخلاقيات المجتمع والدين:

تمكن تنظيم الدولة في العراق والشام من بسط سيطرته على المنطقة الشرقية، والشمالية الشرقية، وأطلقوا عليها مسمى (أرض الخلافة)، عاملوا الناس معاملة العدل والإحسان، وبسطوا الأمن في ربوع تلك المناطق، وقدموا الخدمات الممكنة لكل من كان تحت رعايتهم، أو هاجر إليهم، وأقاموا فيهم أحكام الشريعة الإسلامية، وكانت شدتهم مفرطة في معاملة من لا يوافقهم الرأي في تكفير من يرون كفره، وإن كان من عوام المسلمين.

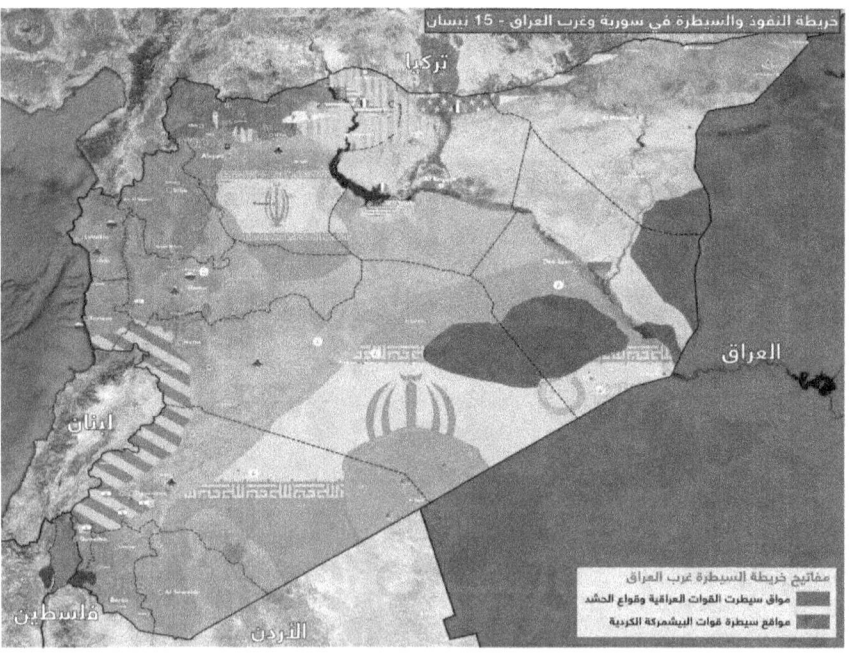

وبعد أن قامت قوات التحالف الدولي بإنهاء وجود تنظيم الدولة الإسلامية، سلمت المنطقة الشرقية، والشمالية الشرقية للملاحدة الأكراد (قوات سوريا الديمقراطية[1])، عاملوا الناس معاملة على العكس تماماً من معاملة تنظيم الدولة، فالشدة والانضباط وتحقيق العدل والأمن التام للناس كان شعار تنظيم

---

[1] https://ar.wikipedia.org/wiki/

الدولة، وكانت كفالتهم للفقراء ورعاية المحتاجين، وإقامة شرائع الدين، وتفعيل جانب الأمر بالمعروف والنهي عن المنكر، حتى انخفض معدل الجريمة إلى أدنى مستوى، كانت معاملة ملاحدة الأكراد على العكس تماماً، فقد نشروا الانفلات الأخلاقي، وأجبروا الشباب والفتيات على التجنيد الإجباري في صفوف قواتهم، وانتشر الفساد بكل أشكاله.

مما فرضته (قسد) على الناس الاختلاط في جميع الأماكن، ووضعوا مناهج تعليمية للمدارس، مليئة بالإلحاد[١] ومخالفة الشريعة، كما تدعو للتحرر الجنسي والانحلال الأخلاقي وتشتيت الأُسر ولا تتطرق لذكر شخصيات إسلامية وعربية خلدها التاريخ، والترويج لقضية الأكراد وفرضها على المجتمع العربي وجعل اللغة الكردية مادة أساسية في منهاجها، وتسعى لطمس الهوية العربية والإسلامية للمنطقة، وتحتوي كتب المنهج الجديد على مئات المغالطات والأخطاء المخالفة لتعاليم الإسلام والقيم والأخلاق الحميدة، ويسعى دعاة الإلحاد لنشر الإلحاد على وسائل التواصل الاجتماعي[٢]، عبر رسائل مكتوبة أو مقاطع فيديو تحت مسميات التثقيف، والانفتاح الفكري.

انظر نتيجة الاستبيان في الشريحة رقم (١٥):

---

(١) الإلحاد المصطلح عليه في هذا العصر: إنكار وجود الله، والقول بأن الكون وجد بلا خالق، وأن المادة أزلية أبدية، واعتبار تغيرات الكون قد تمت بالمصادفة، أو بمقتضى طبيعة المادة. **موسوعة العقيدة والأديان والفرق والمذاهب** ج١ ص ٣٣٠

(٢) الإلحاد، وسائله وخطره وسبل مواجهته، د. صالح عبد العزيز سندي ص٦٠

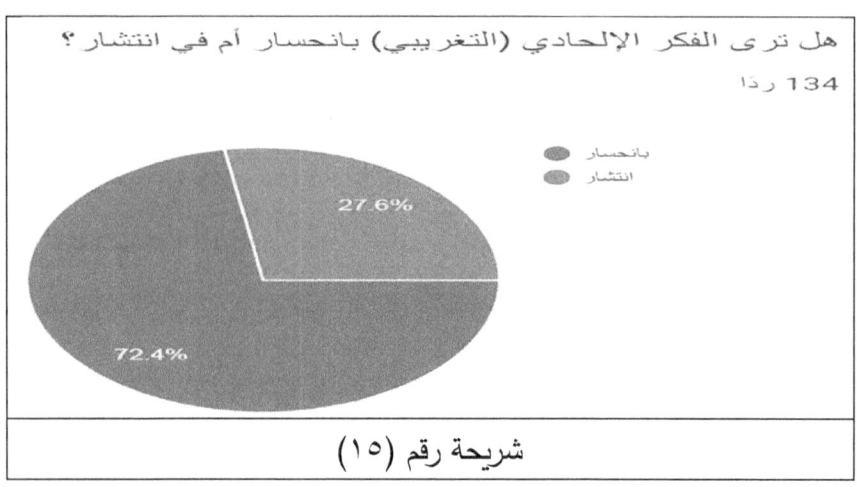

شريحة رقم (١٥)

يعاني الدعاة في المنطقة الشرقية (شمال نهر الفرات) معاناةً كبيرة، جراء الهجمة الإلحادية الشديدة من قبل ملاحدة الأكراد.

ويعانون معاناة أشد في ذات المنطقة، ولكن جنوب الفرات، حيث تستولي عليها المليشيات الشيعية، والتي تنتهج ذات المنهج الذي ينتهجه الأكراد مع أهل السنة في شمالي الفرات.

انظر نتيجة الاستبيان في الشريحة رقم (١٦):

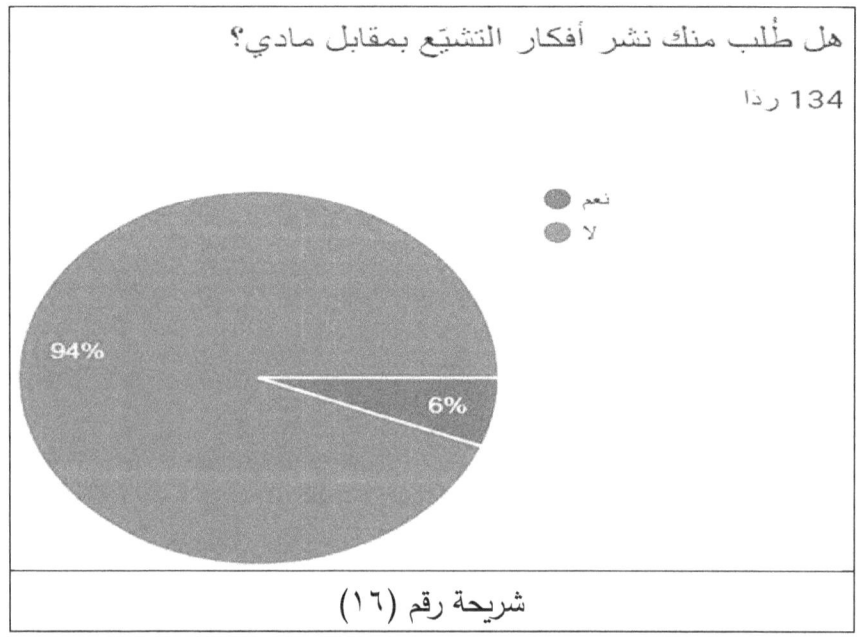

شريحة رقم (١٦)

المطلب الثاني: اتجاهات القائمين على العمل الدعوي الإسلامي وغيره في المخيمات:

يمكن حصر اتجاهات القائمين بالعمل الدعوي في مخيمات النازحين فيما يلي:

أ-دعاة لغير الدين الإسلامي:

١-دعاة التنصير[١]:

لقد نشط المنصِّرون في أعمال التنصير في مخيمات النزوح على الحدود اللبنانية، وفي مخيمات الشمال السوري، فقد تم توثيق أعمال تنصيرية بين النازحين، حيث استغلت بعض الجمعيات الإنسانية التابعة للكنائس الغربية واللبنانية حاجة النازحين للمساعدات الإنسانية، ليقدموا لهم ما يحرصون عليه من التأثير على النازحين ودعوتهم لاتباع الدين النصراني، وقد تم فضح هذا العمل وأدى إلى منعهم من العمل الإغاثي بين النازحين في الحدود اللبنانية، وقد وقع مثل ذلك في مخيمات النازحين في الشمال السوري على الحدود التركية، ولكن كان لهم مناشط أكبر من أعمال التنصير في الحدود اللبنانية، فقد أقاموا دورات تنمية بشرية، وجلسات للعلاج النفسي، ومناشط ترفيهية للتخفيف من آثار النزوح، واستطاعوا الوصول إلى الفتيان والفتيات عبر هذه المناشط، وقد تم توثيق ذلك، وتمت محاسبة هذه المنظمات التي تستغل حاجة النازحين لبث دعواتهم التنصيرية، وتم طردهم من الشمال السوري وعدم السماح لهم بالتواجد في الشمال السوري بشكل نهائي.

---

(١) التنصير هو مصطلح نصراني يشير إلى عملية تحويل الأفراد أو تحويل شعوب بأكملها في وقت واحد إلى الديانة النصرانية. وقد يشير المصطلح أيضًا إلى الفرض القسري والتحويل الثقافي والحضاري لغير المسيحيين بحيث يتبنون الثقافة المسيحية بدلاً من ثقافتهم الأصلية. ويستمد النصارى هذا المبدأ من عدة آيات في الإنجيل دعتهم إلى نقل دينهم (التبشير برسالة وموت وقيام يسوع بحسب الاعتقاد المسيحي). **التنصير، مفهومه، جذوره، أهدافه، أنواعه، وسائله، أكرم كساب، مصدر سابق ص٢١**

٢-دعاة الشبهات:

وهم من أبناء المسلمين الذين تربوا على أيدي الأعداء، وممن تأثروا بحياتهم ومعتقداتهم، ممن تم إغراؤهم بالمال والمناصب، ورضوا بأن يكون أدوات للأعداء ينكؤون في خاصرة الإسلام وأهله، بسبب كونهم معدودين من ضمن المسلمين، وبسبب وجود وسائل التواصل وسهولة ذلك، أخذوا ينشطون في بث شبهات عقدية وفكرية وتشكيكية في أصول الدين وثوابته، وينشطون على وسائل التواصل: الفيسبوك، وتويتر، الواتساب، التيلغرام، الانستغرام، وغالباً ما يكتبون بأسماء وهمية وغير حقيقية خوفاً من الملاحقة والمتابعة لما ينشرون.

وأهم ما ينشرونه يدور حول: الدعوة للإلحاد: خاصة بين الأكراد[١]، وقضايا تحرير المرأة، والطعن في ثوابت الإسلام، وتواجدهم الافتراضي عبر الانترنت، وخلف الشاشات أعطاهم فرصة للوصول بشكل واسع إلى فئة الشباب والفتيان، ومن يرون الثقافة شعاراً، فوصلوا إلى غالب المخيمات والنازحين فيها بسهولة، ولديهم من القدرة على تقديم المساعدات والدعم المعنوي والمالي والوظيفي، الذي يستغلون فيه النازحين لنشر ما يدعون إليه.

وقد أقيمت مراكز بحثية ودعوية وتوعوية للرد على هذه الشبه، ولتحذير فئة الشباب منهم، وتوضيح الحق للناس[٢].

ب-دعاة إسلاميين: وهم أنواع بحسب المناهج التي يدعون إليها:

---

(١) يمثل هذا التوجه أحزاب: ppk حزب العمال الكردستاني اليساري، و PYD حزب الاتحاد الديموقراطي (بالكردية: Partiya Yekîtiya Demokrat، حزب سياسي يعمل في المناطق التي يعيش فيها الأكراد في سورية، و pyg وحدات حماية الشعب الكردية الذراع العسكري لحزب الإتحاد الديمقراطي، وهذه الأحزاب تعلن عن توجهها الإلحادي والشيوعي.

(٢) أمثال: مركز الحوار السوري – على بصيرة – مناصحة

١-**دعاة لمنهج التكفير** (الخارجي)[1]: لقي فكر التكفير رواجاً وانتشاراً في بداية العمليات العسكرية ضد النظام، من عام ٢٠١٢م واستمر في انتشار قوي حتى عام ٢٠١٥م حيث ظهر للناس ضرر هذا الفكر فتمت متابعة من يعتنقه، فانحسر كثيراً وتركز وجوده في مناطق التنظيم في الشرق السوري، وتمت مقاتلة التنظيم من قبل التحالف الدولي لمكافحة الإرهاب، وتناقصت البقعة الجغرافية التي كانوا يسيطرون عليها، حتى انتهت دولتهم في نهاية عام ٢٠١٩م، بقتل أمير التنظيم أبو بكر البغدادي، ولكن لا يزال الفكر الخارجي التكفيري موجوداً رغم الضربات القوية التي مني بها تنظيم الدولة في العراق والشام، وبسبب ما يشعر به أهل المخيمات من النازحين من الظلم وضيق المعيشة، وتكالب الأعداء عليهم وقلة من يناصرهم ويساعدهم مع قلة العلم، فيجد دعاة التكفير مجالاً وأرضاً خصبة لاستقبال ما يدعون إليه.

٢-**دعاة للسلفية**[2]: قبل قيام الثورة كان وجود الفكر السلفي في الشام قديم، وقد سبق الحديث عن ذلك في مطلب سابق، وحديثنا هنا عن الدعاة

---

(١) **الخوارج** اسم أطلقه مخالفو فرقة قديمة محسوبة على الإسلام كانوا يسمون أنفسهم بـ "اهل الأيمان"، ظهرت في السنوات الأخيرة من خلافة الصحابي عثمان بن عفان، واشتهرت بالخروج على علي بن أبي طالب بعد معركة صفين سنة ٣٧هـ؛ لرفضهم التحكيم بعد أن عرضوه عليهم. وقد عرف الخوارج على مدى تاريخهم بالمغالاة في الدين وبالتكفير والتطرف. وأهم عقائدهم: تكفير أصحاب الكبائر، ويقولون بخلودهم في النار، وكفروا عثمان وعلي وطلحة والزبير وعائشة، ويقولون ويحرضون بالخروج على الحكام الظالمين والفاسقين، وهم فرق شتى، والخوارج قد يخرجون في كل زمان، وسيظهرون في آخر الزمان كما أخبر الرسول صلى الله عليه وسلم.

موسوعة ماذا تعرف عن الفرق والمذاهب، د. أحمد الحصين ج ٢ص ٨٩٥ وما بعدها (بتصرف)

(٢) **السلفية** هي اسم لمنهجٍ يدعو إلى فهم الكتاب، والسنة بفهم سلف الأمة، والأخذ بنهج، وعمل النبي محمد، وصحابته، والتابعين، وتابعي التابعين باعتباره يمثل نهج الإسلام، والتمسك بأخذ الأحكام من كتاب الله، ومما صح من حديث النبي محمد، ويبتعد عن كل المدخلات الغريبة عن روح الإسلام وتعاليمه، والتمسك بما نقل عن السلف. وهي تمثل في إحدى جوانبها إحدى التيارات الإسلامية العقائدية

وتوجهاتهم الفكرية والدينية، ويعبر دعاة السلفية من أنشط الدعاة وأكثرهم تأثيراً، خاصة وكون جميع أتباع هذا المنهج خرجوا ضد النظام ونصروا أهل الشام في ثورتهم، وعانوا كثيراً من المعتقلات لدى النظام، فلهم قبول كبير عند سكان المخيمات، وخاصة دعاة السلفية العلمية، والجهادية، وأما السلفية المدخلية فلا تلق قبولاً إلا على نطاق ضيق جداً، وأما السلفية الدعوية فلها حضور دعوي قوي في وسط مخيمات النزوح في جميع أماكن وجودها في الداخل السوري أو على الحدود اللبنانية والأردنية والتركية والعراقية.

٣- **حزب التحرير**[١]: نشط حزب التحرير في سوريا بعد الثورة، وأخذ بنشر أفكاره في أوساط الناس، ويدعو إلى إقامة الخلافة الإسلامية ولكن ليس بطريق القتال والجهاد، ولهم نشاط إعلامي كبير، فيكثرون من

في مقابلة الفرق الإسلامية الأخرى. وفي جانبها الآخر المعاصر تمثل مدرسة من المدارس الفكرية الحركية السنية التي تستهدف إصلاح أنظمة الحكم والمجتمع والحياة عمومًا إلى ما يتوافق مع النظام الشرعي الإسلامي بحسب ما يرونه. برزت بمصطلحها هذا على يد أحمد بن تيمية في القرن الثامن الهجري وقام محمد بن عبد الوهاب بإحياء هذا المصطلح من جديد في منطقة نجد في القرن الثاني عشر الهجري والتي كانت الحركة الإصلاحية التي أسسها من أبرز ممثلي هذه المدرسة في العصر الحديث. **موسوعة الفرق والجماعات والمذاهب الإسلامية، د. عبد المنعم الحفني ص٢٤٥**

[١] **حزب التحرير** هو تكتل سياسي له غايتان: إحداهما حمل الدعوة إلى الإسلام، والثانية استئناف الحياة الإسلامية. وأساس عمل حزب التحرير هو التغيير، وغاية هذا التغيير هو أمران: استئناف الحياة الإسلامية، وإنهاض الأمة الإسلامية، وطبيعة هذا التغيير أنه انقلابي جذري شامل، لا ترقيعياً ولا إصلاحياً للأنظمة القائمة على غير الإسلام، وطريقة إحداث هذا التغيير هي إقامة الدولة الإسلامية، أي إعادة إنشاء دولة الخلافة الإسلامية ولذلك فإن مادة هذا التغيير هي الأعمال التي من شأنها هدم الأنظمة القائمة في الدول القائمة في العالم الإسلامي، وإقامة الدولة الإسلامية مكانها، وتغيير دار الكفر لتغدو دار إسلام، وتوحيد المسلمين جميعاً تحت مظلة دولة الخلافة. وينشط حزب التحرير في المجالات السياسية والإعلامية وفي مجال الدعوة الإسلامية وبناءً على منشورات الحزب فإنه يتخذ من العمل السياسي والفكري طريقاً لعمله، ويتجنب ما يسميه بـ"الأعمال المادية" مثل الأعمال المسلحة لتحقيق غايته.

موسوعة ماذا تعرف عن الفرق والمذاهب، د. أحمد الحصين ج ٢ص ٨٧١ وما بعدها (بتصرف)

المنشورات التي تدعو إلى فكرهم، ولهم إذاعة على النت، ومواقع ومدونات، ويكثرون من اللوائح الإعلانية التي تحمل شعارهم، فيعتمدون في دعوتهم على وسائل التواصل والإعلام والتضخيم فيه، وأما أثرهم على الواقع فمحدود.

٤-**فكر الإخوان المسلمين**[١]: وصل فكر الإخوان المسلمين عن طريق طلبة الجامعات الذين ذهبوا إلى مصر للدراسة، فتأثروا بفكر الجماعة ونقلوه إلى سوريا منذ ستينيات القرن الماضي، وكان أول تأسيس لها على يد الدكتور مصطفى السباعي[٢]، والذي أنشأ كلية الشريعة في جامعة دمشق، وبقي فكر الإخوان ينتشر وينتمي إليه المثقفون من أبناء السنة، حتى أصبحت له قاعدة عريضة بينهم، وبعد الانقلاب الذي قاده حافظ الأسد، وقعت مصادمات بينه وبين الجماعة، انتهت بملاحقة الجماعة وحظرها في سوريا، وتم اصدار قانون[٣] ٤٩ الذي يقضي

---

(١) **الإخوان المسلمون** هي جماعة إسلامية، تصف نفسها بأنها "إصلاحية شاملة". تعتبر أكبر حركة معارضة سياسية في كثير من الدول العربية، وصلت لسدة الحكم أو شاركت فيه في عدد من الدول العربية مثل الأردن ومصر وتونس وفلسطين، في حين يتم تصنيفها كجماعة إرهابية في عدد من دول العالم مثل: روسيا وكازاخستان، كما تم تصنيفها كذلك في مصر والسعودية بعد الانقلاب العسكري في ٢٠١٣. وفي نوفمبر ٢٠١٤ صنفتها الإمارات كمنظمة إرهابية، ومن جهة أخرى فإن دولا مثل الولايات المتحدة الأمريكية وبريطانيا رفضت تصنيف الإخوان كجماعة إرهابية. وأسسها حسن البنا في مصر في مارس عام ١٩٢٨م حركةً إسلامية، وسرعان ما انتشر فكر هذه الجماعة، فنشأت جماعات أخرى تحمل فكر الإخوان في العديد من الدول، ووصلت الآن إلى ٧٢ دولة تضم كل الدول العربية ودولاً إسلامية وغير إسلامية في القارات الست. **https://ar.wikipedia.org/wiki/**

موسوعة الفرق والجماعات والمذاهب الإسلامية، د. عبد المنعم الحفني ص٣١

(٢) سبق التعريف به ص ٢٣

(٣) بناء على ما اقره مجلس الشعب المنعقد بتاريخ ٢٤ /١٤٠٠/٨ هجري الموافق ل١٩٨٠/٧/٧

يصدر مايلي:

المادة ١

بالإعدام لكل من يثبت انتسابه لجماعة الإخوان المسلمين، وبموجبه تم إعدام أعداد كبيرة من أهل السنة بهذه التهمة، ودخل السجون بأحكام عسكرية طويلة، منها المؤبد ومنها عشرات السنين، ومنهم من هرب خارج سوريا لدول الجوار أو لبلاد أوروبا، وتم حرمان جميع أقارب من ينتمي للجماعة من الحقوق المدنية، مما أوجد حالة من الظلم والاحتقان غير مسبوقة، فلما قامت الثورة كانوا أول المنتمين إليها، وأما من كان مهجراً من السابق فقد وقعت بينهم الخلافات والانقسامات أثرت سلباً في موقف الجماعة من الثورة والتفاف الناس حولهم، فأصبح تأثيرهم ضعيفاً، وكذلك عملهم الدعوي في مناطق وجود النازحين، ويقتصر عملهم الدعوي في مناطق الشمال السوري، على الحدود التركية[١].

٥- **الصوفي**[٢] **والأشعري**[٣]: هذان الوصفان متلازمان في دعاة هذا المنهج، وهو فكر له حضوره القوي القديم، ويمثله خريجو المعاهد الشرعية التي

يعتبر مجرما ويعاقب بالإعدام كل منتسب لتنظيم جماعة الأخوان المسلمين.

http://www.parliament.gov.sy/arabic/index.php?node=٢٠١&nid=٦٧١٦&ref=tree&

(١) تتمثل مناشطهم بمؤسسة عطاء للإغاثة والتنمية.

(٢) **الصوفية أو التصوف** هو مذهب إسلامي، لكن وفق الرؤية الصوفية ليست مذهبًا، وانتشرت حركة التصوف في العالم الإسلامي في القرن الثالث الهجري كنزعات فردية تدعو إلى الزهد وشدة العبادة، ثم تطورت تلك النزعات بعد ذلك حتى صارت طرقا مميزة متنوعة معروفة باسم الطرق الصوفية. نتج عن كثرة دخول غير المتعلمين والجهلة في طرق التصوف إلى عدد من الممارسات خاطئة عرّضها في بداية القرن الماضي للهجوم باعتبارها ممثلة للثقافة الدينية التي تنشر الخرافات، ثم بدأ مع منتصف القرن الماضي الهجوم من قبل المدرسة السلفية باعتبارها بدعة دخيلة على الإسلام.

https://ar.wikipedia.org/wiki/

موسوعة الفرق والجماعات والمذاهب الإسلامية، د. عبد المنعم الحفني ص٢٧٩وما بعدها بتصرف

(٣) **الأشعرية** نسبة إلى إمامها ومؤسسها أبي الحسن الأشعري، الذي ينتهي نسبه إلى الصحابي أبي موسى الأشعري، هي مدرسة إسلامية سنية، اتبع منهاجها في العقيدة عدد كبير من فقهاء أهل السنة والحديث، فدعمت اتجاههم العقدي، يعتبر الأشاعرة بالإضافة إلى الماتريدية، أنهما المكوّنان الرئيسيان

كانت منتشرة في المحافظات السورية وقد تمت الإشارة لها في مطلب سابق، وهي التي تنتهج في تدريسها العقيدة الأشعرية والتربية الصوفية، وقد انقسم خريجوها إلى ثلاثة أقسام بعد قيام الثورة، منهم من ناصر النظام ووقف بجانبه وشرع له أعماله، ومنهم من اتخذ جانب الحياد، فلم يناصر أحداً ونظر للأمر أنه فتنة وينبغي تركها وتجنبها، وكان لهؤلاء دور سلبي كبير بسبب هذا الموقف، ومنهم ناصر الثورة ووقف بجانب الشعب الثائر، وقدموا نماذج مشرفة في التضحية والإقدام، ولهم أعمال دعوية وتعليمية كبيرة في أوساط النازحين، ولهم نشاط تعليمي رائع في افتتاح معاهد شرعية على نسق المعاهد الشرعية التي درسوا بها، ولكن بشكل أصغر، حسب القدرة المادية.

٦- **الفكر التجديدي**[١]: ما أصاب العالم الإسلامي من دعوات لتجديد الخطاب الديني، وتوسع هذه الدعوات حتى وصل بهم الحال أن يطالبوا بمناقشة أساسيات الدين وما تلقته الأمة بالقبول منذ عهد القرون المفضلة، وصلت لوثته إلى الكوادر العاملة في الجانب الدعوي في وسط النازحين، وتأثر بها بعض العاملين في الحقل الدعوي، وهناك

لأهل السنة والجماعة إلى جانب فضلاء الحنابلة (أهل الحديث والأثر)، فالحنفية ماتريدية، والشافعية والمالكية وبعض الحنابلة وبعض الظاهرية ومعظم الصوفية أشاعرة.

موسوعة الفرق والجماعات والمذاهب الإسلامية، د. عبد المنعم الحفني ص٥٠ وما بعدها بتصرف

(١) **التجديد** أحد المفاهيم التي كثيراً ما ترددت في الفكر الحديث والمعاصر العربي والإسلامي وفي الفكر الغربي ومنذ قرنين من الزمان، مثل مفاهيم النهضة والإصلاح والتغيير والثورة وغيرها. هذه المفاهيم تظهر وتغيب تبعاً للتيارات الفكرية والظروف الاجتماعية السائدة وطبقاً لطبيعة نظام الحكم السياسي السائد في المجتمع وصراع الاستبداد مع الديمقراطية داخله. وقد تختلط لفظة 'تجديد' فيما تدل عليه مع ما تدل عليه ألفاظ أخرى مهمّة ومرتبطة بالفكر المعاصر عامة وبالفكر العربي الإسلامي وبخطابهما على وجه الخصوص. مثل معاني التغيير، التحوّل، التقدم، التطوّر، الإبداع، الاختراع، الاكتشاف وغيرها. لذا ينبغي تحديد معاني هذه الألفاظ والتمييز بينهما وبين التجديد، وتحديد الصلات التي تجمعها في إطار شروط البناء الفكري والاجتماعي والحضاري.

من يدعم هذا التوجه مادياً بشكل كبير، وهناك من يعمل في هذا الجانب رغبة بالمال، وقليل من يفعل ذلك عن قناعة، ونشاطهم الكبير في الجانب الإعلامي، فلهم قنوات إعلامية ومنصات تعليمية[١].

٧- **عقيدة الرافضة**[٢]: للعقيدة الرافضية (الشيعة الاثني عشرية)وجود في سوريا ولكن بأعداد قليلة، وقد كانت هنالك جهود كبيرة لنشر هذه العقيدة في أوساط أهل السنة، فقد كانت تقدم لهم المنح الدراسية والرواتب المجزية، والتسهيلات في الدولة والوظائف فيها، ولما قامت الثورة وقف جميع كيانات الرافضة مع النظام في حربه وقمعه لأهل السنة، وكونوا الميليشيات الإجرامية التي ارتكبت المجازر الكثيرة في حق أهل السنة، واستخدموا جميع الوسائل لتهجير السكان، وأصبح النزوح الداخلي إلى مناطق النظام بأعداد كبيرة، فكانت فرصة لدعوتهم إلى عقيدة الشيعة، وقد استجاب لدعوتهم بعض أهل السنة رغباً ورهباً، وأصبح أبناء السنة في تلك المناطق يلطمون وينشدون مقاطع الشيعة، ويكفرون أبا بكر وعمر وعائشة، ويلقنونهم ذلك في المدارس، ويكثر نشاطهم ودعوتهم في وسط النازحين في تجمعاتهم في المدن السورية الواقعة تحت سيطرة النظام، وفي تجمعات النازحين في مخيماتهم على الحدود العراقية.

---

(١) يمثل هذا المنهج مؤسسة رؤية.

(٢) **الرافضة أو الروافض** (المفرد: رافضي) وهو مصطلح قديم لتسميه الشيعة الاثني عشرية ويُعرف المصطلح بين عموم أهل السنة قديماً، أما حديثاً فيُستعمل بشكل كبير من قبل بعض حركات وجماعات الإسلام السياسي المُحافظة خصوصاً من المنتمين لحركتي الوهابية والسلفية كما يستخدم المصطلح بشكل متكرر ضمن المنشورات الإعلامية الترويجية لتنظيم الدولة الإسلامية (داعش)، وتشير الكلمة لعدم اعتراف (رفض) الشيعة بالخلفاء أبو بكر الصديق وعمر بن الخطاب وعثمان بن عفان كخلفاء شرعيين للنبي محمد ويعتبرون علي بن أبي طالب أحق بخلافة النبي. **موسوعة ماذا تعرف عن الفرق والمذاهب، د. أحمد الحصين ج٣ص ١١٠٥ وما بعدها (بتصرف)**

٨-**جماعة الدعوة والتبليغ**[١]: لجماعة الدعوة والتبليغ حضور قديم منذ ستينيات القرن الماضي في سوريا، وكانت دعوتهم تلقى استجابة كبيرة، ويرى فيها الدعاة متنفساً لغض النظام الطرف عن أنشطتهم كونها تبتعد عن العمل السياسي، وتهتم بالجانب التعبدي والعلاقة الذاتية الخاصة، وتقوم بأعمال دعوية في العبادات ومكارم الأخلاق وسط تجمعات جماهيرية[٢]، ودعوتها تعتمد على تبليغ فضائل الإسلام لكل من تستطيع الوصول إليه، ملزمةً أتباعها بأن يقتطع كل واحد منهم جزءً من وقته لتبليغ الدعوة ونشرها بعيداً عن التشكيلات الحزبية والقضايا السياسية، ويلجأ أعضاؤها إلى الخروج للدعوة ومخالطة المسلمين في مساجدهم ودورهم ومتاجرهم ونواديهم، وإلقاء المواعظ والدروس والترغيب في الخروج معهم للدعوة. وتمنع أتباعها من الخوض في أمور الدولة والسياسة، ومع ذلك لم تسلم من مضايقات الأجهزة الأمنية، وبعد قيام الثورة بقيت الجماعة على نهجها ونشاطها في الدعوة، ولهم قبول كبير بين النازحين، لأسلوبهم المتميز في الدعوة، وينشطون في جميع مخيمات النازحين على الحدود التركية والأردنية واللبنانية والعراقية، وأما في تجمعات النازحين في مناطق النظام فلا وجود لهم.

لا تزال أساليب دعوتهم تقليدية، ويتبعون نفس المنهج الذي هم عليه.

---

(١) **جماعة التبليغ والدعوة** هي جماعة إسلامية خصصت نفسها للدعوة والزهد في الدنيا، يعتمد أسلوبها على الترغيب والتأثير العاطفي الروحاني، بدأت دعوتها في الهند وتنتشر الآن في معظم البلاد العربية والإسلامية، تقوم الجماعة بأمرين أساسين الأول هو تبليغ من لم تبلغه الدعوة الإسلامية، ومحاولة إدخاله للإسلام والثاني هو وعظ المتساهلين من المسلمين إلى الصلاة بوصفها عماد الدين، ثم يخرجون بهم للدعوة أياماً ليروا صورة من صور إيمانهم والمحبة بينهم، ورُغم كبر حجم جماعة التبليغ إلا أن ليس لها ناطق رسمي ولا ممثل أو مخاطَب معتمد.

موسوعة ماذا تعرف عن الفرق والمذاهب، د. أحمد الحصين ج ٢ص ٨٢٤ وما بعدها (بتصرف)

(٢) الإسلام وفرق معاصرة، أ. د. أحمد محمود كريمة ص ١٧

المطلب الثالث: دراسة استبانة عن التحديات الخارجية:

تم وضع استبيان للدعاة العاملين في وسط النازحين في مخيمات النزوح على الحدود الشمالية والغربية والجنوبية والشرقية:

انظر شريحة رقم (١٧):

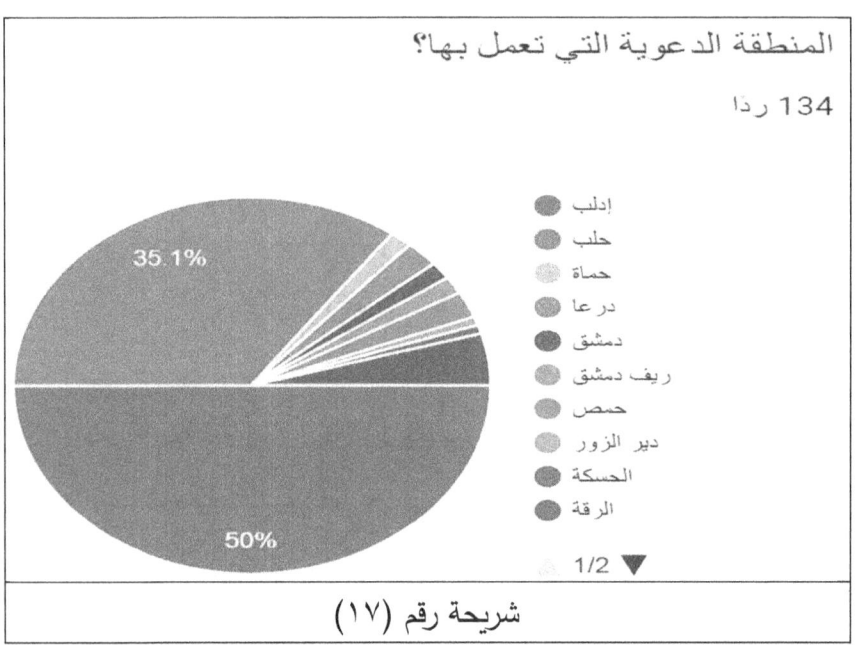

شريحة رقم (١٧)

وقد بلغ عدد المستهدفين ١٣٤ مائة وأربع وثلاثون داعية من جميع مخيمات النازحين في الحدود الجنوبية من سوريا على الحدود الأردنية (مخيم الركبان)، ومخيمات النازحين على الحدود الغربية اللبنانية (مخيمات عرسال)، ومخيمات النازحين على الحدود الشرقية مع العراق (مخيمات البوكمال)، ومخيمات الشمال السوري مع الحدود التركية بمناطقها الأربع (مخيمات إدلب، ومخيمات غصن الزيتون، ومخيمات درع الفرات، ومخيمات نبع السلام)، وتم توجيه الأسئلة التالية:

فيما يتعلق بالتحديات الخارجية التي تؤثر على عملهم الدعوي وسط النازحين:

١- هل وصلت إليك منشورات تدعو النازحين للديانة النصرانية؟

وقد كانت إجابة ١٤.٩٠ من الدعاة بالإيجاب، والبقية ٨٥.١٠ من الدعاة كانت إجاباتهم بالنفي، مما يؤكد وجود نشاط تبشيري ودعوة إلى الديانة النصرانية، ويثبت تلك الوقائع التي تم ضبطها، وخاصة في بداية أزمة النزوح فيما بين عام ٢٠١٢ وعام ٢٠١٥ والتي كان النشاط التنصيري في ذروته، خاصة عندما انعدمت السلطات في تلك المناطق. انظر شريحة رقم (١٨)

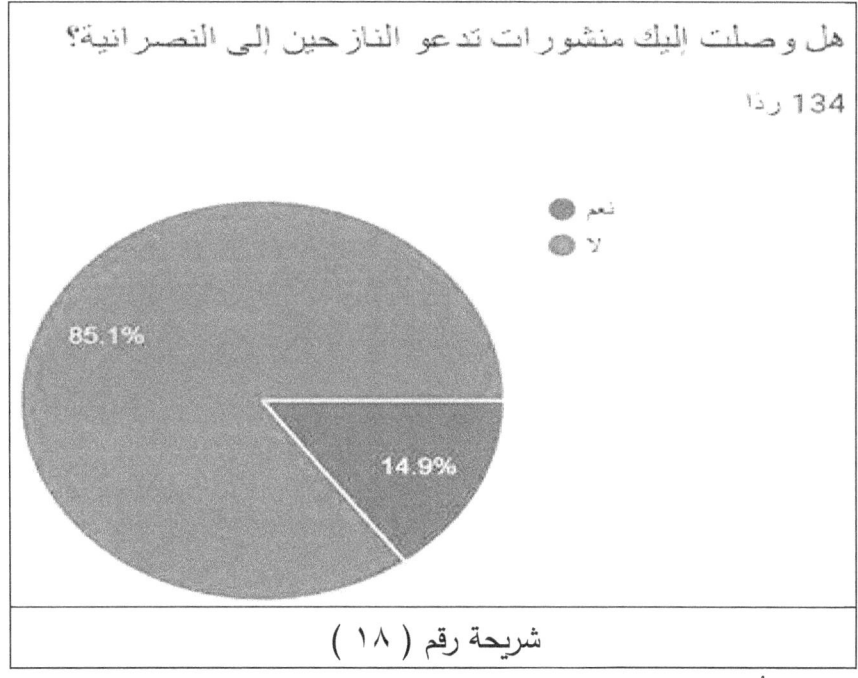

شريحة رقم (١٨)

٢- هل طُلِب منك نشر أفكار التشيع بمقابل مادي؟

للشيعة الرافضة همة كبيرة إغراءات مالية سخية في سبيل نشر مذهبهم ودينهم في سوريا قبل الثورة، وزادت بشكل كبير بعدها، خاصة في وسط النازحين في لبنان، والبوكمال، والتي عادت إلى سيطرة النظام بعد حروب طاحنة مع

المعارضة المسلحة، فنشطت أعمال التشيُّع بشكل كبير، ويستخدمون في سبيل نشر عقيدتهم الترغيب والترهيب، فمن يواليهم وينضم إليهم يسندون إليه المناصب، ومن يخالفهم يعتقلونه وقد يقتلونه، قد كانت إجابة ٦٪ من الدعاة بأنه قد تم إغراؤهم بالمال في سبيل نشر فكر الشيعة وعقيدتهم الرافضية وسط النازحين من أهل السنة، وهي نسبة قليلة لكون النازحين في مناطق النظام لا يمكن الوصول إليهم بسهولة، وتوجد مخاوف كبيرة من الدعاة الموجودين في مناطق سيرة النظام من الإدلاء بمعلومات دقيقة، من الاعتقال والتصفية الجسدية، والبقية من الدعاة ٩٤٪ كانت إجابتهم بالنفي، ومما تجدر الإشارة إليه أن الفكر الشيعي انحسر بشكل كبير وتراجع بعد الثورة، نظراً لما تبين للناس من كذب تلك الشعارات التي يرفعها الشيعة في محاربة الظلم وعدم السكوت على المنكر، ثم كان الموقف العكسي تماماً، حيث وقف الشيعة مع النظام الظالم، والذي اشتهر ظلمه لأهل السنة.

انظر شريحة رقم (١٩):

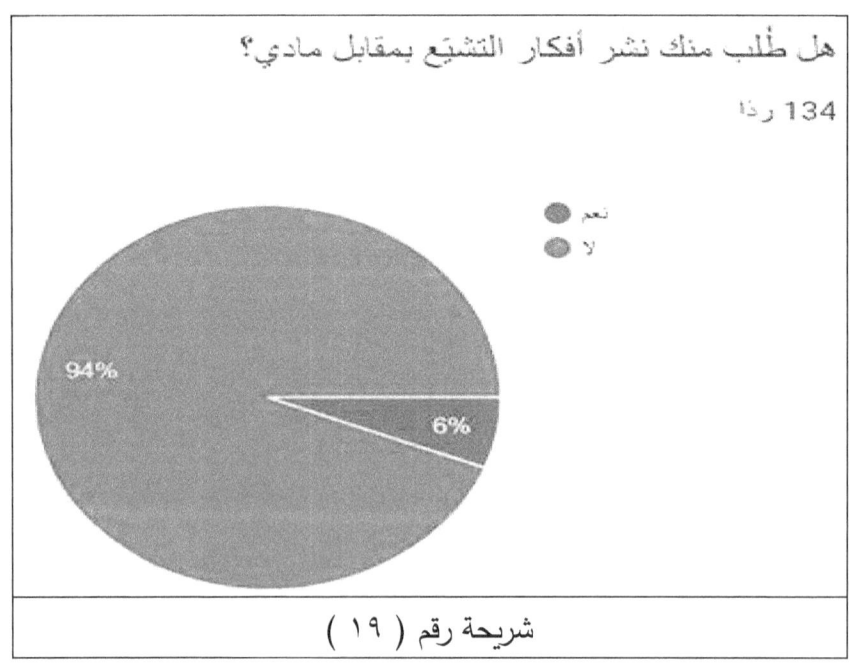

شريحة رقم (١٩)

٣- هل تم عرض المال عليك بمقابل نشر فكر معين مما يخالف ما عندك من العلم؟

بعدما تحولت الثورة من المظاهرات السلمية إلى العمل العسكري والمواجهات الدموية بين الجيش النظامي والشعب، وأتى إلى سوريا مختلف المشارب الفكرية منها: منهج الخوارج في التكفير وهذا من أخطرها، ومنهج المدخلية ومتابعة الحاكم وطاعته المطلقة وتعبُّد الله بذلك، ودخل فكر حزب التحرير ودعوتهم لإعادة الخلافة الإسلامية بطريقتهم والدعوة لتلك الفكرة، وفكر القاعدة المتشدد بجميع فئاته، وفي آخرها فكر الخطاب التجديدي للدين الإسلامي، سعى كل منهج منها لنشر ما عنده من فكر، وقد كانت إجابات الدعاة الذين شملهم الاستبيان:

رقم	الفكر الدخيل	نسبة من طلب منه نشر الفكر	من لم يصله الطلب
١	التكفير	٢٣٪	٧٧٪
٢	التحرير	٢٦٪	٧٤٪
٣	المدخلية	٢٢٪	٧٨٪
٤	القاعدة	٢٧٪	٧٣٪
٥	التجديدي	٣٣٪	٦٧٪

في شريحة رقم (٢٠):

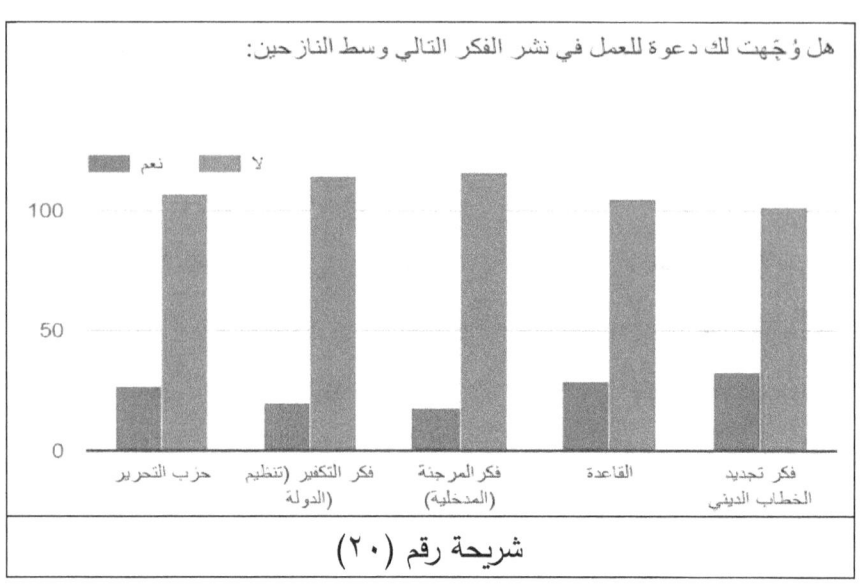

شريحة رقم (٢٠)

٤-هل تم عرض المال بمقابل نشر فكر معين يخالف ما عندك من العلم؟

الدعاة الذين تم توجيه الاستبيان لهم من أبناء سوريا، وهم ممن أصابهم التهجير والنزوح، ومعلوم ما يعانيه النازح من الحاجة المادية، بعدما خرج من بيته ومصدر رزقه، وقد استغل أصحاب المناهج الوافدة من الخارج هذه الحاجة، فأخذوا يعرضون على الدعاة المال لاستمالتهم إلى أفكارهم، وليكونوا دعاة لهم، ومساعدون في نشر دعوتهم وفكرهم، وليستفيدوا من ثقة الناس بهم فيتقبلوا منهم ما يلقونه لهم.

وقد كانت إجابة ٢٢.٤٠من الدعاة إيجابية بأنه قد تم عرض المال عليهم لنشر

تلك الأفكار والترويج لهذه المناهج، بينما كانت إجابة الباقين ٧٧.٦٠ بالنفي.

- بالنسبة لاستجابة من عُرِض عليه ذلك ليست مما تم السؤال عنه.

انظر شريحة رقم (٢١):

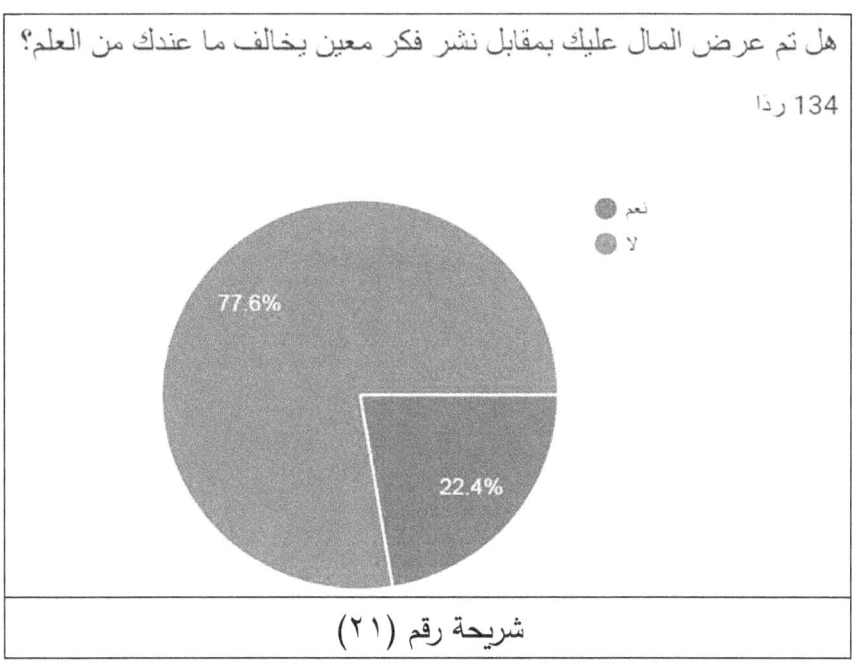

شريحة رقم (٢١)

٥-هل ترى العمل الدعوي في ظل إشراف الحكومة التركية مناسباً لك؟

تم توجيه هذا السؤال للدعاة العاملين في مخيمات النازحين على الحدود التركية (درع الفرات[1]، نبع السلام[2]، غصن الزيتون[3])، كانت إجابة ٦٧.٧٠بالموافقة على ذلك، كونهم ينظرون في الرعاية التركية توسطاً وعدم غلو، وأنها تدعو وترعى المذهب السني الذي عليه أهل سوريا، ويرون فيها أنها تقدم لهم الكفالة المادية دون اشتراط لنشر فكر معين يخالف ما عليه النازحون من معتقد، وقد قامت الديانة التركية بترميم مساجد ريف حلب، وعيَّنت خطباء وأئمّة ومؤذّنين، ودفعت لهم الرواتب، وافتتحت حلقات تحفيظ القرآن الكريم وحلقات التعليم

(١) مناطق شمال حلب (غرب نهر الفرات وحتى مناطق الأكراد في عفرين).

(٢) شمال غرب حلب (مناطق الأكراد في عفرين).

(٣) مناطق شرق نهر الفرات.

الشرعيّ في المساجد وخاصة في مخيمات النازحين، ويوفّر مئات فرص العمل للدعاة والأئمة والمؤذنين.

ونلاحظ أن بقية الإجابات في الاستبيان، الرافضون ١٥.٧٠ و١٨.٦٠ ذوي إجابات متنوعة، سببها أنهم لا يقيمون في المناطق التي تشرف عليها الحكومة التركية، ولم يجدوا تلك العناية للعمل الدعوي، وخدمة المساجد وأماكن التعليم الشرعي. انظر شريحة رقم (٢٢):

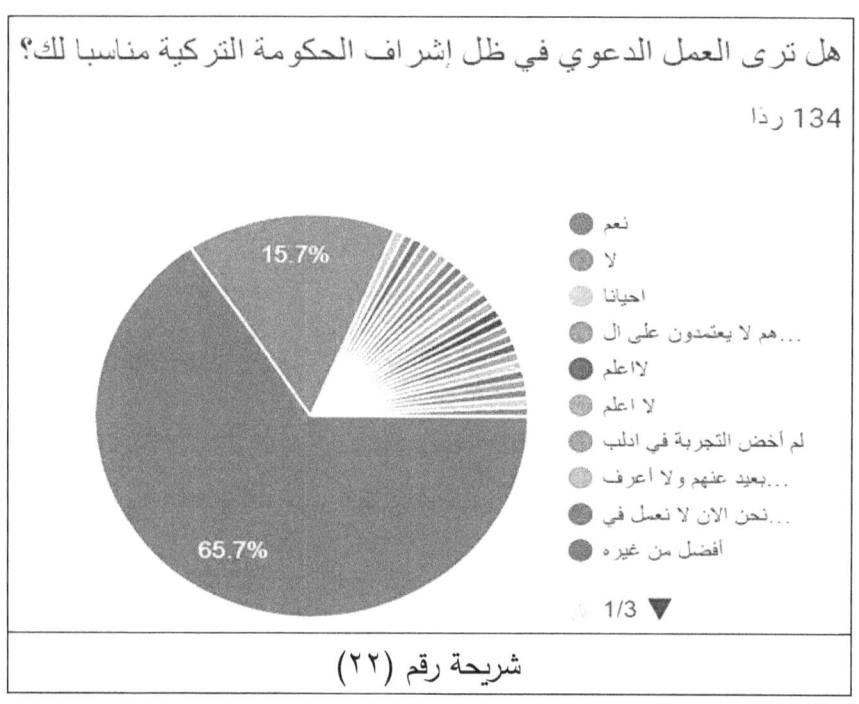

شريحة رقم (٢٢)

المبحث الثاني: تحديات العمل الدعوي الداخلي:

وفيه ثلاثة مطالب:

المطلب الأول: أنواع التحديات الداخلية.

المطلب الثاني: تقسيم الدعاة وفق التحديات الداخلية.

المطلب الثالث: دراسة استبانة عن التحديات الداخلية.

المطلب الأول: أنواع التحديات الداخلية:

تم وضع استبيان للدعاة العاملين في وسط النازحين في مخيمات النزوح على الحدود الشمالية والغربية والجنوبية والشرقية، بلغ عدد المستهدفين ١٣٤ مائة وأربع وثلاثون داعية من جميع مخيمات النازحين في الحدود الجنوبية من سوريا على الحدود الأردنية (مخيم الركبان)، ومخيمات النازحين على الحدود الغربية اللبنانية (مخيمات عرسال)، ومخيمات النازحين على الحدود الشرقية مع العراق (مخيمات البوكمال)، ومخيمات الشمال السوري مع الحدود التركية بمناطقها الأربع (مخيمات إدلب، ومخيمات غصن الزيتون، ومخيمات درع الفرات، ومخيمات نبع السلام)، وتم توجيه الأسئلة التالية:

فيما يتعلق بالتحديات الداخلية التي تؤثر على عملهم الدعوي وسط النازحين:

أ- تحديات ذاتية:

١-علمية:

يعاني بعض الدعاة من الضعف العلمي، فقد مضى على قيام الثورة ثماني سنوات، أدت إلى توقف النظام التعليمي، وأصبح من أراد طلب العلم والاستزادة منه أن يتابع وسائل التواصل للعلماء والمنصات التعليمية، والبرامج العلمية الشرعية المرفوعة على برنامج (يوتيوب وغيره)، وفي حال هذه يظهر الضعف العلمي عند بعض الدعاة، وفي الاستبيان المعد يظهر عدد الدعاة الذين لم يحصلوا على درجة الليسانس في الشريعة، حيث يظهر عدد الذين درسوا على أيدي أساتذة ومشايخ ٢٠٪ من المجموع العام، ومن هنا نرى وجود الضعف العلمي عند بعض الدعاة، وفي المقابل يوجد الشريحة الأكبر من خريجي كليات الشريعة حيث وصلت نسبتهم ٤٣.٣٠٪، ومنهم من يحمل درجة الدكتوراه والماجستير حيث وصلت نسبتهم ٢٠٪، والبقية لديهم مستوى

المعاهد الشرعية أو ثانويات شرعية، والقليل من لا يحمل شهادة وقد تلقى العلم على أيدي المشايخ.

انظر شريحة رقم (٢٣):

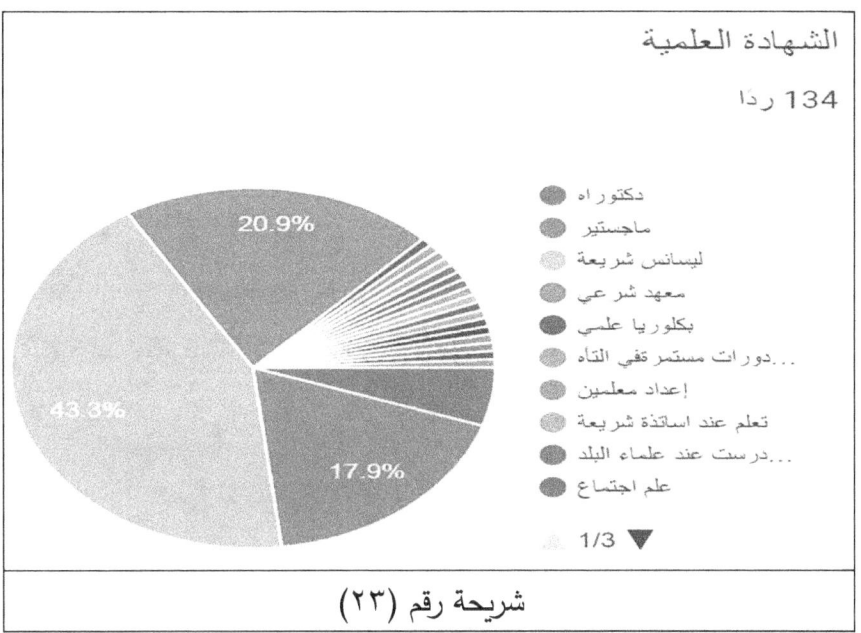

شريحة رقم (٢٣)

ويوجد من الدعاة من ينظر للدعوة أنها وظيفة وليست رسالة، وهؤلاء ممن يظهر لديهم الضعف في الأداء والإخلاص، ولكن هؤلاء عددهم قليل، انظر شريحة رقم (٢٤):

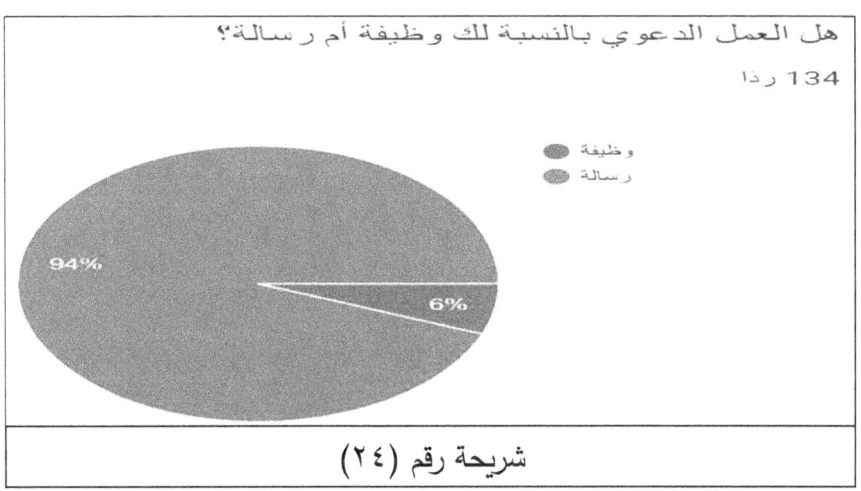

شريحة رقم (٢٤)

٢-مهارية:

نقصد بالتحدي المهاري إلى تلك الموهبة التي يتقنها بعض الدعاة سليقة، ومنهم من احتاج إلى اكتسابها في فن التواصل مع الآخرين والتأثير فيهم، وتوجيههم إلى فعل شيء معين أو تركه، وتكتسب المهارة الدعوية من الدراسة الأكاديمية، ومن الدورات المتخصصة في التدريب، ومن الممارسة والعمل في هذا الجانب، وتبقى الدراسة الأكاديمية هي الأقوى والأفضل، وباعتبار وجود الخلل في النظام التعليمي الذي سببته الثورة، فالجانب المهاري لدى بعض الدعاة أصبح ضعيفاً يحتاج إلى تعزيز وتصحيح، وقد أقامت كثير من الجمعيات والمنظمات[١] المعنية بهذا الجانب دورات تدريبية كثيرة للدعاة، وقد كان لهذه الدورات دور كبير على الدعاة في رفع كفاءتهم الدعوية.

انظر شريحة رقم (٢٥):

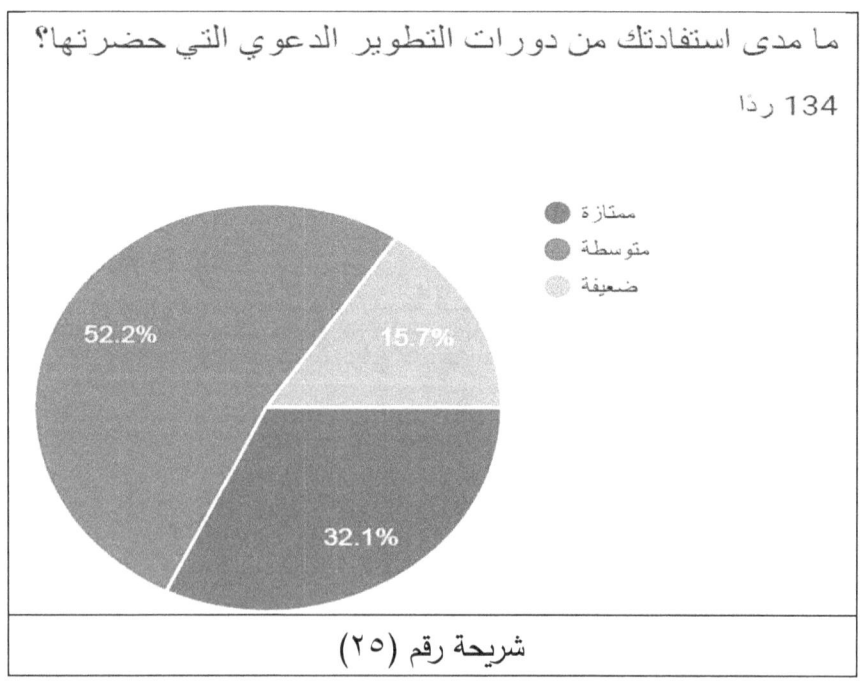

شريحة رقم (٢٥)

(١) مثل: المجلس الإسلامي، وهيئة الشام الإسلامية، ورابطة خطباء الشام، ورابطة علماء الشام، ومنظمة بناء الإنسان، ومنظمة بردى للإغاثة والتنمية وغيرها.

٣-الكفاية المادية:

يحتاج العمل الدعوي للتفرغ، ولا يمكن التفرغ اللازم للداعية إلا إذا كان مكتفياً من الناحية المادية، وهذا من التحديات الصعبة التي يعاني منها الدعاة، وهو اختبار لهم في الثبات على هذا العمل العظيم في تبليغ رسالة النبي صلى الله عليه وسلم.

انظر الشريحة رقم (٢٦)

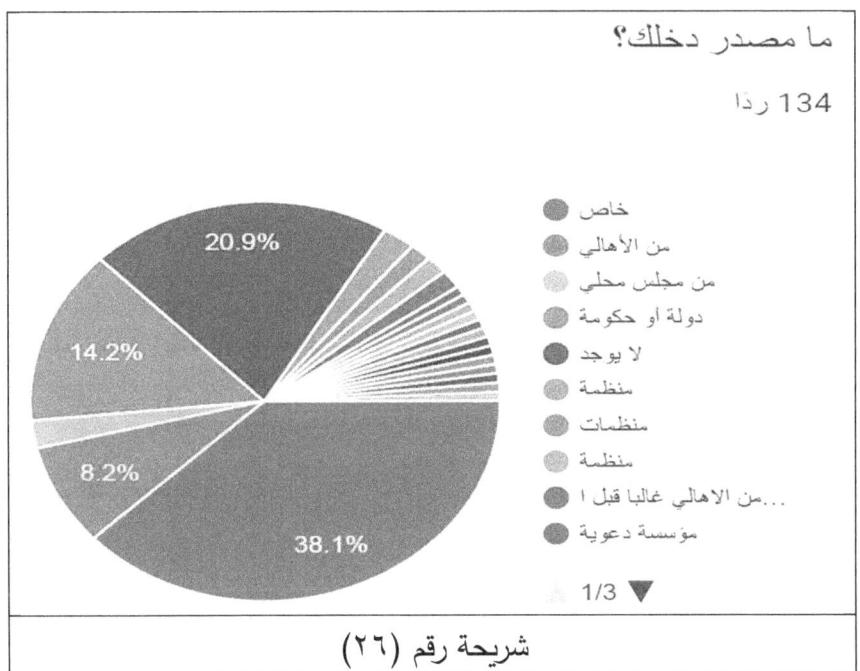

شريحة رقم (٢٦)

وقد قدمت بعض المنظمات الدعوية والإنسانية[1] التي تهتم بالدعوة والتعليم برامج لكفالة الدعاة، فقدمت لهم الكفالة المادية في سبيل التفرغ للعمل الدعوي، وساعدتهم ببرامج مهارية ودورات علمية تأصيلية، وقد كان لها أثر كبير في الأخذ بأيديهم للأداء الأفضل.

---

(١) مثل: المجلس الإسلامي، وهيئة الشام الإسلامية، ورابطة خطباء الشام، ورابطة علماء الشام، ورابطة العلماء السوريين، ومنظمة بناء الإنسان، ومنظمة بردى للإغاثة والتنمية وغيرها.

انظر شريحة رقم (٢٧):

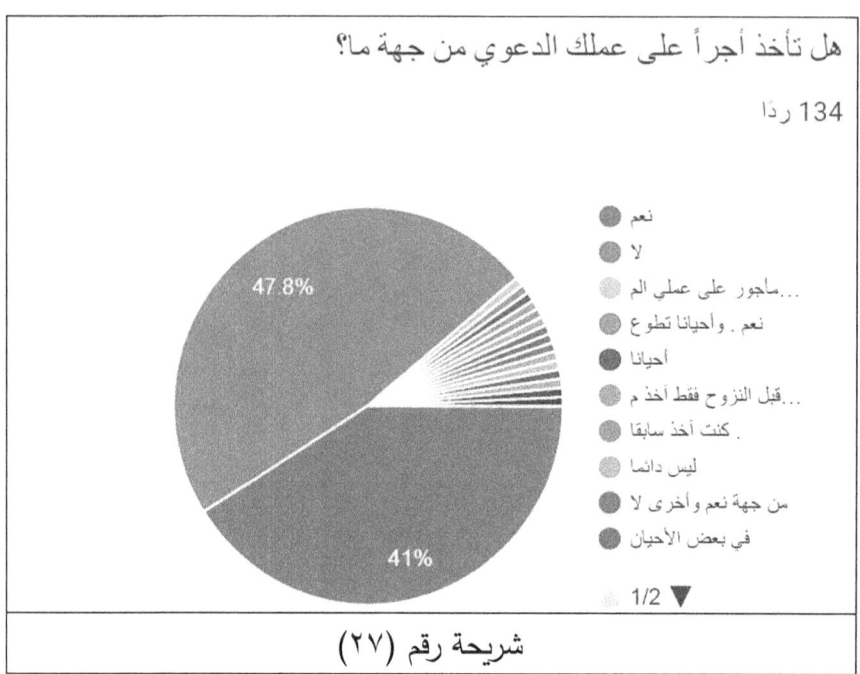

شريحة رقم (٢٧)

وبعد تلقيهم لهذه الدورات أصبحت لديهم المهارة اللازمة لمخاطبة جميع أفراد المجتمع وشرائحه.

انظر شريحة رقم (٢٨)

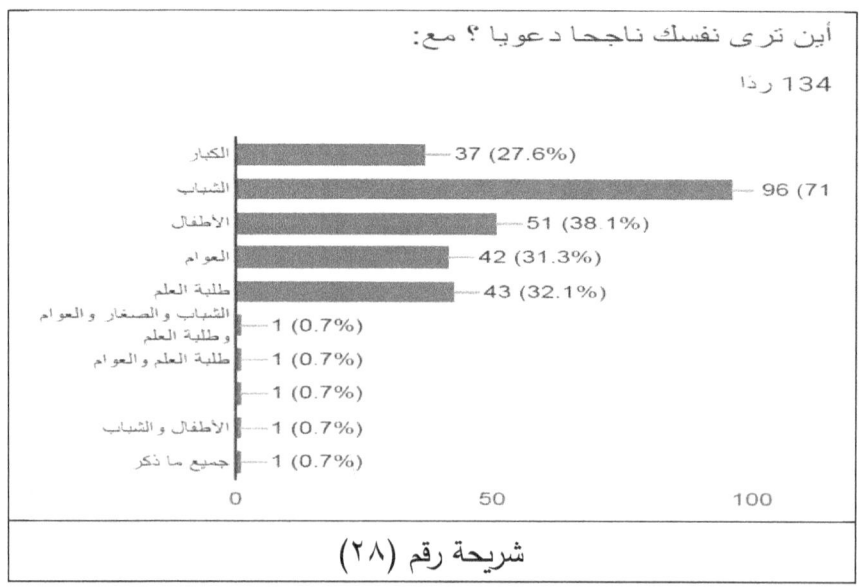

شريحة رقم (٢٨)

ب- تحديات غير ذاتية:

١- مجتمعية:

عندما تحدث عملية النزوح فإن خسائرها لا تتوقف عند مجرد فقد المنقولات والممتلكات وتدميرها بل تتجاوز ذلك بكثير إن حياة النازحين ونسيجهم الاجتماعي تتمزق بشكل كامل، وكثيراً ما تؤثر ظروف المعيشة الجديدة، وهي في أغلب الأحيان ظروف غير مألوفة، على الأدوار والمسؤوليات الاجتماعية للأسر، وفي مخيمات النزوح تختلط الأسر بسبب اجتماعهم من شتى الأماكن، وقليل من المخيمات التي تحافظ على نسيجها الاجتماعي، وهذا التشرذم في نسيج المخيمات يشكل تحدي للداعية، فالخطاب الدعوي الذي سيقوم به يحتم عليه أن يكون على اطلاع تام على هذا النسيج المختلف، حتى يناسب خطابه جميع الشرائح.

شريحة رقم (٢٩)

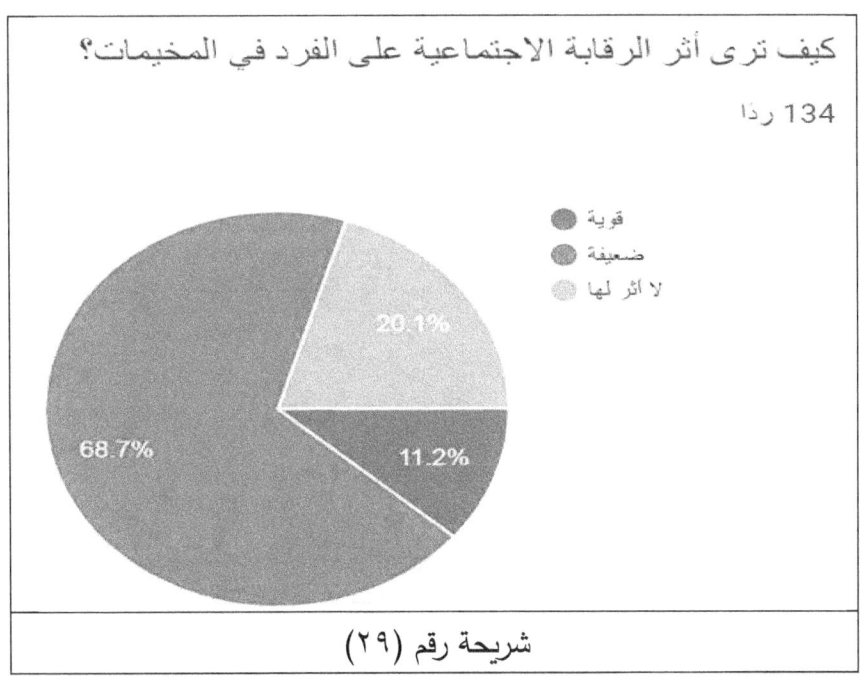

شريحة رقم (٢٩)

٢- التبعية والمرجعية:

بسبب تعدد الفصائل العسكرية على الأرض، وكل واحد منها يحمل فكراً ومنهجاً يروم أن يكون جميع الدعاة على منهجه، وما يسيطر عليه في الأرض يمنع أن يكون داعية على منهجه ولو كان من أهل الأرض، ولذلك يتعرض الدعاة بسبب ذلك لكثير من المضايقات التي تؤدي به إلى ترك العمل الدعوي أو التهجير القسري إلى مناطق أخرى، أو لربما تم تصفيته جسدياً.

انظر شريحة رقم (٣٠)

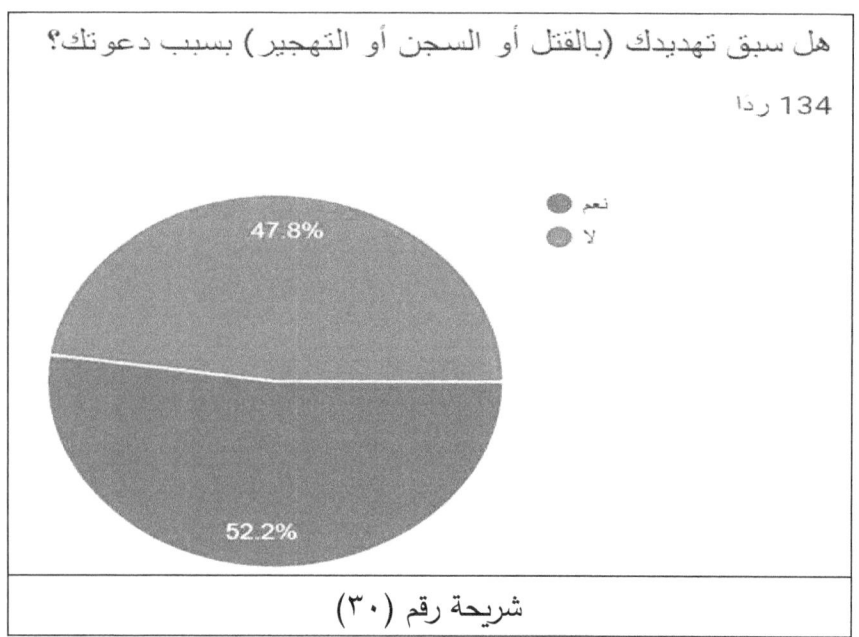

شريحة رقم (٣٠)

في غالب مخيمات النازحين لا يوجد هناك سلطة تستطيع أن تفرض سيطرتها بشكل كامل، فتبقى الأمور فيها أريحية في العمل الدعوي الإسلامي السني، إلا إذا ظهر نوع من الغلو أو الخطاب المخالف لما يعرفه النازحون فيكون حينئذ منع وإيقاف للدعاة عن العمل الدعوي.

انظر شريحة رقم (٣١):

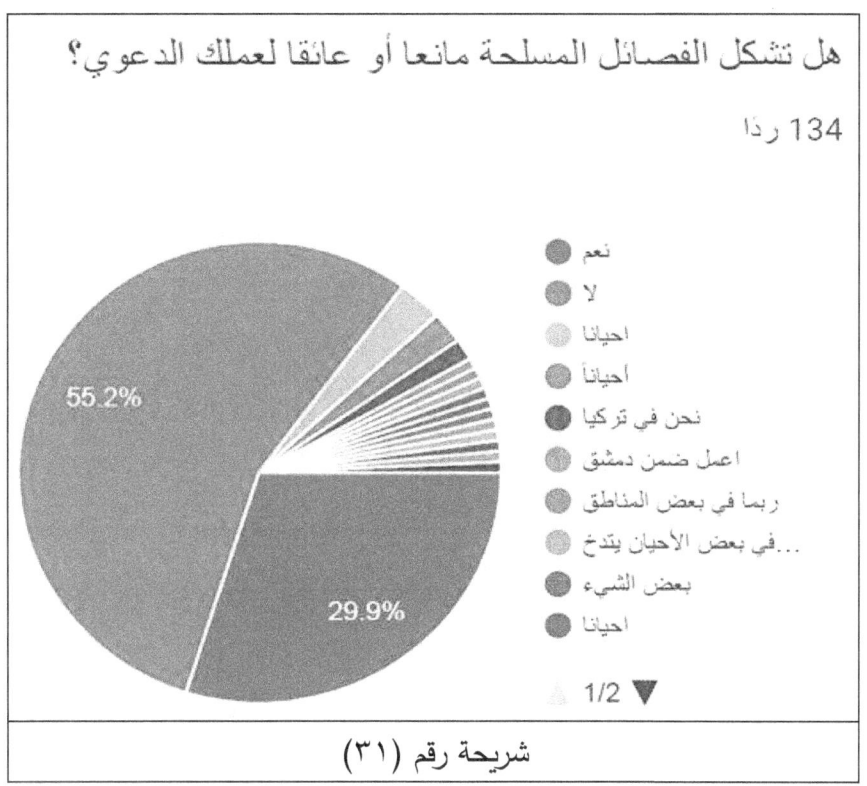

شريحة رقم (٣١)

٣- الدعم الفني:

يحتاج الداعية للقيام بالعمل الدعوي لعوامل مساعدة لينجح في مهمته، ومن اللوازم التي يحتاجها: جهاز مكبر الصوت، منشورات دعوية، مطبوعات، مصاحف، وقد يحتاج لوسيلة تنقله لأماكن اجتماع الناس، ولا يخفى أن الدعاة يتفاوتون في الهم الدعوي والحرص على القيام بهذا الواجب، فمنهم من يحرص على كل وسيلة دعوية تعينه في مهمته وفي نجاحها، ومنهم من يستغل الأسئلة الشرعية التي تحتاج لفتوى ليوجه النصح والإرشاد والتعليم، ومنهم من لا يحرص على ذلك ويكتفي بإجابات مقتضبة.

انظر الشريحة رقم (٣٢):

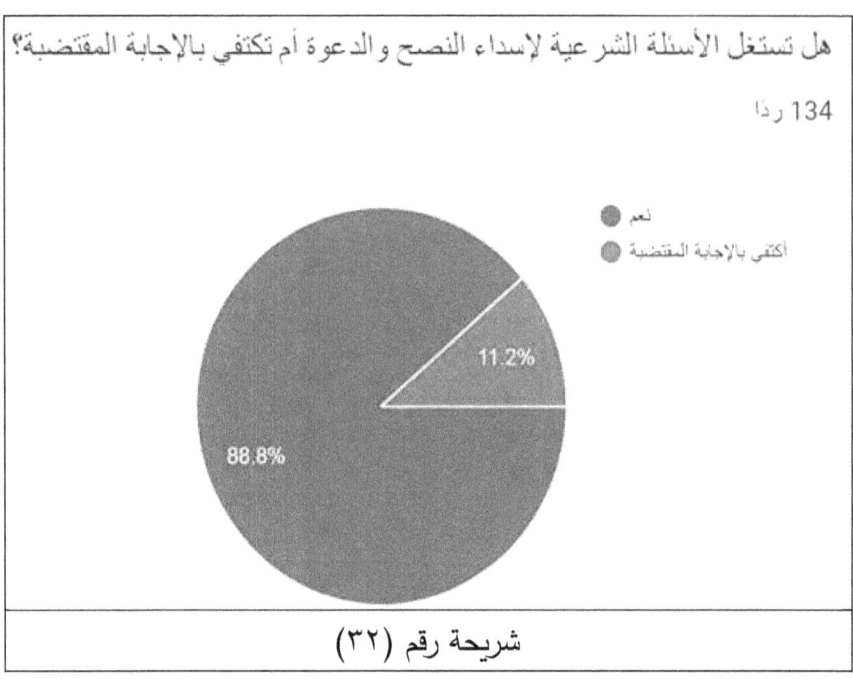

شريحة رقم (٣٢)

ومن الدعاة من يرى أهمية هذه الوسائل، فيوليها اهتماماً كبيراً، ويحرص على توفيرها بأي وسيلة، ويرى لها تأثيراً على المدعوين بعد انتهاء اللقاء الدعوي.

وقد تم توجيه الأسئلة عن مدى أهمية الوسائل الدعوية في العمل الدعوي، فكانت النتائج وفق الجدول التالي:

الوسيلة الدعوية	مهم جداً	مهم	غير مهم
راتب شهري	٧٠٪	٢٥٪	٥٪
أجهزة مساعدة	٦٠٪	٣٠٪	١٠٪
كتب ومصاحف	٥٥٪	٤٠٪	٥٪
مطبوعات	٥٥٪	٣٥٪	١٠٪
جوائز	٨٠٪	١٥٪	٥٪
وسيلة إعلانية	٥٥٪	٣٥٪	١٠٪
تنسيق العمل الدعوي	٨٥٪	١٥٪	٠٪

انظر الشريحة رقم (٣٣):

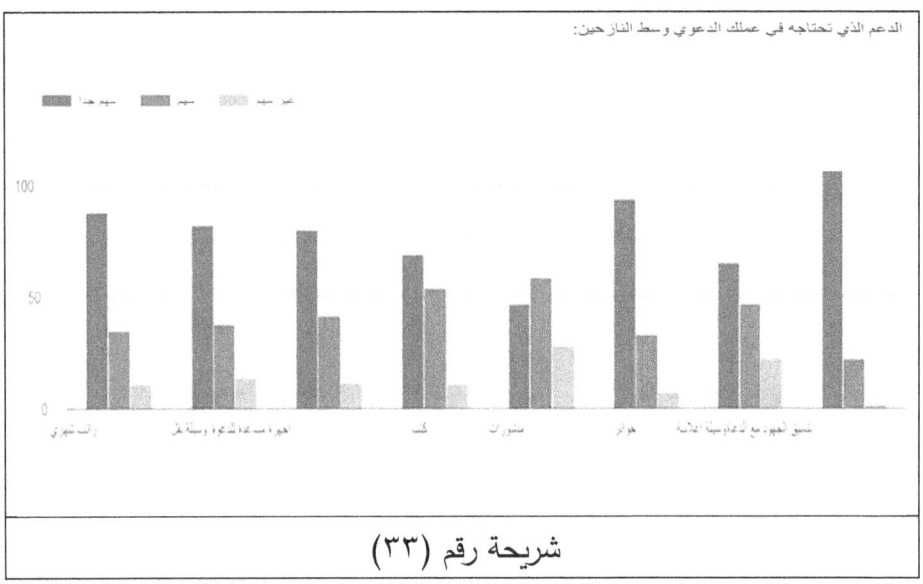

شريحة رقم (٣٣)

وأرجع هذا التفاوت في الآراء إلى قدرة الداعية وهمته في العمل الدعوي، فمن كانت دعوته مقتصرة على العمل المسجدي فلا يرى بقية الوسائل أنها ذات أهمية، ومن كان عمله الدعوي يشمل العمل المسجدي وخارج المسجد وحيثما كان اجتماع الناس فله همة للدعوة في أوساطهم وفي تجمعاتهم.

انظر الشريحة رقم (٣٤):

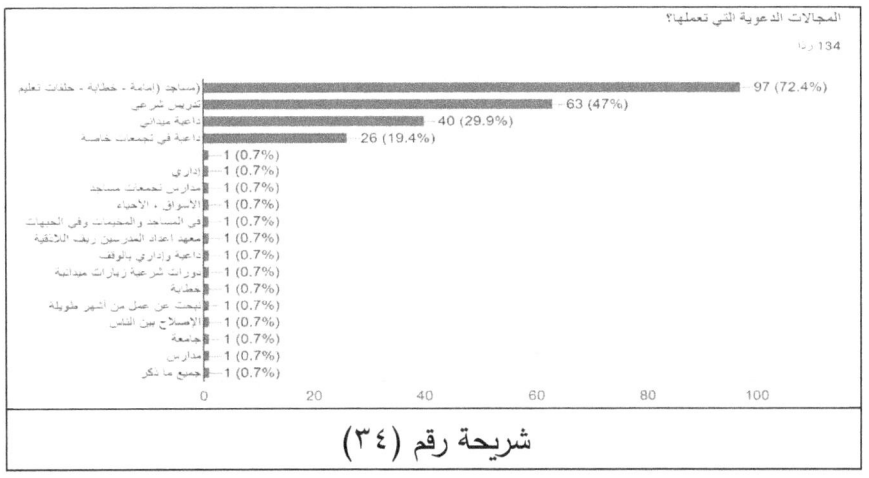

شريحة رقم (٣٤)

٤ - عدم التنسيق بين الدعاة:

العمل الدعوي في وسط مخيمات النازحين يحتاج إلى جهة منظمة وراعية له، فتجد بعض المخيمات يوجد فيها دعاة كثيرون، ويقل عددهم في بعضها، ولربما كان مفقوداً في بعضها الآخر، ولذلك نجد العمل الدعوي كبيراً في مخيمات، وزاهراً ونامياً، وأساليبه متنوعة ووسائله متعددة، وتجده متصحراً قليلاً أو معدوماً في مخيمات أخرى.

ومرد ذلك لطبيعة النازحين وتجمعاتهم، والجهات الراعية لهذه المخيمات، والمستوى العلمي والثقافي للنازحين.

ومن خلال الدراسة وجدنا أن مخيمات النازحين في المنطقة الجنوبية (مخيم الركبان) على الحدود الأردنية، وكذلك المخيمات في الحدود الشرقية من سوريا على الحدود العراقية، وكذلك مخيمات النازحين في المناطق الشمالية الشرقية التي يسيطر عليها الأحزاب الكردية الملحدة، هي أقل المخيمات اهتماماً بالجانب الدعوي، وذلك لقلة الدعاة وطلبة العلم فيه، بينما نجد مخيمات النازحين في شمال إدلب على الحدود مع تركيا (مخيمات أطمة وما حولها) يكثر فيها الدعاة وطلبة العلم والمشايخ، والنشاط الدعوي متنوع جداً، والعمل الدعوي ليس مقتصراً على المساجد، بل في الأسواق والمدارس والجامعات، وقد أقيمت تجمعات ومهرجانات دعوية متنوعة، كانت الفعاليات فيها متواصلة لأسابيع وشهور وفق خطة دعوية تعالج الأمراض الأخلاقية والدينية والاجتماعية، وتطورت هذه الفعاليات إلى ورش لمناقشة الشبهات التي ترد على النازحين عن طريق الفضائيات أو وسائل التواصل الاجتماعي، أو مما يشتبه عليهم فهمه من المصطلحات.

ومما يجدر الإشارة إليه أن العمل الدعوي في الشمال السوري ونجاحه مرده إلى التنسيق الدعوي بين القائمين على العمل الدعوي.

وكان من مظاهر هذا التنسيق:

١- إعداد خطبة الجمعة[١] بشكل يناسب الواقع الذي يعيشه أهل الشام من أحوال. انظر الشريحة رقم (٣٥):

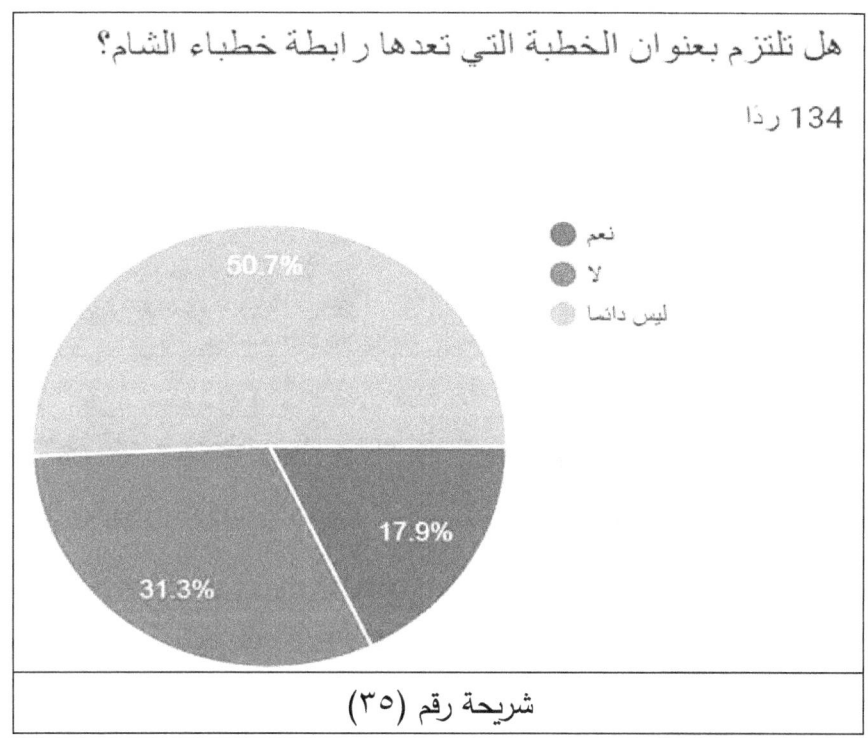

شريحة رقم (٣٥)

٢- وضع خطة دعوية لكل منطقة تعالج الأمور المخالفة في تلك المنطقة، وتشتمل الخطة تعليم أساسيات الدين (ما لا يسع المسلم جهله)، والتفسير والفقه والسيرة، والوعظ والرقائق، والفتاوى.

ومدة كل خطة دعوية ستة أشهر، ثم توضع خطة أخرى تستكمل السابقة بموضوعاتها بشكل بنائي.

انظر الشريحة رقم (٣٦):

---

(١) تشرف على هذا العمل رابطة خطباء الشام.

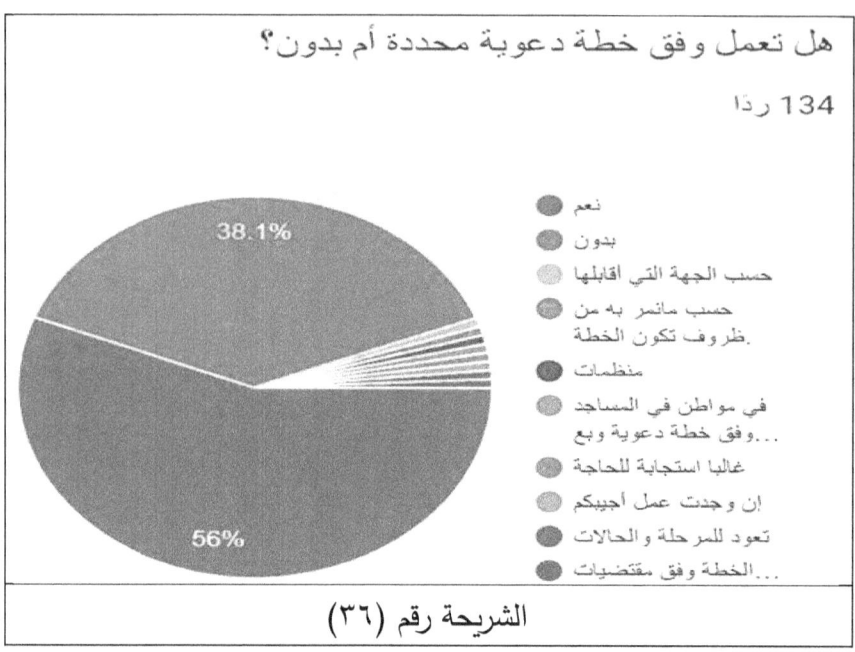

الشريحة رقم (٣٦)

٣-من التحديات الذي يواجهها الدعاة: الفردية في العمل الدعوي، وهو تحدٍّ كبير، يبعثر الجهود ولا يعطي الثمار المطلوبة في تغيير حال المدعو، ولربما كان العمل الفردي في الدعوة يؤتي ثماراً غير حميدة، وهناك بعض الدعاة لا يؤمن بالعمل الجماعي في الدعوة، وفي الاستبيان نلاحظ ذلك.

انظر الشريحة رقم (٣٧):

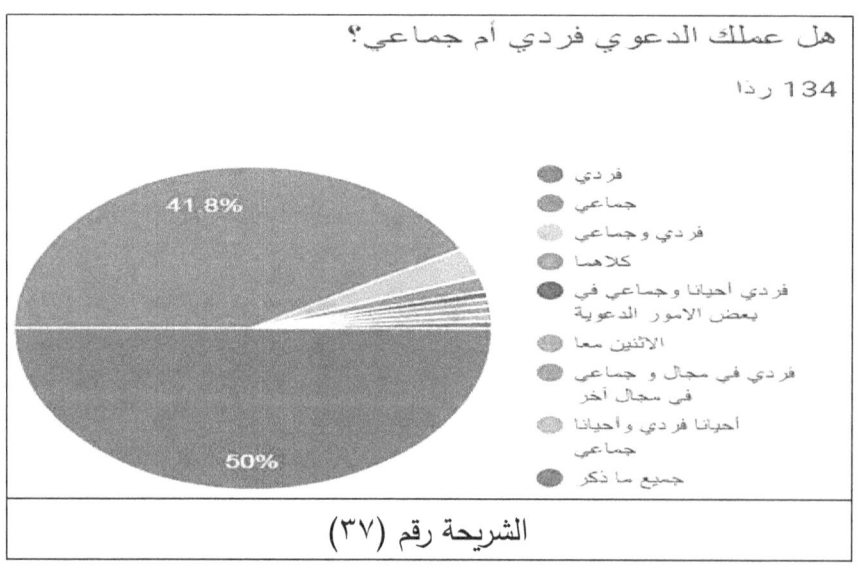

الشريحة رقم (٣٧)

ولذلك ترى من الدعاة ينظر للأعمال الدعوية الجماعية أنها مضيعة للوقت ولا يعطيها الاهتمام اللازم، وفي الاستبيان التالي نلاحظ التباين كبير في الرأي بين الدعاة عن المناشط الدعوية الجماعية.

انظر الشريحة رقم (٣٨):

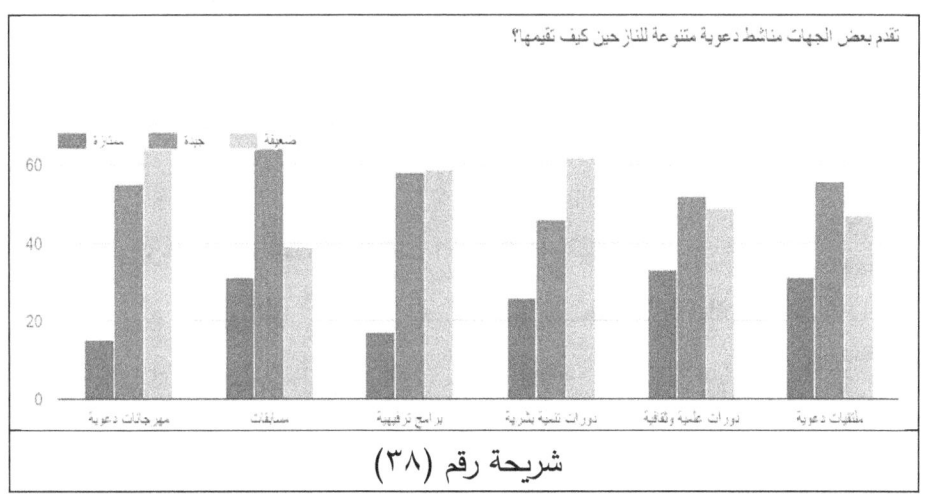

شريحة رقم (٣٨)

المطلب الثاني: تقسيم الدعاة وفق التحديات الداخلية:

أ-دعاة ذوي رسالة:

١-منظمون ويؤمنون بالعمل الجماعي: وهم الدعاة العاملون مع الروابط العلمية: رابطة العلماء السوريين، ورابطة علماء الشام، ودعاة هيئة الشام الإسلامية، ورابطة علماء إدلب، والعاملون بالدعوة في الجمعيات المهتمة في الجانب الدعوي: منظمة بناء الإنسان، وجمعية شام شريف، ومنظمة بردى للإغاثة والتنمية، ومنظمة الأمل، ودعاة المجلس الشرعي في حلب، وجمعيات تعليم القرآن الكريم وتحفيظه: جمعية الشام لتعليم القرآن الكريم، وجمعية إتقان لتعليم القرآن الكريم، ومؤسسة مشكاة للتعليم القرآني.

والعمل الدعوي الذي يقوم به هؤلاء في أعلى مراتب النجاح، كونه يلتزم بدراسة الاحتياج الدعوي في مخيمات النازحين وتجمعاتهم، فيضع لهم برنامجاً وخططاً دعوية بنائية، وغالباً ما يكون هؤلاء الدعاة ذوي دراسات علمية أكاديمية وشهادات علمية تؤهلهم لهذا العمل، وتكون أحوالهم المادية جيدة وذلك للمقابل المادي الذي يحصل عليه الداعية، فيكون متفرغاً للعمل الدعوي وملتزماً بالخطة الناظمة للعمل الدعوي بشكل عام.

ولذلك وجدنا في الاستبيان الذي تم نشره على تلك الشريحة اهتمامهم بمعرفة أحوال المدعوين من النازحين واحتياجهم الدعوي.

فيقومون بدراسة أحوال النازحين، ويقيمون الاحتياج الدعوي لهم، ويدرسون شرائح مجتمع النازحين من صغار وكبار وذكور وإناث، ومدى استفادة هذه الشرائح من العمل الدعوي، ويقيسون الأثر الدعوي

بعد كل خطة دعوية، وذلك بعملية الاستبيانات، وكذلك بالسؤال المباشر للمدعوين، وملاحظة الالتزام بما يتم دعوتهم إليه.

وعمل هؤلاء الدعاة يعتبر من أنجح أنواع العمل الدعوي لابتعاده عن العشوائية، والفردية.

انظر الشريحة رقم (٣٩):

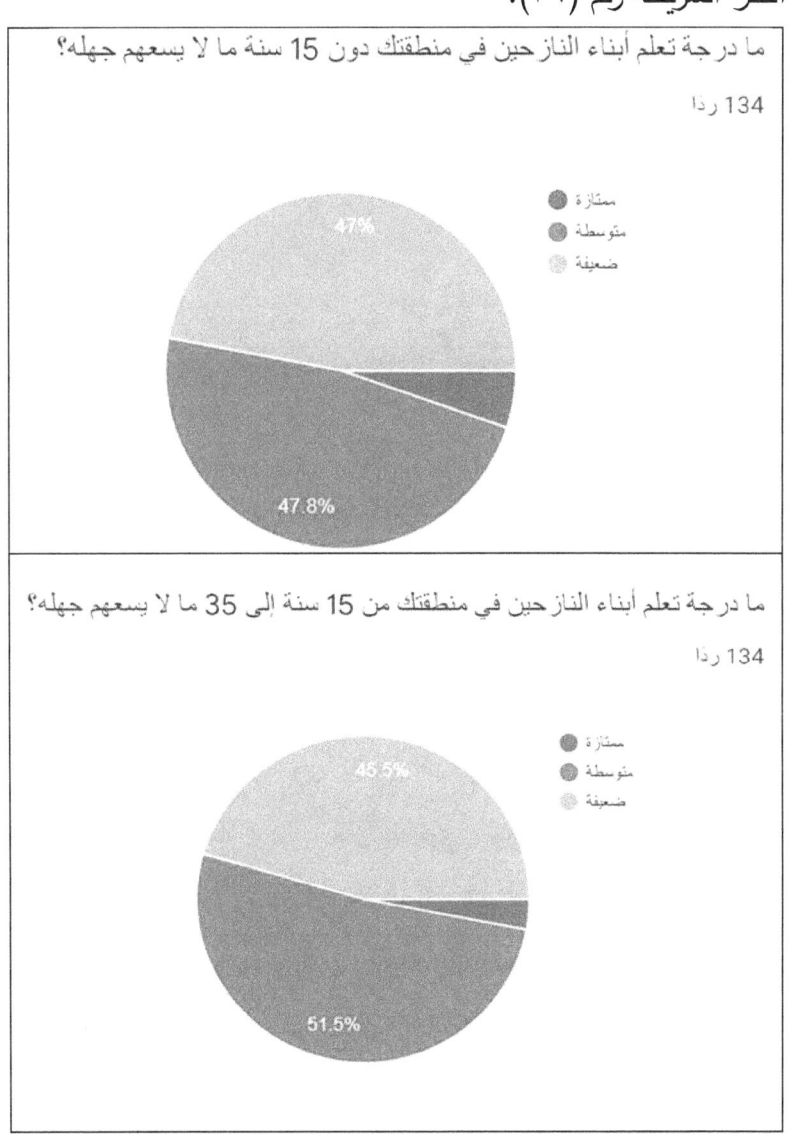

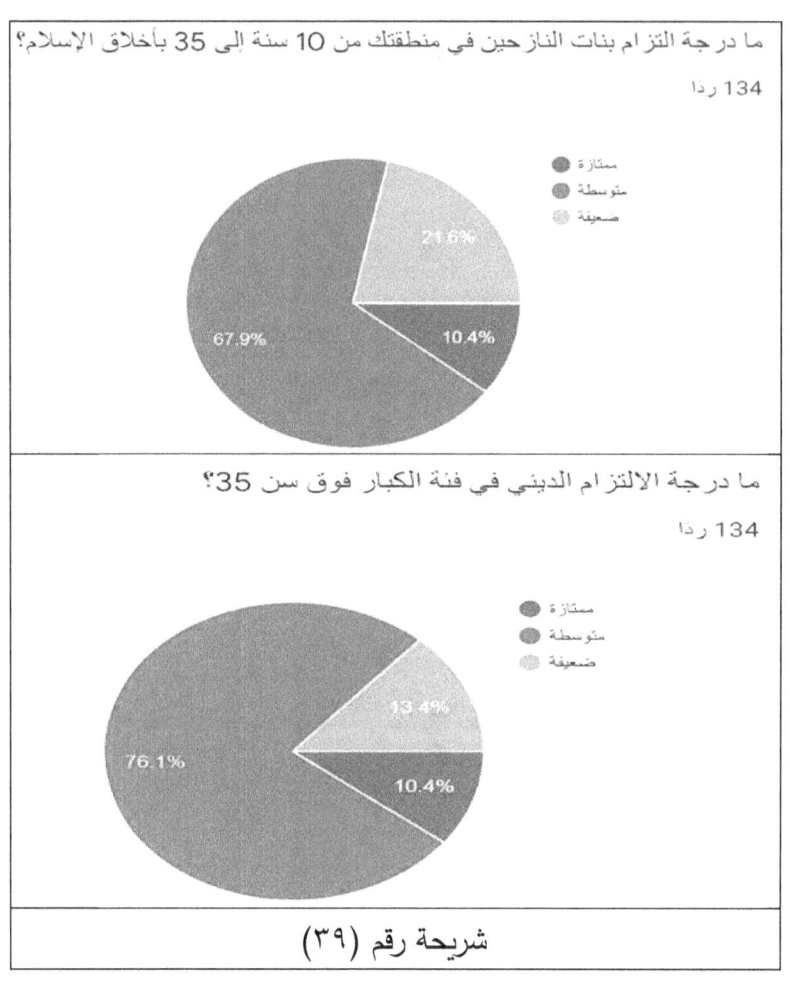

شريحة رقم (٣٩)

٢-دعاة مخلصون ومهتمون بالعمل الدعوي ولكن بشكل غير منظم:
وهم الدعاة العاملون في الحقل الدعوي ولكن لا يرتبطون بعمل منظم، ولا يتبعون لإدارة واحدة تضبط العمل وتضع له الخطط اللازمة لنجاح العمل الدعوي، وهؤلاء الدعاة بحاجة لتوجيه وإدارة، لأن الدعوة عندهم رسالة وهدف في الحياة، لديهم الهمة والنشاط والإخلاص للعمل الدعوي في وسط النازحين، ولكن يبقى أثر العمل الدعوي ضعيفاً لوجود العشوائية والفردية في عملهم، فيقتصر عملهم على عمل الإطفائي

الذي يلاحق الحرائق التي تظهر فجأة، فيقدم دعوته بحسب الاحتياج الآني الذي يراه.

ب-دعاة موظفون: وهم دعاة ليس لديهم همة ونشاط ورسالة، ويعتبر العمل الدعوي وظيفة لكسب المعيشة، وهؤلاء يفتقدون الإخلاص والتفكير في الوسائل المعينة للعمل الدعوي، ويفتقدون الرغبة في الحصول على نتائج لدعوتهم، وغالباً ما يقتصر عملهم على الدعوة المسجدية والتي تتمثل بإقامة الشعائر الدينية في المسجد من الأذان والصلاة، وإقامة صلاة الجمعة والتراويح في رمضان.

وهؤلاء يكون تأثيرهم الدعوي ضعيف ومحدود.

المطلب الثالث: دراسة استبانة عن التحديات الداخلية:

تم توجيه السؤال التالي للإخوة الدعاة العاملين في مخيمات النزوح من وجهة نظرهم:

ماهي التحديات الداخلية للعمل الدعوي وسط النازحين؟

فكانت الإجابات كما يلي: انظر الشريحة رقم (٤٠):

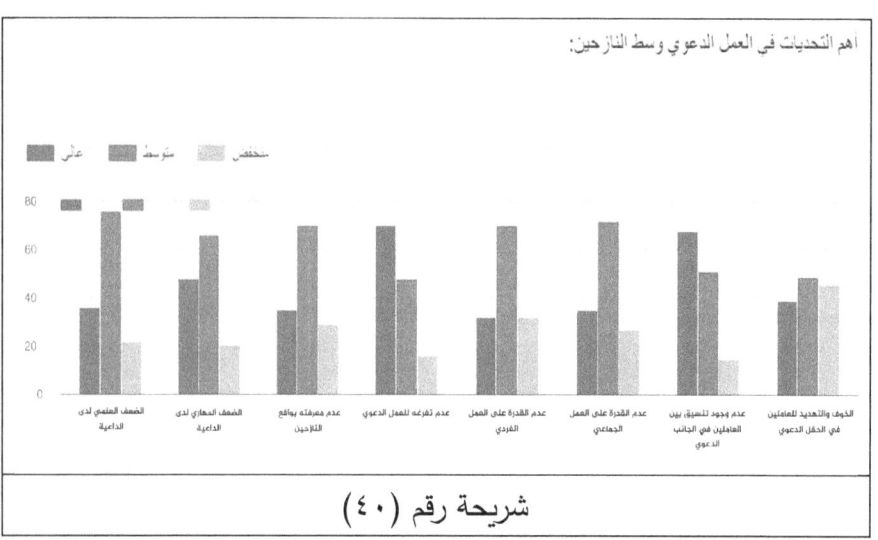

شريحة رقم (٤٠)

١-الضعف العلمي عند الداعية:

أكبر أنواع التحديات: الضعف العلمي عند الداعية، لأن فاقد الشيء لا يعطيه، وكل ما يتعلق بشخصية الداعية وتمكنه العلمي تؤثر في أدائه وقبول المدعوين لدعوته، ومن خلال الاستبيان أكد الدعاة المستهدفون به على ذلك، وزادوا على هذا الأمر ما يلي:

١-حالة الياس والقنوط، التي تعتري الداعية بين الفينة والأخرى. عدد الذين أجابوا بهذه الإجابة (٥١).

٢-فقدان الثقة بالآخرين، وخاصة الدعاة العاملين معه في الحقل الدعوي وسط النازحين. عدد الذين أجابوا بهذه الإجابة (١٦).

٣-انتشار الشبهات الفكرية من شدة الانفلات الى اخر التمييع، مع وجود الضعف العلمي لدى الداعية، والذي لا يحسن الرد عليها فيؤدي ذلك إلى نتائج عكسية. عدد الذين أجابوا بهذه الإجابة (١٣).

٤-ضرورة إقامة الداعية مع النازحين، وذلك ليعرف الاحتياج الدعوي بشكل دقيق، فالعيش في المخيمات والاطلاع على المشكلات التي تقع في المخيمات، فمن يأتي للعمل الدعوي من خارج المخيمات لا يمكنه تصور الأوضاع المعيشية الصعبة، ويبقى تصوره مبنياً على وجهة نظر منقولة من آخر. عدد الذين أجابوا بهذه الإجابة (٣٢).

٢-الضعف المهاري لدى الداعية:

١-الجهل بأساليب الدعوة، ويأتي هذا التحدي الذاتي في المرتبة الثانية بعد الضعف العلمي، فتنوع الأساليب التي يستخدمها الداعية في عمله الدعوي دليل على فهمه وقدرته على إيصال دعوته لجميع الناس، وباعتبار وجود التقدم التقني ووسائل التواصل فإن ذلك يحتم على الداعية أن ينوع بوسائل التواصل والأساليب إيصال الدعوة، فإن ذلك مهم للوصول إلى المدعوين. عدد الذين أجابوا بهذه الإجابة (٩٦).

٢-الصبر في العمل الدعوة، واحتساب الأجر على الله في إيصال الدعوة للنازحين، ويُعلم الحالة النفسية الصعبة التي يعانيها النازحون، والكبت الكبير والقهر، وضيق الصدر من أوضاع المعيشة الصعبة، يدفعهم أحياناً إلى التعامل القاسي مع الداعية، فيجبأن يتحلى بالصبر ويعوِّد نفسه على تحمل هذه المواقف، ويتأسى بالنبي صلى الله عليه

وسلم في دعوته وتبليغه التوحيد للناس. عدد الذين أجابوا بهذه الإجابة (١١٤).

ومما يوصى به في هذا الجانب أن يصبر على كثرة الأسئلة التي تأتيه من الناس، فإنهم في حال لا عهد لهم به سابقاً، فتطرأ لهم من الأسئلة وطلب الفتوى كثيراً فعليه أن يصبر في سبيل تعليمهم والرد على أسئلتهم واستفساراتهم. عدد الذين أجابوا بهذه الإجابة (١٦).

٣- يتأثر الناس بالداعية وينظرون في حاله فيقتدون به في جميع أحواله، وغياب القدوة لدى النازحين يسبب لهم نوعاً من الفراغ النفسي، فقد تعودوا في حياتهم الاعتيادية وجود طلبة العلم والعلماء والمشايخ بينهم، وافتقاد هؤلاء القدوات يسبب لهم فراغاً. عدد الذين أجابوا بهذه الإجابة (٢٧).

٤- الاختلاف بين الدعاة وكل يقول بقول غير قول الآخر مما يشوش على الناس، وهذا من التحديات التي تحتاج على تحديد المرجعية العلمية، والمذهبية الفقهية حتى لا تقع الخلافات بين طلبة العلم والدعاة والمشايخ فتؤثر بشكل سلبي على العمل الدعوي. عدد الذين أجابوا بهذه الإجابة (٩٢).

٣- عدم معرفة واقع النازحين (المدعوين):

معرفة حال المدعوين ضرورة مهمة وهو الركن الثالث من أركان الدعوة، ومن أسس نجاحها أن يكون الداعية مطلعاً على حال المدعوين، وحال المدعوين من النازحين في المخيمات:

١- أصبح همها البحث عن لقمة العيش بسبب الفقر وعدم الاستقرار الاقتصادي. عدد الذين أجابوا بهذه الإجابة (٢٣).

٢-المشاكل الأخلاقية المتنوعة، وتكثر في ظل غياب الرقابة الاجتماعية، والسلطة التنفيذية، أو ضعفها. عدد الذين أجابوا بهذه الإجابة (٣٨).

٣-عدم التجانس بين فئات المجتمع. عدد الذين أجابوا بهذه الإجابة (١٠٨).

٤-الجهل والفقر وفساد بعض إدارات المخيمات. عدد الذين أجابوا بهذه الإجابة (٨٤).

٥-تأثير النزوح على النفوس والشعور بالإحباط. عدد الذين أجابوا بهذه الإجابة (٦٤).

٦-اقتناع الناس بفكر وعقيدة مخالفة لاعتقاد باقي النازحين. عدد الذين أجابوا بهذه الإجابة (١٩).

٧-انتشار الأُمية والجهل، ونقص العملية التعليمية. عدد الذين أجابوا بهذه الإجابة (٤١).

٨-النزوح المتكرر من مكان الى آخر وبحث الناس عن العمل للعيش وانتشار الخوف من القتل والتشرد. عدد الذين أجابوا بهذه الإجابة (٣٨).

٩-حالة عدم الاستقرار النفسي عند النازحين، مع وجود اضطرابات نفسية وعقلية متنوعة. عدد الذين أجابوا بهذه الإجابة (٩).

١٠-عدم التعاون من بعض المدعوين، والسلبية الفردية لدى البعض، من الظروف القاسية التي يعيشونها بسبب ضيق العيش واليأس من المستقبل. عدد الذين أجابوا بهذه الإجابة (٦٥).

٤-عدم التفرغ للعمل الدعوي:

يحتاج الداعية للتفرغ التام لعمله الدعوي، ومن أكثر ما يحتاجه لذلك وجود كفالة مادية تكفه عن العمل في غير الدعوة، وفي ظل قلة الدعم المقدم للجانب الدعوي يضطر الداعية إلى العمل بوظائف أخرى لكسب المال والنفقة على نفسه وأهله، فيقل عدد الدعاة العاملين، أو يقل وقت عملهم في الدعوة لازدحامه مع أوقات العمل الخاص، ومما كتبه الدعاة في هذا الشأن:

١-بسبب عدم التفرغ للعمل الدعوي أدى إلى قلة الدعاة العاملين على الأرض. عدد الذين أجابوا بهذه الإجابة (٣٦).

٢-التفرغ للعمل الدعوي ضرورة لنجاح الدعوة في وسط مخيمات النازحين. عدد الذين أجابوا بهذه الإجابة (٧٤).

٣-من أسباب عدم التفرغ للعمل الدعوي في مخيمات النازحين: ضعف الدعم المادي والمعنوي للدعاة. عدد الذين أجابوا بهذه الإجابة (١٢٤).

٤-قلة المحفزات للدعاة العاملين في المخيمات. عدد الذين أجابوا بهذه الإجابة (٩٣).

٥-عدم القدرة على العمل الدعوي الجماعي:

تنتشر العشوائية وعدم التنظيم والتخطيط لدى بعض الدعاة، ومرد تلك العشوائية في العمل الدعوي إلى افتقاد العمل الجماعي والتخطيط الدعوي المسبق للعمل.

وهذه إجابات الدعاة للاستبيان الذي تم نشره بهذا الخصوص:

١-يد الله مع الجماعة، وكل عمل يقوم به الجماعة ويصدر عن رأي واحد فيهم تكون نتائجه سريعة وقوية. عدد الذين أجابوا بهذه الإجابة (١٢٩).

٢-تكرار المادة الدعوية، من درس أو خطبة مما يسبب الملل والفتور وعدم الرغبة بحضور النشاط الدعوي لدى المدعوين. عدد الذين أجابوا بهذه الإجابة (١٠٢).

٣-العشوائية في اختيار المادة العلمية ونوعها في العمل الدعوي، وقد يكون فيها بعد عن الاحتياج المطلوب مما يسبب للمدعوين النفور من النشاط المقدم. عدد الذين أجابوا بهذه الإجابة (٢٧).

٤-النقص في تنوع المناشط الدعوية، والاقتصار على الفردي منها فقط، ونوصي بإقامة: المنتديات، والمهرجانات، والملتقيات الدعوية، والدورات العلمية الدعوية. عدد الذين أجابوا بهذه الإجابة (٤٢).

٥-يحتاج الناس للتنويع في الخطاب الدعوي، وتتشوق النفوس لكل جديد منها، والبقاء على أسلوب دعوة واحد يسبب الملل فمزمار الحي لا يطرب دائماً. عدد الذين أجابوا بهذه الإجابة (٩).

٦-عدم القدرة على العمل الدعوي الفردي:

يحتاج الداعية للعمل الفردي في سبيل تربية جيل جديد يقوم بهذا الواجب وينقل لهم العلوم الشرعية التأصيلية، وينشئهم على ما لديه من علوم، فالعمل الفردي مطلوب في بابه.

ومما أجاب الدعاة على هذا التساؤل في الاستبيان الخاص بهذا الجانب ما يلي:

١-عدم الاستقرار والأمن في مكان واحد، يؤدي إلى ضياع الجهد والعودة لنقطة الصفر من طلبة جدد في كل حركة نزوح. عدد الذين أجابوا بهذه الإجابة (٧١).

٢-انشغال الطلبة بالبرامج والمناشط العلمية والتدريبية المتنوعة، وحضور الأعمال الجماعية يتسبب في اضطراب البرامج الفردية الخاصة. عدد الذين أجابوا بهذه الإجابة (٣٣).

٣-ضعف الهمة والاهتمام بهذا الجانب عند بعض الدعاة.

٤-وجود الداعية مقيماً في مخيمات النازحين ضروري، فيشاركهم آلامهم وآمالهم، ويكون على اطلاع بأدق التفاصيل التي يحتاجها في عمله الدعوي. عدد الذين أجابوا بهذه الإجابة (١٧).

٥-هناك نوع من فقدان الثقة بطالب العلم الشرعي، والداعية الذي لا يكون مقيماً معهم في مخيمات النزوح، فينظرون إليه كضيف ومنظر يتكلم في غير الواقع. عدد الذين أجابوا بهذه الإجابة (٦١).

٦-قلة الدعاة الذين يحملون هم الدعوة، ويتفرغون لهذا العمل المهم، ويكونوا قدوة للناس في أحوالهم ومقالهم. عدد الذين أجابوا بهذه الإجابة (٣١).

٧-عدم التنسيق بين العاملين في الدعوة في مخيمات النازحين:

تتشابه الأوضاع المعيشية والاجتماعية والدينية بين مخيمات النازحين بشكل كبير، وعند دراسة الأوضاع التي تحتاج لتصحيح ودعوة وتغيير فينبغي أن يكون العمل الدعوي الموجه جماعياً حتى يحصل الأثر المطلوب.

وقد أفاد المستهدفون بالاستبيان عن هذا الأمر بالإجابات التالية:

١-أكبر تحدي هو عدم التنسيق بين الدعاة للعمل بروح الجماعة، وأكثر العمل الدعوي القائم حالياً يقوم على اجتهادات فردية وهذا لا يؤدي إلى الأثر المطلوب. عدد الذين أجابوا بهذه الإجابة (١١).

٢-من أسباب عدم وجود التنسيق كثرة المؤسسات الدعوية وتنوع اتجاهاتها، وغياب التنسيق فيما بينها، مما يؤثر بشكل سلبي على العمل الجماعي بين الدعاة. عدد الذين أجابوا بهذه الإجابة (٤١).

٨-التهديد للعاملين في الدعوة ومنعهم من ممارسة العمل الدعوي:

الشعور بالأمن وعدم المضايقة في العمل الدعوي ضرورة قصوى لنجاحه، وفي ظل انعدام السلطة التنفيذية الكاملة في مخيمات النزوح تكون السلطة للأقوى، وقد يفرض هذا الأقوى أجندة معينة على الدعاة والقائمين على العمل الدعوي فيما لا يوافق ما يدعون إليه منهجاً أ فكراً أو مذهباً، فيؤدي عدم الالتزام بما يريده إلى المنع والملاحقة والتهجير للدعاة، وعن هذا الأمر أجاب المستهدفون من الدعاة بما يلي:

١-تسلط الفصائل والظالم منها، على طلاب العلم والدعاة بسبب المخالفة في المنهج أو الفكر، أدى لتهجير الدعاة أو منعهم من العمل الدعوي، ولربما الاعتقال والسجن. عدد الذين أجابوا بهذه الإجابة (١٠٤).

٢-لا تستطيع ان تدعو بحرية تجد نفسك مقيد ومحاسب. عدد الذين أجابوا بهذه الإجابة (٢٨).

٣-تعدد الجهات والفصائل المتنفذة في المنطقة الواحدة، مع اختلاف الفكر والمنهج يضع الداعية في موقف صعب في التعامل والخطاب الدعوي. عدد الذين أجابوا بهذه الإجابة (٩٣).

٤-اتباع نهج معين من فئة متحكمة ونشر أفردها الموالين لها، وفتح المجال لهم ومنع الآخرين. عدد الذين أجابوا بهذه الإجابة (٧٠).

٥-ضرورة الحصول على الترخيص لاي عمل دعوي، ووضع العراقيل والصعوبات في الحصول عليه لمن يخالف المنهج والفكر. عدد الذين أجابوا بهذه الإجابة (٨٧).

٦-عدم حماية طالب العلم وجعل طالب العلم لقمة سائغة لكل متسلط. عدد الذين أجابوا بهذه الإجابة (١٠٤).

- **تحديات أخرى كتبها الدعاة المستهدفون بالاستبيان:**

٩-عدم وجود وسائل معينة للعمل الدعوي:

١-مكان الدعوة واللقاء مع المدعوين يحتاج لتهيئة من اتساع المكان لأكبر عدد ممكن من المدعوين، ومعلوم ضيق الأماكن في مخيمات النزوح فتعد من التحديات. عدد الذين أجابوا بهذه الإجابة (١١٧).

٢-عدم الانضباط بالبرنامج الدعوي من قبل بعض الدعاة مما يسبب خللاً في النتائج. عدد الذين أجابوا بهذه الإجابة (٢١).

٣-قلة الوسائل الدعوية ونقص الإمكانيات. عدد الذين أجابوا بهذه الإجابة (١٣٢).

٤- العمل الدعوي التقليدي، وضعف استخدام وسائل التواصل الاجتماعي في العمل الدعوي. عدد الذين أجابوا بهذه الإجابة (٥٧).

٥-الحاجة لوسائل المواصلات والانتقال بين المخيمات وتواجد الناس، وندرة وجود مكان ملائم (مساجد – قاعات) مهيأة للعمل الدعوي. عدد الذين أجابوا بهذه الإجابة (٢٤).

٦-توجه الناس للدورات التنموية أكثر من الدعوية بسبب تردي الوضع المعيشي، طلباً للحصول على الوظائف وفرص العمل، عدد الذين أجابوا بهذه الإجابة (٣٢).

الفصل الرابع: سبل علاج التحديات التي تواجه العمل الدعوي في مخيمات النازحين السوريين:

وفيه مبحثان:

المبحث الأول: السبل المقترحة لعلاج التحديات الخارجية:

المبحث الثاني: السبل المقترحة لعلاج التحديات الداخلية:

المبحث الأول: السبل المقترحة لعلاج التحديات الخارجية:

وفيه مطلبان:

المطلب الأول: الوسائل المتيسرة لتحقيق هذه المقترحات.

المطلب الثاني: دراسة استبانة عن هذا المطلب.

المطلب الأول: الوسائل المتيسرة لتحقيق هذه المقترحات:

١- **المساجد:**

للمساجد تأثير عظيمٌ في الإسلام، إنها بيوتُ الله تعالى (وَأَنَّ الْمَسَاجِدَ لِلَّهِ فَلَا تَدْعُوا مَعَ اللَّهِ أَحَدًا)[١]، وهي خيرُ الأماكن لتربية المسلمين؛ قال تعالى:(إِنَّمَا يَعْمُرُ مَسَاجِدَ اللَّهِ مَنْ آمَنَ بِاللَّهِ وَالْيَوْمِ الْآخِرِ وَأَقَامَ الصَّلَاةَ وَآتَى الزَّكَاةَ وَلَمْ يَخْشَ إِلَّا اللَّهَ ۖ فَعَسَىٰ أُولَٰئِكَ أَن يَكُونُوا مِنَ الْمُهْتَدِينَ)[٢] وفي ظل النزوح والعيش في المخيمات عاد للمساجد دورها في التربية والتعليم والدعوة بشكل كبير في حياة النازحين، فخطبة الجمعة أصبح لها دور كبير في التوجيه والإرشاد والتربية، كما كانت في عهد النبوة، فعن ابن عباس رضي الله عنهما قال: [خرجت مع النبي صلى الله عليه وسلم يوم فطر أو أضحى فصلى ثم خطب ثم أتى النّساء فوعظهن وذكّرهن وأمرهن بالصدقة][٣]، ولها دور كبير في توعية النازحين، فيجب عليهم جميعاً حضورها فيستمعون لما يوجههم إليه الخطيب، وكذلك للمواعظ بعد الصلوات، وحلقات تحفيظ القرآن الكريم وتعليم ما لا يسع المسلم جهله.

فالمساجد هي أفضل الوسائل المعينة للرد على التحديات الخارجية جميعاً التي تهدد الحياة الدينية والأخلاقية لمجتمع النازحين في المخيمات.

٢- **المدارس والجامعات:**

---

(١) سورة الجن الآية ١٨.

(٢) سورة التوبة ١٨

(٣) أخرجه البخاري، كتاب الأذان، باب وضوء الصبيان، ومتى يجب عليهم الغسل والطهور، وحضورهم الجماعة والعيدين والجنائز، وصفوفهم، حديث رقم ٨٣٩

ينبغي أن تأخذ المدارس والجامعات دورها في توضيح مؤامرات الأعداء ومكائدهم للنيل من أبناء المسلمين، وهي الأماكن الصحيحة التي ترد على الشبهات التي يبثها الأعداء بين أبناء المسلمين، وكما ينبغي العناية بالمناهج التي يدرسها الطلاب.

٣- **وسائل التواصل الاجتماعي:**

في ظل تطور وسائل التواصل (السوشيال ميديا[1]) واعتماد الناس عليها كثيراً في التواصل فيما بينهم، فينبغي للداعية أن يستغل هذه الوسائل فيرسل رسائل الدعوة ورسائل التوجيه والتربية والإرشاد، ويمكن أن يرسل رسائل للتحذير من المكائد والشبهات التي يبثها الأعداء.

٤- **المحاضرات واللقاءات العلمية:**

اللقاءات العلمية مع الناس عامة ومع طلبة العلم والمتخصصين لها أهمية كبيرة، وخاصة في ظل ضعف العملية التعليمية أو توقفها في بعض المخيمات، فلهذه المحاضرات واللقاءات دور توعوي ودعوي كبير، وفي مخيمات النزوح ابتكر بعض الدعاة طريقة للمحاضرات واللقاءات العلمية مع العلماء الكبار عبر وسائل الاتصال والتواصل على الانترنت، فكانت لقاءات ناجحة وأدت الغرض المطلوب منها.

٥- **الدورات العلمية المتخصصة:**

نظراً للضعف العلمي الذي يعاني منه بعض الدعاة، فقد أقامت كثر من الروابط العلمية العاملة في مخيمات النازحين، دورات علمية متخصصة في معظم العلوم الإسلامية والمهارية، وبناء الشخصية الدعوية.

---

(1) مصطلح يطلق على مجموعة من برامج التواصل: الفيسبوك، الواتساب، تويتر، انستغرام، التيلغرام، يوتيوب.

وكان لهذه الدورات المتخصصة نفع كبير، ومن أهم هذه الدورات: دورة في القضاء، ودورة في الخطابة، ودورة في التعامل مع المخالف، ودورة في الغلو، ودورة في معالجة الشبهات العقدية، ودورة في العلوم الشرعية التأصيلية(1).

وقد تكررت هذه الدورات بشكل كبير بين طلبة العلم النازحين، وكان لها أثر كبير في توحيد الجهود الدعوية، وقلة الخلافات العلمية، وإنهاء كثير من الانشقاقات في العمل الدعوي.

---
(1) وقد كانت لي فيها مشاركات متعددة (مدرباً ومتدرباً).

المطلب الثاني: دراسة استبانة عن هذا المطلب:

سبق الكلام في الفصل السابق عن التحديات الخارجية للعمل الدعوي وسط مخيمات النازحين والتي تتمثل بما يلي:

التحدي الأول: الدعوة لديانات أخرى، (عمليات التنصير).

التحدي الثاني: الشبهات الفكرية التي تحارب مسلمات الدين الإسلامي.

التحدي الرابع: الدعوة إلى عقيدة التكفير للمسلمين، والحكم عليهم بالردة.

التحدي الخامس: فرض ثقافة الحرية غير المنضبطة بأخلاقيات المجتمع والدين.

والكلام هنا عن علاج هذه التحديات وفق الاستبيان المخصص لهذه التحديات والذي تم طرحه على الدعاة، فكانت الإجابات وفق ما يلي:

التحدي الأول: الدعوة لديانات أخرى، (عمليات التنصير):

في بداية النزوح إلى المخيمات، نشطت الجمعيات العاملة في مجال الإغاثة وتقديم المساعدات الإنسانية للنازحين، ووصلت إلى المخيمات منذ عام ٢٠١٢م، وكانت هذه المنظمات على ثلاثة أنواع: منها ما يقدم المساعدات الإنسانية تحت هذا المسمى فقط، ومنها ما كان يقدم المساعدات مع دعوة النازحين إلى دين آخر، ومنها ما كان يقدم المساعدات داعياً إلى فكر ومنهج معين، مستغلين حاجة النازحين للمساعدات الطبية والنفسية والغذائية والتعليمية، لنشر ما يريدونه من أديان أو مذاهب أو مناهج.

وقد تم السؤال عن علاج هذه المشكلة على الدعاة في الاستبيان فكانت الإجابات وفق التالي:

١- فضح وطرد المنظمات التنصيرية، وإيقافها ومنعها من العمل في مخيمات النازحين وفق القوانين الدولية. عدد الذين أجابوا بهذه الإجابة (١٢٨).

٢- تحذير الناس من التعاون مع هذه المنظمات في خطب الجمعة وبيان ما يسببونه من مشاكل على الدين واللحمة الاجتماعية. عدد الذين أجابوا بهذه الإجابة (٩٣).

٣- جمع الأدلة على قيام هذه الجمعيات بهذا العمل وتقديمها للمحاكم لمحاسبة العاملين معها، ومنعهم من مزاولة أي عمل إغاثي. عدد الذين أجابوا بهذه الإجابة (٣٢).

٤- إقامة ملتقيات دعوية عامة، ومسابقات علمية وتقديم الجوائز، لفضح مؤامرات هذه الجهات التنصيرية. عدد الذين أجابوا بهذه الإجابة (١٩).

٥- دراسة الآثار التي وقعت على النازحين وأبناءهم جراء هذا العمل التنصيري، والعمل على رده ومساعدتهم في تخطي آثاره. عدد الذين أجابوا بهذه الإجابة (٦).

التحدي الثاني: الشبهات الفكرية التي تحارب مسلمات الدين الإسلامي:

الشبهات الفكرية التي دخلت على سوريا بعد الثورة كثيرة ولكن المطلوب ما أتى من الخارج وعلى رأسه الخطاب التجديدي، ومناقشة مسلمات الدين والتي تلقتها الأمة بالقبول، واتفقت عليها جميع الفرق الإسلامية، ولغياب مرجعية إسلامية قوية ذات سلطة انتشرت هذه الشبهة بدعم مالي وإعلامي، والهدف منها تشكيك المسلمين بمرجعيتهم الدينية، وقد تم السؤال عن علاج هذه المشكلة على الدعاة في الاستبيان فكانت الإجابات وفق التالي:

١- الالتزام بما يصدر عن المجلس الإسلامي السوري في هذا الشأن، كونه المرجعية الأكبر لعلماء سوريا. عدد الذين أجابوا بهذه الإجابة (٨٦).

٢- إقامة لقاءات علمية لتحديد مفهوم المصطلحات المنتشرة، وبيان الموقف الشرعي منها على غرار ما يقوم به مركز الحوار السوري. عدد الذين أجابوا بهذه الإجابة (٢٧).

٣- توجيه الخطباء لتخصيص خطب الجمعة لتوضيح الرأي الشرعي الصحيح الذي يصدر عن علماء الشام بهذا الخصوص، وتوجيه الناس لهذا الأمر. عدد الذين أجابوا بهذه الإجابة (٥٢).

٤- ترك الحديث عن هذا الأمر، كونه باطل وإماتة الباطل بترك نشره. عدد الذين أجابوا بهذه الإجابة (١٣).

التحدي الثالث: الدعوة إلى عقيدة التكفير للمسلمين، والحكم عليهم بالردة:

الحكم على المسلمين بالردة وتكفيرهم فتنة قديمة، تم استغلالها لقتل أهل السنة بأهل السنة، وقد أثارها وعمل على إذكاء هذه الفتنة أعداء أهل السنة من الرافضة في العراق ثم انتشرت في بلاد العالم الإسلامي، واستطاع النظام السوري في خطته لتجييش هذا الفكر في السجون أن يهيئ لهذا الفكر قادة فكر وعقيدة تدخلت مخلصة لهذا الفكر في قتل أهل السنة وإبادتهم بالحكم عليهم بالردة لموالاة الكفار حسب زعمهم.

وقد تم السؤال عن علاج هذه المشكلة على الدعاة في الاستبيان فكانت الإجابات وفق التالي:

١- نشر العلم الشرعي الصحيح الوسطي البعيد عن الغلو والفكر المتطرف، وتقرير المناهج العلمية الوسطية. عدد الذين أجابوا بهذه الإجابة (١١٣).

٢-محاربة فكر الغلو في كل منابر الدعوة والتعليم وبيان فساده وأنه قد تم نشره لتفريق المسلمين وإلقاء العداوات والبغضاء بينهم. عدد الذين أجابوا بهذه الإجابة (٨٢).

٣-تأليف الكتب وإصدار المنشورات في الرد على شبهات التكفيريين، وكذلك إقامة الدورات العلمية والمحاضرات المتخصصة للرد على الفكر التكفيري وبيان عواقبه، على غرار ما قامت به هيئة الشام الإسلامية. عدد الذين أجابوا بهذه الإجابة (٧٦).

٤-استخدام وسائل التواصل الاجتماعي لتنبيه الناس وإرشادهم للفكر الوسطي والتحذير من الفكر المتطرف، والاستفادة من القنوات الفضائية لنشر ثقافة الوسطية ومحاربة الغلو. عدد الذين أجابوا بهذه الإجابة (٤٨).

التحدي الرابع: فرض ثقافة الحرية غير المنضبطة بأخلاقيات المجتمع والدين:

من الدعوات التي حرصت عليها بعض المنظمات المهتمة بجانب المرأة وإشاعة مفهوم (الجندرة[١])، وكذلك المنظمات الطبية النفسية والتي تهتم بمعالجة آثار الحروب النفسية، ويتبع لهن تلك المنظمات التي تعتني بالتعليم والتنمية البشرية، تحرص على إشاعة مبدأ الحرية غير المنضبطة بأخلاق الدين والمجتمع والتمرد عليها، بحجة الحرية الشخصية وضرورة

(١) يطلق مصطلح النوع الاجتماعي" الجندرة" على العلاقات والادوار الاجتماعية والقيم التي يحددها المجتمع لكل من الجنسين (الرجال والنساء)، وتتغير هذه الادوار والعلاقات والقيم وفقا" لتغير المكان والزمان وذلك لتداخلها وتشابكها مع العلاقات الاجتماعية الاخرى مثل الدين، الطبقة الاجتماعية، العرق،... الخ . وبالرغم من ان هذه العلاقات متغيرة في مؤسسات المجتمع المختلفة الا ان جميع هذه المؤسسات تقاوم التغيير. https://ar.wikipedia.org/wiki/

حصول المرأة على حقوقها، وعتقها من حياة التسلط الديني والاجتماعي القائم.

ومما حرص عليه هؤلاء نشر الإلحاد وبذر هذه الخبيثة بين شباب المسلمين خاصة، وإثارة هذه الأفكار بدعوى حرية التفكير والخروج عن المألوف في ذلك.

وقد تم نشر استبيان عن الإلحاد وأسبابه في مجتمع النازحين.

انظر الشريحة رقم (٤١):

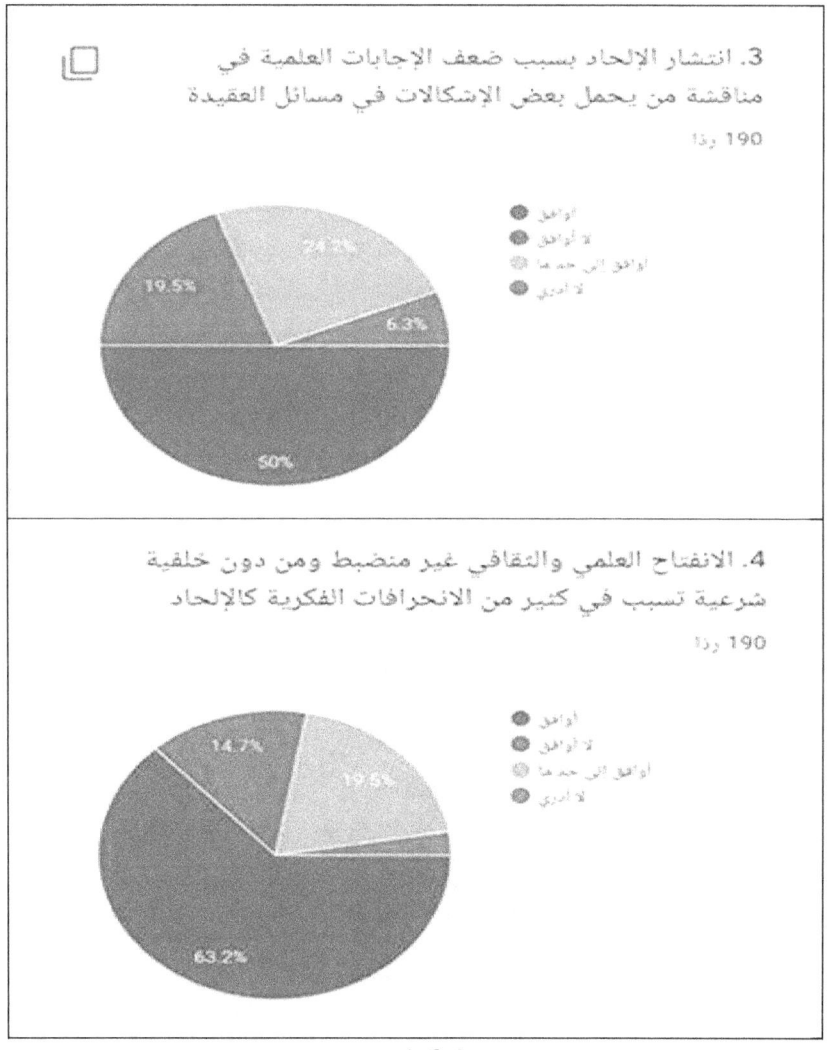

5. وسائل التواصل الحديث (توتير/ فيس/...) ساهمت بشكل كبير في انتشار الإلحاد في المجتمع

190 ردًا

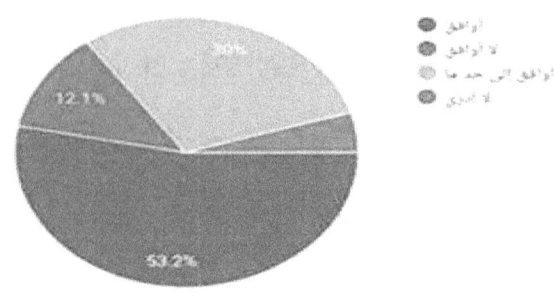

6. غياب دور العلماء الشرعيين والمفكرين الإسلاميين عن الساحة الفكرية تسبب في زيادة انتشار ظاهرة الإلحاد في المجتمع

190 ردًا

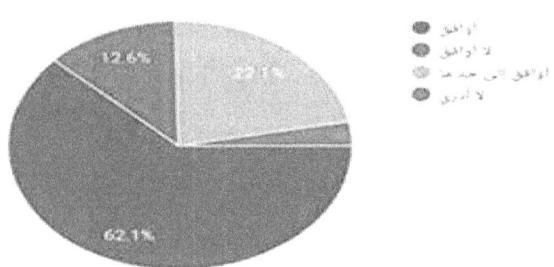

7. السفر والهجرة القسرية بسبب الحرب الدائرة في البلد السوري إلى بلاد الغرب من دون علم شرعي تسبب انتشار الإلحاد

190 ردًا

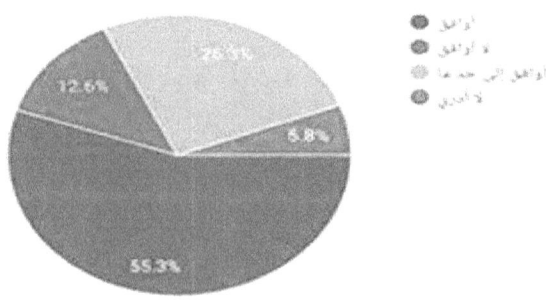

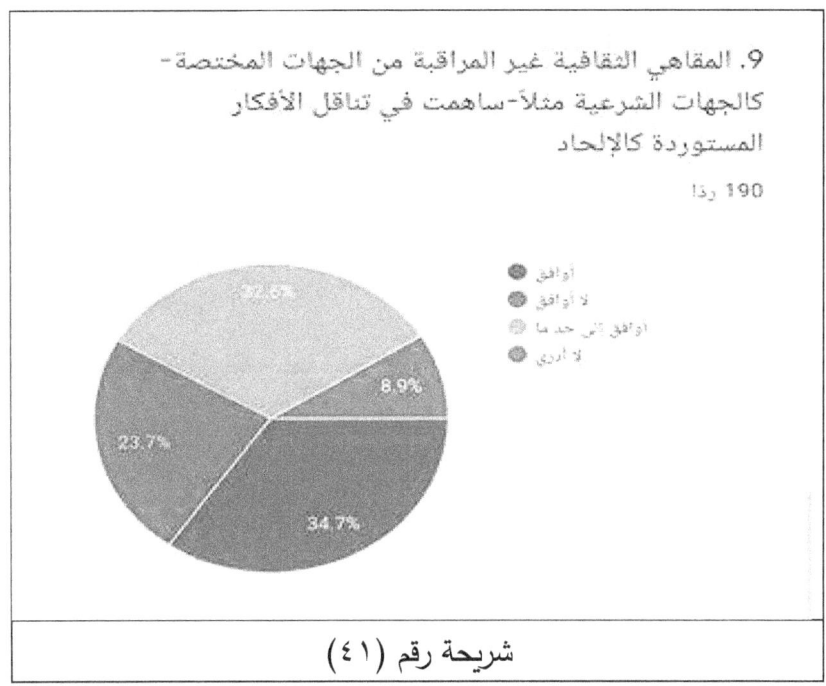

شريحة رقم (٤١)

وقد تم السؤال عن علاج هذه المشكلة على الدعاة في الاستبيان فكانت الإجابات وفق التالي:

١- منع المنظمات التي يثبت عليها القيام بنشر هذه الأفكار من العمل وسط مخيمات النازحين. عدد الذين أجابوا بهذه الإجابة (٩٤).

٢- تأصيل المفاهيم الشرعية وضوابطها وخاصة فيما يتعلق بالحرية، وأن الحرية لا تعني الخروج على شرع الله. عدد الذين أجابوا بهذه الإجابة (٢٧).

٣- الجلسات والزيارات الخاصة لتجمعات الشباب، والمناقشة الهادئة معهم، وتبيين الرأي الشرعي وتوجيه ووعظ وإرشاد له دور كبير في تصحيح مسارهم وفكرهم. عدد الذين أجابوا بهذه الإجابة (٣٧).

٤- لا أرى نشر هذه الأمور على المنابر العامة كمنبر الجمعة مثلاً، لما لذلك من دور سلبي قد يكون غير مقصود، فيعطي نتائج عكسية، وقد

١٩٣

تدفع الآخرين بهدف حب الاستطلاع فيقعون في الشِّرك. عدد الذين أجابوا بهذه الإجابة (١٩).

٥-أهل السنة في الشام لديهم عقيدة فطرية ومناعة قوية من هذه الشبهات، ويكفي التذكير بثوابت الدين لنسف هذه الترهات. عدد الذين أجابوا بهذه الإجابة (٨).

- نلاحظ في الشريحة رقم (٤٢) الاهتمامات في ما يتم التركيز عليه دعوياً وسط النازحين:

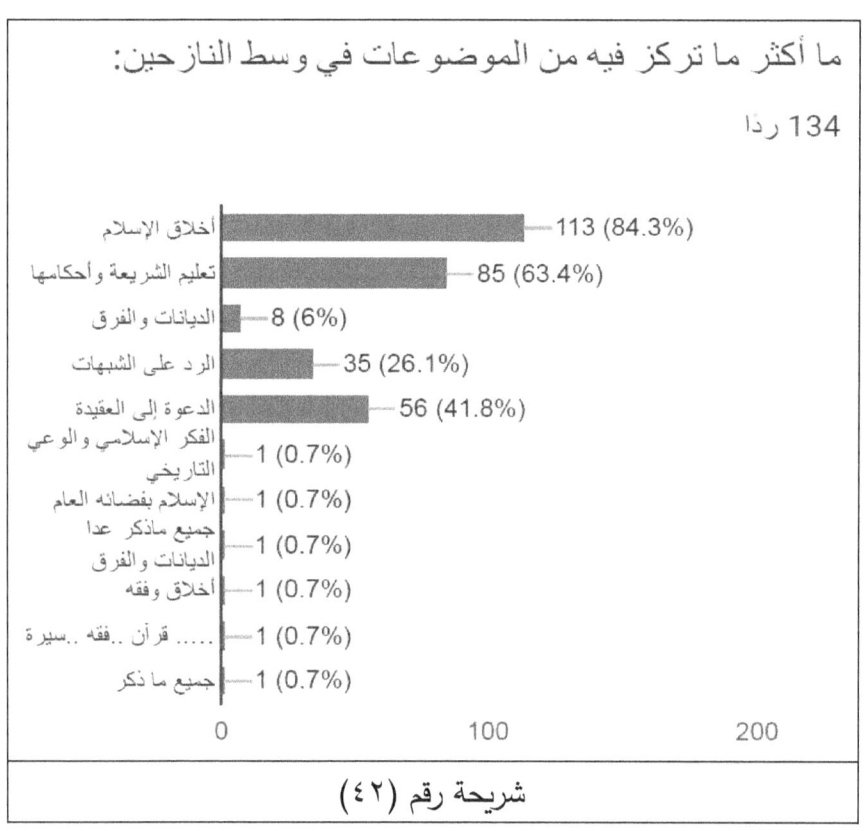

شريحة رقم (٤٢)

المبحث الثاني: السبل المقترحة لعلاج التحديات الداخلية:

وفيه مطلبان:

المطلب الأول: الوسائل المتيسرة لتحقيق هذه المقترحات.

المطلب الثاني: دراسة استبانة عن هذا المطلب.

المطلب الأول: الوسائل المتيسرة لتحقيق هذه المقترحات:

تم تحديد التحديات الداخلية في مبحث سابق بأنها:

أ-تحديات ذاتية: تتعلق بذات الداعية ومستواه العلمي والمهاري والقدرة على التعامل مع المدعوين، والكفاية المادية.

ب-تحديات غير ذاتية: وهي التحديات المجتمعية، والتبعية لجهة معينة، والدعم الفني وهو ما يحتاجه الداعية من أمور تساعده في دعوته من أجهزة ومواد دعوية، وعدم وجود تنسيق دعوي بين العاملين في الدعوة.

والوسائل الدعوية تنقسم إلى قسمين:

١-وسائل دعوية تقليدية:

تتمثل الوسائل الدعوية التقليدية بالتزام المساجد وما يكون فيها من وسائل متاحة.

فإقامة الشعائر الدينية يعتبر ذلك من أكبر الوسائل الدعوية، فإظهار الأذان خمس مرات في اليوم وإقامة فروض الصلوات الخمس فيه إظهار لشعائر هذا الدين، وتذكير للناس بها بشكل دائم، قال تعالى: (ذَٰلِكَ وَمَن يُعَظِّمْ شَعَائِرَ اللَّهِ فَإِنَّهَا مِن تَقْوَى الْقُلُوبِ (٣٢))[1]، وإقامة صلوات الجمعة كل أسبوع، والتي تجب على كل مسلم بالغ عاقل مقيم، وصلاة العيدين، فهذه الصلوات تشتمل غير إقامة الشعائر فيها التوجيه والإرشاد، ومعالجة الأمراض الاجتماعية والعقدية، وأمراض الشبهات، وتعتبر أقوى وأفضل الوسائل لدعوة النازحين في المخيمات، ولا يخفى دور المسجد في الإسلام، الذي كان مكان إقامة شعائر الدين ومكان التعليم، ومكان الوعظ والإرشاد وإقامة الأحكام، وقد كان إقامة المسجد

---

(١) سورة الحج آية رقم ٣٢

وبناؤه أول الأعمال التي قام بها رسولنا العظيم صلى الله عليه وسلم، لما له من دور مهم في حياة المسلمين.

ويحرص الدعاة على إعادة الدور الحقيقي للمسجد في ظل ضيق الأماكن العامة للاجتماعات، ففضلاً على إقامة الشعائر والصلوات، تقام حلقات التعليم الشرعي، وحلقات تعليم وتحفيظ القرآن الكريم، والتي انتشرت انتشاراً كبيراً في مخيمات النازحين السوريين، فلا يوجد مخيم إلا وتوجد به حلقات متعددة، للنساء والرجال، ولكن في أوقات مختلفة منعاً للاختلاط.

كما كانت المساجد مكاناً للتعليم الشرعي، كانت تعلم العلوم الأخرى كالرياضيات والعلوم البحتة، فاستعاضوا بها عن المدارس وقلتها. كما أن المساجد أصبحت مكاناً لإقامة الدورات العلمية والتدريبية المهارية، وذلك لقلة وندرة أماكن الاجتماعات.

وعلينا أن نضع في الحسبان بأن المساجد المنتشرة في مخيمات النازحين ليست مبنية من الحجارة والاسمنت، بل غالباً ما تكون عبارة عن خيمة كبيرة، يجتمع الناس فيها وتقام فيها المناشط المتنوعة، وإن كان في الفترة الأخيرة بدأت المساجد تبنى بالبناء المسلح والاسمنت، نظراً لطول فترة النزوح، واهتراء الخيام من حرارة الشمس وصقيع الشتاء.

٢-وسائل دعوية حديثة وهي نوعان:

أ-مباشرة: وهي ما يحتاجها الدعاة في الأماكن التي يقيمون فيها المناشط الدعوي، ولا توجد فيها التجهيزات اللازمة، من إضاءة وأجهزة الصوت وفرش للجلوس، وأدوات عرض.

وهذه المهرجانات الدعوية لها دور كبير في توجيه الناس وعلاج المشاكل العامة التي تظهر في مجتمعات النازحين.

ولقد انتبه لها الدعاة ولدورها المباشر على الناس، فأقاموا مهرجانات دعوية، تم الإعداد لها بالإعلان وتجهيز البرنامج والمواد الدعوية التي ستعرض، وكان لوجود المسابقات والتكريم للفائزين دور كبير في تحفيز النازحين للحضور والمشاركة، وغالباً أن يكون فيها توزيع للمنشورات والمطويات الدعوية، والكتب الصغيرة والمتون العلمية.

ب- غير مباشرة: ونعني بها الدعوة عبر وسائل التواصل الحديثة، وذلك عبر (الواتساب والفيسبوك والتيلغرام والانستغرام واليوتيوب) وقد تنبه لها الدعاة ولتأثيرها خاصة على فئة الشباب الذين يقضون كثيراً من أوقاتهم على متابعة هذه الوسائل، فأوجدوا المجموعات الدعوية على جميع هذه الوسائل، ويتم توجيه الرسائل بأنواعها (المكتوبة والصوتية والمرئية) لتوجيه النازحين في شتى شرائحهم بالحكمة والموعظة الحسنة، واستخدام القصص والرسائل القصيرة لإيصال المعلومة بأبسط أسلوب.

هذه الوسائل المتاحة للدعاة في أعمالهم الدعوية، والتي يستخدمونها في دعوتهم في مخيمات النزوح، وعلينا ألا نغفل جانب تفاوت مستوى الدعاة العلمي والمهاري فلا يحسن الجميع هذه الوسائل.

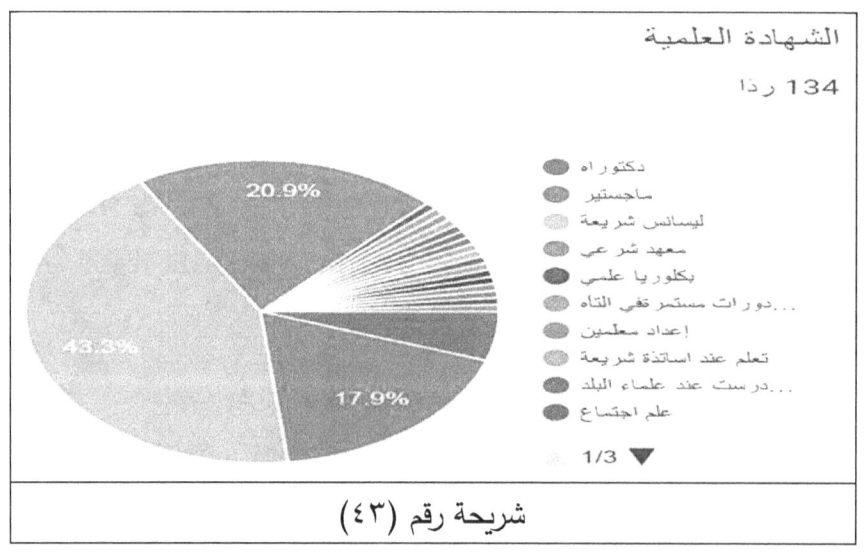

شريحة رقم (٤٣)

المطلب الثاني: دراسة استبانة عن هذا المطلب:

أ-تحديات ذاتية:

١- علمية:

وقد تم السؤال عن علاج مشكلة الضعف العلمي عند بعض الدعاة، وفق الاستبيان فكانت الإجابات وفق التالي:

١-إقامة الدورات العلمية المباشرة، وأرى أنها أنسب الحلول لتلافي القصور العلمي لدى بعض الدعاة، فالنقص يصيب الجميع، وخاصة الدورات العلمية المتخصصة للعلوم التأصيلية في العقيدة ومصطلح الحديث، وأصول الفقه، الفرائض. عدد الذين أجابوا بهذه الإجابة (٦٢).

٢-حضور الدورات العلمية عن بعد، عن طريق وسائل التواصل الافتراضية، وذلك لصعوبة حضور العلماء والمشايخ بشكل مباشر لمخيمات النازحين. عدد الذين أجابوا بهذه الإجابة (٣٧).

٣-مما أنعم الله به علينا في هذه الأيام وجود أكاديميات ومنصات تعليمية تهتم بالعلوم الشرعية، يمكن الوصول إليها عبر النت، مثل منصات: زاد، صناعة المحاور، معاهد. وقد استفاد منها الدعاة كثيراً. عدد الذين أجابوا بهذه الإجابة (٢٢).

٤-متابعة الدراسة الأكاديمية، خاصة في المناطق التي تتوفر فيها فرصة الالتحاق بالجامعات ومتابعة الدراسة العليا. عدد الذين أجابوا بهذه الإجابة (١٩).

٥-الارتباط بعلماء المجلس الإسلامي والتتلمذ على أيديهم، فمنهم من هو موجود في المخيمات وفي أماكن يمكن للدعاة أن يصلوا إليهم ويستزيدوا من العلم الشرعي. عدد الذين أجابوا بهذه الإجابة (١٢).

٢-مهارية:

وقد تم السؤال عن علاج مشكلة الضعف المهاري عند بعض الدعاة، وفق الاستبيان فكانت الإجابات وفق التالي:

١-إقامة الدورات المباشرة المتخصصة في رفع سوية أداء الدعاة، وبالحضور الفيزيائي، وقد أقيمت دورات كثيرة في هذا الجانب، وأكثر المنظمات والهيئات التي تهتم بجانب التدريب: هيئة الشام الإسلامية، رابطة العلماء السوريين، منظمة بناء الإنسان، منظمة الأمل. عدد الذين أجابوا بهذه الإجابة (٧٤).

٢-متابعة البرامج المتخصصة في اكساب الداعية مهارات التواصل، وهي موجودة بكثرة على المنصات التعليمية والتدريبية على الانترنت. عدد الذين أجابوا بهذه الإجابة (٢٢).

٣-مصاحبة الدعاة والمشايخ والعلماء الأكبر سناً للاستفادة من خبراتهم، ومهاراتهم في التواصل والتعامل مع المدعوين. عدد الذين أجابوا بهذه الإجابة (١٧).

٤-حضور دورات التنمية البشرية، ومعرفة أنماط الناس، وكيفية الوصول إلى قلوبهم والتأثير عليهم. عدد الذين أجابوا بهذه الإجابة (٩).

٣-الكفاية المادية:

وقد تم السؤال عن علاج مشكلة الضعف المادي عند بعض الدعاة، وفق الاستبيان فكانت الإجابات وفق التالي:

١-الاعتماد على النفس في الحصول على الكفاية المادية، والجمع بين طلب المعيشة والعمل الدعوي. عدد الذين أجابوا بهذه الإجابة (٤٣).

٢-الحصول على كفالة داعية من أحد الجهات المانحة، حيث تقدم بعض المنظمات مكافأة للداعية الذي يعمل بشكل جماعي، ضمن فريق دعوي، وعمل مؤسساتي متكامل. عدد الذين أجابوا بهذه الإجابة (٨٦).

٣-الحصول على الكفاية المادية عن طريق التبرعات، وما يقدمه رواد المساجد من أهل المخيم وغيرهم، وهو أسلوب يعرفه أهل الشام في جمع راتب الشهر للإمام والخطيب بعد كل صلاة جمعة أو عيدين، لكون الدولة لا تقدم الرواتب لجميع المساجد. عدد الذين أجابوا بهذه الإجابة (٧١).

٤-لدي أبناء يعملون ويكفونني المطالب المادية، وأنا متفرغ للعمل الدعوي، ولا أحمل هم الكفاية المادية. عدد الذين أجابوا بهذه الإجابة (٧).

انظر الشريحة رقم (٤٤)

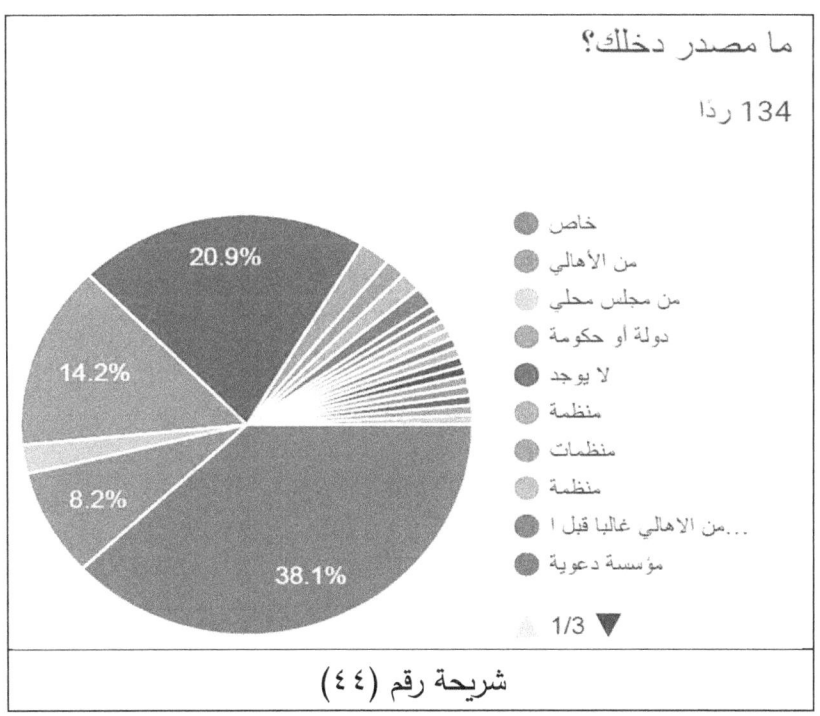

شريحة رقم (٤٤)

ب-تحديات غير ذاتية:

١- مجتمعية:

ونعني بها التحديات التي تكون من المجتمع المحيط بالداعية، من اختلاف الدين والأعراف الاجتماعية، واختلاف المذهب والمنهج الفكري والديني والعقدي، وهي مشكلات حرص نظام الأسد على تأصيلها في نفوس أهل سوريا، وبالتالي أصبح هناك نوع من التعصب القومي والعرقي والديني.

وقد تم السؤال عن علاج مشكلة اختلاف تجانس المجتمع، وما ينتج عن ذلك من مشاكل وطرق علاجها على بعض الدعاة، وفق الاستبيان فكانت الإجابات وفق التالي:

١-ضرورة معرفة أحوال المجتمع النازح ووضعه الديني والأخلاقي، وتقييم ذلك الوضع بشكل مناسب، يعين الداعية على توجيه الخطاب الدعوي، واختيار المناسب لهم. عدد الذين أجابوا بهذه الإجابة (٨١).

٢-تصنيف مجتمع المخيمات وتصنيف شرائحه، ومعرفة المستوى العلمي والديني لهذا المجتمع، وهل هو مجتمع واحد قبل النزوح وبعده؟ أم مجمع من عدة مجتمعات قبل النزوح؟ وهذا يساعد الداعية على وضع خطة دعوية مناسبة. عدد الذين أجابوا بهذه الإجابة (٦٠).

٣-تصنيف الاحتياج الدعوي للمخيمات، وتقديم الأهم على المهم، فتعليم السنن وفضائل الأعمال في مخيم يفتقد قاطنوه لمعرفة أساسيات الدين يعتبر خطأ، وتقديم للمفضول على الفاضل. عدد الذين أجابوا بهذه الإجابة (٣٩).

٤-مجتمع مخيمات النازحين يكثر فيه الأمراض النفسية، والاجتماعية، والأسرية، فعلى الداعية أن يكون حكيماً في معالجة هذه الأمراض،

حتى ينهي وجودها أو يقلل من أضرارها، وفي حال عدم الحكمة قد تكون النتائج عكسية. عدد الذين أجابوا بهذه الإجابة (٧٧).

٥- القوة المجتمعية أكبر معين للداعية إن أحسن الاستفادة منها، والداعية الناجح الذي يستطيع الوصول لهذه القوة ويجعلها عوناً له في أداء مهمته، وهي القوة القريبة التي تمنع وصول الضرر للداعية لمن أراد أن يلحق به ذلك. عدد الذين أجابوا بهذه الإجابة (٥٤).

٢- التبعية والمرجعية:

أ- تبعية إدارية:

تتبع مخيمات النازحين لسلطات متنوعة بحسب وقوعها في مناطق السيطرة، فمنها ما هو في سيطرة النظام مخيمات شرق حماة وجنوب حمص، ومنها تحت سيطرة الأكراد الملاحدة في مخيم الهول في الحسكة، ومنها ما تحت سيطرة الحكومة التركية والفصائل العاملة تحت نظامها في مناطق شمال حلب (درع الفرات، ونبع السلام، غصن الزيتون)، ومنها ما هو تحت سيطرة القوة العشائرية والجيش الحر كمخيم الركبان، ومنها ما هو تحت سيطرة هيئة تحرير الشام في مناطق إدلب الشمالية (مخيمات أطمة وقاح ودير حسان وغيرها).

وقد تم السؤال عن علاج مشكلة السيطرة على المخيمات، وما ينتج عن ذلك من مشاكل وطرق علاجها على بعض الدعاة، وفق الاستبيان فكانت الإجابات وفق التالي:

١- ضرورة معرفة توجه من يسيطر على المخيم ويدير شؤونه، والتواصل معه وتوضيح ما سأقوم به من عمل دعوي، وحاجة المخيم لهذا العمل: مسجد، مؤذن وإمام وخطيب ومعلم القرآن الكريم، ومعرفة ما يمكن تقديمه من تسهيلات من قبل إدارة

المخيم حتى لا تقع المشاكل. عدد الذين أجابوا بهذه الإجابة (٧٤).

٢-عندما يقع مخيم النزوح تحت سلطة يختلف دينها عن دين النازحين، خاصة في مناطق الأكراد الملاحدة، والأيزيدين، في مناطق شمال شرق سوريا، فهي مشكلة كبيرة تتمثل في اختلاف الدين، وغالباً ما يتم التضييق على الدعاة ومنعهم من العمل الدعوي، ولربما تمت ملاحقة الدعاة أو سجنهم، أو تهجيرهم وطردهم. وفي مثل ذلك ينبغي على الداعية أن يكون فطناً وذكياً في تعامله مع هذه السلطة ويقدم المصلحة الشرعية الراجحة التي يتطلبها عمله. عدد الذين أجابوا بهذه الإجابة (٦).

٣-في مناطق سيطرة التنظيمات المتشددة كتنظيم (داعش) في الشرق والجنوب السوري، تقع مشكلة اختلاف المنهج، وتقسيم الناس (مسلمون مبايعون لأمير المؤمنين، عوام، مرتدون) تصعب فيها مهمة الداعية جداً، وكثير من الدعاة فقدوا حياتهم بسبب الدعوة، أو الثبات على المنهج. عدد الذين أجابوا بهذه الإجابة (١٢).

٤-في مناطق سيطرة هيئة تحرير الشام في الشمال السوري، هناك نوع من غض الطرف عن العمل الدعوي بشكل عام، إلا من الدعوات التي توصف بالدعوة إلى منهج التكفير (داعش) أو الدعوة إلى التنصير أو التحلل الأخلاقي عبر المنظمات الغربية، أو تجديد الخطاب الديني فإنهم لا يتساهلون بذلك أبداً. عدد الذين أجابوا بهذه الإجابة (٥١).

٥- في مناطق سيطرة الحكومة التركية والفصائل العسكرية التابعة لها في الشمال السوري، مناطق شمال حلب (درع الفرات، ونبع السلام، غصن الزيتون)، فتوجد راحة كبيرة للعمل الدعوي ومساعدة من قبل شؤون الديانة التركية، وتقدم الكثير من المساعدات المالية والمعنوية للدعاة في هذه المناطق، وتحرص الحكومة التركية على نشر الدعوة الوسطية بين الناس لتحارب أثر الفكر التكفيري الذي نشره تنظيم الدولة الإسلامية في العراق والشام والمشهور بـ(داعش) بين السكان، وكذلك الفكر الإلحادي الذي كانت الأحزاب الكردية (pkk و pyd و pyg)[1] تجبر الناس عليه، وتمنعهم من إقامة أي مظاهر دينية.

عدد الذين أجابوا بهذه الإجابة (٧٣). انظر الشريحة رقم (٤٥):

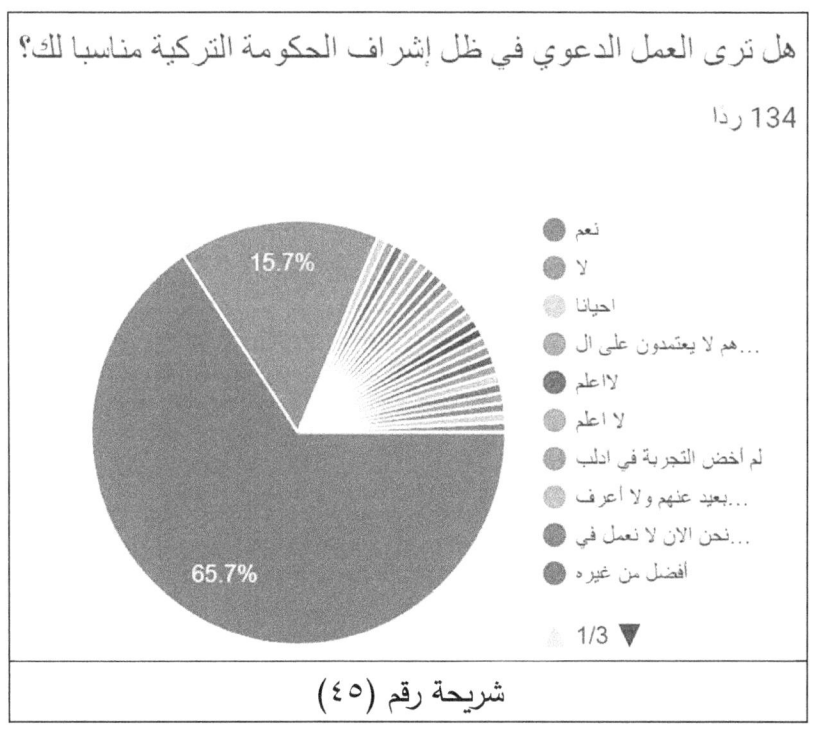

شريحة رقم (٤٥)

---
[1] سبق التعريف بها.

ب- تبعية شرعية:

ونقصد بها المرجعية الدينية، وتلقي ما يصدر منها بالقبول من فتاوى وبيانات ومواقف والتزام ذلك في كل ما يخص الحياة الدينية في مخيمات النازحين.

وقد تم السؤال عن التبعية الشرعية التي يلتزم بها الدعاة في المخيمات، وفق الاستبيان فكانت الإجابات وفق التالي:

رقم	المرجعية العلمية	عدد الدعاة
١	المجلس الاسلامي السوري	٨٤
٢	هيئة الشام الإسلامية	٢١
٣	اللجنة الدائمة للإفتاء بالسعودية	١١
٤	الكتاب والسنة	٦
٥	كتب مذهب الإمام الشافعي	٦
٦	الموسوعة الكويتية وإسلام ويب	٤
٧	علماء ومشايخ الثورة	٣

٣- الدعم الفني:

وقد تم السؤال عن علاج تحدي قلة الإمكانيات، والحوافز للعمل الدعوي، وما ينتج عن ذلك من مشاكل وطرق علاجها، على الدعاة، وفق الاستبيان فكانت الإجابات وفق التالي:

رقم	نوع الدعم المطلوب	غير مهم	مهم	مهم جداً
١	راتب شهري	٥	٢٩	١٠٠
٢	وسيلة نقل	١٣	٣٧	٨٤
٣	أجهزة صوت وإضاءة	٨	٤٠	٨٦
٤	كتب ومصاحف	١١	٥٢	٧١

٥	منشورات ومطويات	٢٦	٥٩	٤٩
٦	جوائز	٧	٣٣	٩٤
٧	وسيلة إعلانية	٢٢	٤٦	٦٦
٨	تنسيق الجهود مع الدعاة	١	٢٢	١١١

انظر الشريحة رقم (٤٦):

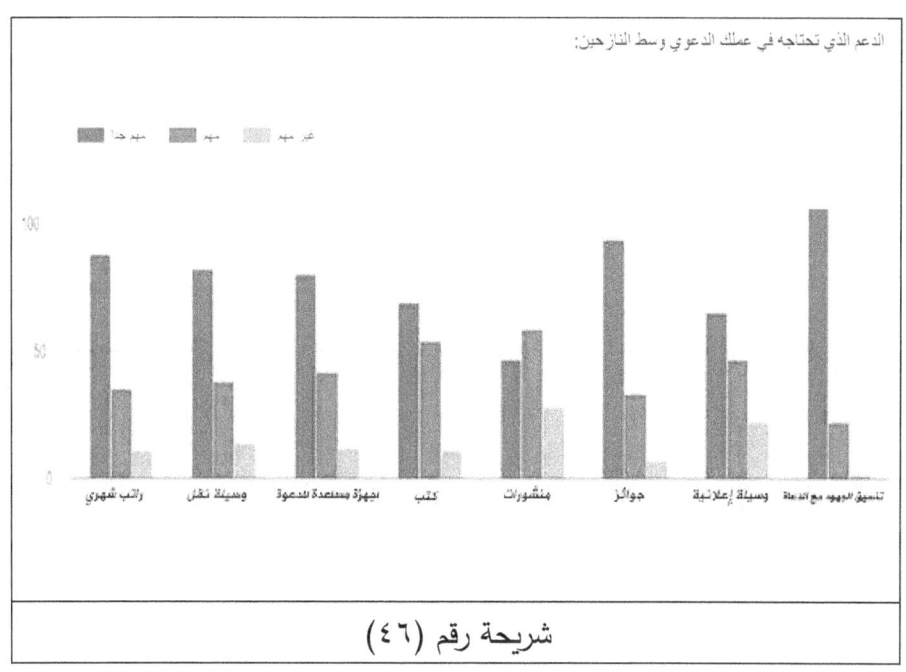

شريحة رقم (٤٦)

٤- عدم التنسيق بين الدعاة:

من التحديات الكبيرة التي يعاني منها العمل الدعوي وتعتبر تحدياً مؤلماً.

وقد تم السؤال عن هذا التحدي وهو: عدم التنسيق في العمل الدعوي بين الدعاة، والآثار المترتبة على ذلك، وفق الاستبيان فكانت الإجابات وفق التالي:

١-تنسيق العمل الدعوي وتنظيمه بين الدعاة يؤدي إلى نتائج إيجابية سريعة. عدد الذين أجابوا بهذه الإجابة (٧٠).

٢-إدارة وتنسيق العمل الدعوي بين الدعاة يؤدي إلى توزيع الدعاة على مخيمات النازحين بشكل عادل، يمنع التكدس في أعدادهم، أو التصحر في مخيمات أخرى. عدد الذين أجابوا بهذه الإجابة (٣٤).

٣-تنسيق العمل الدعوي بين الدعاة يساعد على وضع خطط دعوية وعلمية ناجحة. عدد الذين أجابوا بهذه الإجابة (٥٢).

٤-تنسيق العمل الدعوي بين الدعاة يمنع أو يقلل من الخلافات الفقهية والمنهجية والفكرية. عدد الذين أجابوا بهذه الإجابة (٨٣).

٥-تنسيق العمل الدعوي بين الدعاة يعطي قوة للعمل الدعوي في مخيمات النزوح، وثقة بين النازحين بالمرجعية العلمية الشرعية. عدد الذين أجابوا بهذه الإجابة (٩٧).

الخاتمة:

الحمد لله الذي بنعمته تتم الصالحات، والصلاة والسلام على خير من دعا إلى الله على بصيرة وهدىً.

وبعد هذا العرض لتحديات العمل الدعوي في وسط النازحين، وبيان ما يلزم الداعية معرفته ليكون ناجحاً في مهمته، والوسائل اللازمة للوصول إلى هذه الغاية المنشودة، أضع في خاتمة هذا البحث نتائج وتوصيات:

أولاً: النتائج:

١-تتعدد الأديان والعرقيات والمذاهب والتوجهات المنهجية لدى النازحين السوريين في المخيمات، والأغلبية الكبيرة لأهل السنة فيها.

٢-وجود جهود تنصيرية كبيرة، تنشط تحت مسميات متعددة لنشر النصرانية بين المسلمين، فإن لم يكن ذلك فيكتفوا بنشر الشبهات التي تسبب الخلاف بين أفراد المجتمع.

٣-توجد محاولات حثيثة لنشر الإلحاد والانفلات الفكري والعقدي بشتى الوسائل بين النازحين خاصة فئة الشباب، تهدف لزعزعة الدين في نفوس النازحين، عن طريق نشر الشبهات.

٤-تنوع المشارب الدعوية وسط النازحين، حيث يعمل أصحاب هذه المناهج على استقطاب الناس لها بشتى الوسائل.

٥-استهداف أهل السنة في الشام من قبل الرافضة (الشيعة)، بجميع ما يمكن من الوسائل لإبعادهم عن دينهم ومذهبهم.

٦-الشعب السوري النازح محافظ ومتمسك بدينه بشكل فطري، والجهل بما لا يسع المسلم جهله موجود ولكنه قليل.

٧- وجود طلبة العلم والعلماء والدعاة في أوساط النازحين ميزة تساعد الدعاة على القيام بواجبهم والتأثير في نفوس النازحين.

ثانياً: التوصيات والمقترحات:

١- إقامة دورات تأصيل علمي وفكري للدعاة، وإقامة دورات مهارية في علم التواصل للدعاة.

٢- العمل على كفاية الدعاة مادياً ليتفرغوا للعمل الدعوي.

٣- استخدام جميع وسائل التواصل الاجتماعي في الدعوة، للوصول إلى جميع شرائح المجتمع، وعدم إغفال وسائل الدعوة التقليدية.

٤- إنشاء إدارة دعوية لتنظيم العمل الدعوي وتوزيعه، ليقضى على حالة التكدس والتصحر الدعوي في المخيمات، وإشاعة ثقافة العمل الجماعي، والتعاون في سبيل نجاحه.

٥- مراعاة حال النازحين وواقعهم النفسي والاجتماعي والثقافي.

٦- على الداعية العناية بالتربية والتعليم، وتقديم ما يمكن لرفع الجهل والأمية عن أبناء المسلمين.

٧- تنشيط حلقات تعليم القرآن الكريم، والحرص على نشرها في كل تجمع للنازحين، ففيها رفع للأمية وتعليم لأساسيات الدين، وتهذيب للنفوس والأخلاق.

٨- ينبغي للمنظمات والهيئات الإسلامية المعنية بجانب التعليم الشرعي والدعوة وتعليم القرآن وتحفيظه وخاصة: (رابطة العالم الإسلامي ومنظمة المؤتمر الإسلامي ورابطة علماء المسلمين وغيرها ممن تعتني بالجانب الدعوي والتعليم الشرعي للمسلمين) أن تلتفت إلى رعاية الدعاة وتأهيلهم،

وإقامة الدورات العلمية والمهارية لرفع سويتهم، وكفالتهم مالياً وكذلك حلقات العلم والتحفيظ، وتشجيع الدراسات الدعوية المتميزة ورعايتها.

٩- يجب توحيد المرجعية الدينية للدعاة، يلتزمون بما يصدر عنها من فتاوى وتوجيهات تنظم العمل الدعوي وترشد مسيرته.

١٠- إشاعة ثقافة الحوار والتماس الأعذار للآخرين، خاصة من كان ذا سابقة وفضل، وتفهم واستيعاب الجانب الآخر، فيما يكون الخلاف فيه سائغاً.

١١- اختيار الموضوعات ذات الأهمية على الهامة، والحرص على نشر أخلاقيات الدين، والمراقبة لله والتعلق به دون من سواه.

وآخر دعوانا أن الحمد لله رب العالمين..
وصلى الله وسلم وبارك على سيدنا محمد وعلى آله وصحبه أجمعين..

الفهارس العامة:

وتشتمل على الآتي:

- ١- فهرس الآيات القرآنية.
- ٢- فهرس الأحاديث النبوية.
- ٣- فهرس الأعلام.
- ٤- فهرس الممالك والدول.
- ٥- فهرس المراجع والمصادر.
- ٦- الملاحق.
- ٧- فهرس الموضوعات.

أولاً: فهرس الآيات القرآنية:

٣	إِنَّمَا يَعْمُرُ مَسَاجِدَ اللَّهِ مَنْ آمَنَ بِاللَّهِ وَالْيَوْمِ الْآخِرِ وَأَقَامَ الصَّلَاةَ وَآتَى الزَّكَاةَ وَلَمْ يَخْشَ إِلَّا اللَّهَ ۖ فَعَسَىٰ أُولَٰئِكَ أَن يَكُونُوا مِنَ الْمُهْتَدِينَ	سورة التوبة	١٨	١٨٢
١٢	ذَٰلِكَ وَمَن يُعَظِّمْ شَعَائِرَ اللَّهِ فَإِنَّهَا مِن تَقْوَى الْقُلُوبِ	سورة الحج	٣٢	١٩٤
٥	قُلْ هَٰذِهِ سَبِيلِي أَدْعُو إِلَى اللَّهِ ۚ عَلَىٰ بَصِيرَةٍ أَنَا وَمَنِ اتَّبَعَنِي ۖ وَسُبْحَانَ اللَّهِ وَمَا أَنَا مِنَ الْمُشْرِكِينَ	سورة يوسف	١٠٨	ب
١٠	لِإِيلَافِ قُرَيْشٍ (١) إِيلَافِهِمْ رِحْلَةَ الشِّتَاءِ وَالصَّيْفِ (٢)	سورة قريش	١و٢	٦
١١	لَكُمْ دِينُكُمْ وَلِيَ دِينِ	سورة الكافرون	٦	٤١
٤	وَآخَرُونَ مُرْجَوْنَ لِأَمْرِ اللَّهِ إِمَّا يُعَذِّبُهُمْ وَإِمَّا يَتُوبُ عَلَيْهِمْ وَاللَّهُ عَلِيمٌ حَكِيمٌ)	سورة التوبة	١٠٦	١٠٨
٩	وَأَنَّ الْمَسَاجِدَ لِلَّهِ فَلَا تَدْعُوا مَعَ اللَّهِ أَحَدًا	سورة الجن	١٨	١٨٢
١	وَلَن تَرْضَىٰ عَنكَ الْيَهُودُ وَلَا النَّصَارَىٰ حَتَّىٰ تَتَّبِعَ مِلَّتَهُمْ ۗ قُلْ إِنَّ هُدَى اللَّهِ هُوَ الْهُدَىٰ ۗ وَلَئِنِ اتَّبَعْتَ أَهْوَاءَهُم بَعْدَ	البقرة	١٢٠	١١٩

	الَّذِي جَاءَكَ مِنَ الْعِلْمِ ۙ مَا لَكَ مِنَ اللَّهِ مِن وَلِيٍّ وَلَا نَصِيرٍ			
٢	وَلَوْ أَنَّا كَتَبْنَا عَلَيْهِمْ أَنِ اقْتُلُوا أَنفُسَكُمْ أَوِ اخْرُجُوا مِن دِيَارِكُم مَّا فَعَلُوهُ إِلَّا قَلِيلٌ مِّنْهُمْ ۖ وَلَوْ أَنَّهُمْ فَعَلُوا مَا يُوعَظُونَ بِهِ لَكَانَ خَيْرًا لَّهُمْ وَأَشَدَّ تَثْبِيتًاهم	سورة النساء	٦٦	م
٦	وَمَا أَرْسَلْنَاكَ إِلَّا رَحْمَةً لِّلْعَالَمِينَ	سورة الأنبياء	١٠٧	ن
٨	وَمَا خَلَقْتُ الْجِنَّ وَالْإِنسَ إِلَّا لِيَعْبُدُونِ	سورة الذاريات	٥٦	ك
٧	يَا أَيُّهَا النَّبِيُّ إِنَّا أَرْسَلْنَاكَ شَاهِدًا وَمُبَشِّرًا وَنَذِيرًا	سورة الأحزاب	٤٥	ك

ثانياً: فهرس الأحاديث النبوية:

رقم	الحديث	الراوي	المخرج	الصفحة
١	إن الله وملائكته وأهل السماوات والأرض حتى النملة في جحرها وحتى الحوت في البحر ليصلون على معلمي الناس الخير	أبو أمامة الباهلي	صحيح سُنن التِّرمذيِّ	ل
٢	إنك ستأتي قومًا أهل كتاب،	عبد الله بن عباس	أخرجه البخاري	س
٣	بلغوا عني ولو آية	عبد الله بن عمرو	أخرجه البخاري	ك

٤	خرجت مع النبي صلى الله عليه وسلم يوم فطر أو أضحى فصلى ثم خطب ثم أتى النّساء فوعظهن وذكّرهن وأمرهن بالصدقة	ابن عباس	أخرجه البخاري	١٨٢
٥	خير القرون قرني ثم الذين يلونهم ثم الذين يلونهم ثم الذين يلونهم	عبد الله بن مسعود	أخرجه البخاري	٦٦
٦	مَنْ دَعَا إِلَى هُدًى، كَانَ لَهُ مِنَ الْأَجْرِ مِثْلُ أُجُورِ مَنْ تَبِعَهُ	أبو هريرة	أخرجه مسلم، وأبو داوود	ي
٧	مَنْ رَأَى مِنْكُمْ مُنْكَرًا فَلْيُغَيِّرْهُ بِيَدِهِ	أبي سعيد الخدري	صحيح مسلم	ل
٨	وَاللهِ لَأَنْ يُهْدَيَ بِكَ رَجُلٌ وَاحِدٌ خَيْرٌ لَكَ مِنْ حُمْرِ النَّعَمِ	سهل بن سعد الساعدي	أخرجه البخاري	ل

ثالثاً: فهرس الأعلام:

رقم	العلم	رقم الصفحة
١	إبراهيم عواد إبراهيم علي البدري السامرائي وشهرته أبو بكر البغدادي	١٢٨
٢	إبراهيم ماخوس	٢٨
٣	أبو حامد محمد الغزّالي الطوسي النيسابوري الصوفي الشافعي الأشعري	٨٧
٤	الأتابكية	١٠
٥	أحمد بن مصطفى بن صالح بن سعيد الحصري	٩٢
٦	احمد حسن الخطيب	٣١
٧	أحمد حسين علي الشرع	١٢٨
٨	أحمد سويدان	٢٨
٩	الإخوان المسلمون	١٣٩
١٠	أديب بن حسن الشيشكلي	١٦
١١	الأشعرية	١٤٠
١٢	أمين الحافظ	١٩
١٣	أيمن محمد ربيع الظواهري	١٢٩
١٤	باسل حافظ الأسد	٣٦
١٥	بشار حافظ الأسد	٢٢
١٦	جماعة التبليغ والدعوة	١٤٣
١٧	جمال عبد الناصر	١٨
١٨	حافظ علي سليمان الأسد	٢٠
١٩	حزب البعث العربي الاشتراكي	٢٢
٢٠	حزب التحرير	١٣٨
٢١	حسني رضا محمد يوسف الزعيم	١٤

٢٢	الخزنوية	١٠٣	
٢٣	الخوارج	١٣٧	
٢٤	الرافضة أو الروافض	١٤٢	
٢٥	الرفاعية	١٠٣	
٢٦	رفعت الأسد	٣٠	
٢٧	رياض سيف	٣٩	
٢٨	سعيد بن محمد ديب بن محمود حوَّى النعيمي	٤٧	
٢٩	السلفية	١٣٧	
٣٠	زكي نجيب إبراهيم الأرسوزي	٦٨	
٣١	الشاذلية	١٠٣	
٣٢	شكري محمود القوتلي	١٤	
٣٣	الشيخ أسامة الرفاعي	٨٩	
٣٤	شيخ الإسلام تقي الدين أبو العباس أحمد بن عبد الحليم ابن تيمية الحراني الدمشقي	١٠٤	
٣٥	الشيخ حسن حبنكة الميداني	٨٨	
٣٦	الشيخ سارية الرفاعي	٨٩	
٣٧	الشيخ شعيب الأرناؤوط	٦٣	
٣٨	الشيخ عبد الرزاق الحلبي	٩٠	
٣٩	الشيخ عبد القادر الأرناؤوط	٦٣	
٤٠	الشيخ علي الدقر	٨٨	
٤١	الشيخ محمد أديب الكلاس بن أحمد بن الحاج ديب الدمشقي	٩٠	
٤٢	الشيخ محمّد بن أحمد بن نبهان	٩١	
٤٣	الشيخ محمّد صالح بن عبد الله بن محمد صالح الفرفوري	٩٠	

٤٨	الشيخ محمد علي مشعل	٤٤
٦٣	الشيخ محمد ناصر الألباني	٤٥
٩٢	الشيخ محمود بن عبد الرحمن حسين الشقفة	٤٦
٢٣	صلاح جديد	٤٧
١٤٠	الصوفية أو التصوف	٤٨
٨٩	العالم المربي عبد الكريم الرفاعي	٤٩
٢١	عبد الحليم خدام	٥٠
٤٦	عبد الفتاح بن محمد بن بشير بن حسن أبو غدة	٥١
٦٨	عبد الرحمن أحمد بهائي محمد مسعود الكواكبي	٥٢
٩٢	عبد الله سراج الدين الحسيني	٥٣
٨٩	عبد الوهاب بن عبد الرحيم بن عبد الله بن عبد القادر الحافظ الملقب بـ "دبس وزيت"	٥٤
١٨	عزت النص	٥٥
٤٦	عصام العطار	٥٦
٤٧	غازي كنعان	٥٧
١٧	فوزي سلو	٥٨
١٠٣	القادرية	٥٩
٨٧	قوام الدين أبو علي الحسن بن علي بن إسحاق بن العباس الطوسي الملقب: نظام الملك	٦٠
١٩	لؤي بن أحمد سامي بن ابراهيم أفندي بن محمد الأتاسي	٦١
١٧	مأمون الكزبري	٦٢
٨٨	محمد بدر الدين بن يوسف بن بدر الدين الحسني المراكشي	٦٣

٦٤	محمد بن علي بن محمد بن عربي الحاتمي الطائي الأندلسي	١٠٢
٦٥	محمد سامي حلمي الحناوي	١٥
٦٦	محمد عمران	٢٣
٦٧	محمد كرِيّم بن سعيد بن كريم راجح	٨٨
٦٨	المداخلة أو المدخليون	١٠٤
٦٩	المرجئة	١٠٨
٧٠	مصطفى حسني السباعي	٢٥
٧١	مصطفى عبد القادر طلاس	٣٠
٧٢	ميشيل عفلق	٢٢
٧٣	ميشيل كيلو	٣٩
٧٤	ناظم بك القدسي	١٩
٧٥	النقشبندية	١٠٣
٧٦	نور الدين الأتاسي	٢٠
٧٧	النورية	١٠
٧٨	هاشم خالد الأتاسي	١٦
٧٩	وهبة بن مصطفى الزحيلي الدمشقي	٨٨
٨٠	يوسف زعين	٢٨

رابعاً: فهرس الممالك والدول:

رقم	العلم	رقم الصفحة
١	الإغريق	٨
٢	الأيوبية	١٠
٣	البطالمة	٩
٤	التتار والمغول	١١
٥	الدولة الإخشيدية	١٠
٦	الدولة الإسلامية في العراق والشام	١٠٨
٧	الدولة الأموية	٩
٨	الدولة الحمدانية	٦٩
٩	الروم	٩
١٠	السلاجقة	١٠
١١	السلوقيون	٩
١٢	السومريون	٨
١٣	الطولونيون	٩
١٤	العباسيون	٩
١٥	العثمانيون	١١
١٦	العرب	٩
١٧	العموريون	٨
١٨	الفاطميون	١٠
١٩	الفرس	٨
٢٠	الفرنجة	١٠

٢١	الفينيقيون	٨
٢٢	المملوكية	١١
٢٣	النورية	١٠

خامساً: فهرس المصادر والمراجع والمواقع الالكترونية:

أولاً: المصادر:

١- القرآن الكريم.

٢- جامع الترمذي، لأبي عيسى محمد بن عيسى بن سورة الترمذي، بيت الأفكار الدولية، الأردن، عمان ١٩٩٩م.

٣- سنن أبي داوود، للإمام الحافظ أبي داوود سليمان بن الأشعث السجستاني، دار الكتب العلمية، بيروت، لبنان، الطبعة الأولى ١٩٩٦م.

٤- سير أعلام النبلاء، محمد بن أحمد الذهبي، تحقيق شعيب الأرناؤوط، مؤسسة الرسالة بيروت، الطبعة الأولى ١٩٨٤م.

٥- القاموس المحيط، مجد الدين الفيروز آبادي، دار الحديث، القاهرة، طبعة عام ٢٠٠٨م.

٦- لسان العرب، ابن منظور (المتوفى: ٧١١هـ)، دار صادر – بيروت، الطبعة: الثالثة - ١٤١٤ هـ.

٧- معجم الرائد، جبران مسعود، دار العلم للملايين، بيروت الطبعة السابعة ١٩٩٤

٨- المعجم الوسيط، مجمع اللغة العربية، مكتبة الشروق الدولية، القاهرة، الطبعة الرابعة ٢٠٠٤م.

ثانياً: المراجع:

١- الإمارات إلى أين؟ استشراف التحديات والمخاطر على مدى ٢٥ عاماً، أنيس فتحي، مركز الإمارات للدراسات والإعلام، أبو ظبي، ٢٠٠٥م

٢- الأوليات العرب والأدب والإسلام والجاهليةُ والشعر، أصيل الصيف الأصولي أحمد هزايمة، إربد الأردن ١٤٢٨هـ

٣- التاريخ الإسلامي - الدولة العباسية، محمود شاكر، المكتب الإسلامي، الطبعة الخامسة ١٩٩١م.

٤- التاريخ الإسلامي - العهد الأموي، محمود شاكر، المكتب الإسلامي، الطبعة السابعة ٢٠٠٠م.

٥- تاريخ العالم الإسلامي الحديث والمعاصر، محمود شاكر الحرستاني، المكتب الإسلامي، بيروت الطبعة الثانية ١٩٩٦م.

٦- تاريخ العلويين في بلاد الشام، إميل عباس آل معروف، دار الأمل والسلام، لبنان، الطبعة الأولى ٢٠١٣م

٧- تاريخ حضارات العالم. شارل سنيوبوس، ترجمة محمد كرد علي، العالمية للكتب والنشر، الطبعة الأولى ٢٠١٢م، الجيزة - القاهرة - مصر.

٨- تاريخ سورية القديم، د. أحمد داوود، الطبعة الثالثة٢٠٠٣م، منشورات دار الصفدي، دمشق.

٩- التبشير والاستعمار في البلاد العربية، د. مصطفى خالدي و د. عمر فروخ، منشورات المكتبة العصرية، صيدا - بيروت ١٩٥٣م.

١٠- التحدي بالقرآن الكريم، د. محسن الخالدي، بحث منشور على الإنترنت.

١١-الاحزاب السياسية في سوريا، حنا، منشورات دار الرواد، المطبعة العمومية، دمشق ١٩٥٤م.

١٢-التبشير والاستعمار في البلاد العربية، د. مصطفى خالدي و د. عمر فروخ، منشورات المكتبة العصرية، لبنان، بيروت

١٣- تقارير من منظمة الأمم المتحدة عن النازحين في سوريا.

١٤- التنصير في البلاد الإسلامية، أهدافه، ميادينه، آثاره، د. محمد ناصر الشثري، دار الحبيب، الرياض، الطبعة الأولى ١٩٩٨م.

١٥- التنصير في فلسطين في العصر الحديث، أمل عاطف محمد الخضري، بحث تكميلي لنيل درجة الماجستير، الجامعة الإسلامية في غزة، ٢٠٠٤م.

١٦- التنصير، مفهومه، جذوره، أهدافه، أنواعه، وسائله، صولاته، الشيخ: أكرم كساب، مركز التنوير الإسلامي. ٢٠٠٤م.

١٧- الجغرافيا والتاريخ – موقع الجزيرة نت.

١٨- جغرافية الوطن العربي د. عبد الرحمن حميدة، دار الفكر، دمشق، الطبعة الأولى ١٩٩٧م.

١٩- الجيش والسياسة في سورية، دراسة نقدية، د. بشير زين العابدين، دار الجابية، لندن ٢٠١٩م.

٢٠- الحركات الباطنية في العالم الإسلامي، د. محمد أحمد الخطيب، مكتبة الأقصى، الطبعة الثانية ١٩٨٦م.

٢١- الدين والدولة في سورية، علماء السنة من الانقلاب إلى الثورة، توماس بيريه، ترجمة وتقديم حازم نهار، دار ميسلون، الدوحة، الطبعة الأولى ٢٠٢٠م

٢٢- الأديان والفرق المعاصرة، عبد القادر شيبة الحمد، الطبعة الرابعة ١٤٣٣هـ- الرياض.

٢٣- رؤية إسلامية في الصراع العربي الإسرائيلي، محمد سرور زين العابدين، الطبعة الأولى ١٩٨٣م

٢٤- سقوط الجولان، خليل مصطفى، دار النصر للطباعة الإسلامية، شبرا – مصر ١٩٨٠م.

٢٥- سوريا مزرعة الأسد، د. عبد الله الدهامشة ص ٤١ وما بعدها (بتصرف) دار النواعير – بيروت الطبعة الثانية ٢٠١٢.

٢٦- سورية في قرن، د. منير محمد الغضبان، دار عمار – الأردن – عمان، الطبعة الأولى ٢٠١٣م

٢٧- شرح المعلقات السبع-الزوزني، لجنة التحقيق في الدار العالمية. بحث منشور على الإنترنت.

٢٨- الشيعة نضال أم ضلال، د. راغب السرجاني، دار أقلام للنشر والتوزيع، القاهرة، الطبعة الأولى ٢٠١٠م.

٢٩- صحيح البخاري. لأبي عبد الله محمد بن إسماعيل البخاري، دار ابن كثير، دمشق – سوريا، الطبعة الأولى ٢٠٠٢م.

٣٠- صحيح مسلم، لأبي الحسين مسلم بن الحجاج القشيري النيسابوري، بترقيم محمد فؤاد عبد الباقي، دار الحديث، القاهرة، الطبعة الأولى ١٩٩١م.

٣١- أساليب الدعوة الإسلامية المعاصرة حمد بن ناصر العمار، رسالة دكتوراه مجازة في جامعة الإمام محمد بن سعود، عام ١٤١٤هـ منشورة على الإنترنت.

٣٢- الصراع على السلطة: نيكولاس فان دام، مكتبة مدبولي، القاهرة ١٩٩٥م.

٣٣- الطوائف والعرقيات في سوريا، طارق إسماعيل كاخيا، أضنة ٢٠١٣م.

٣٤- العرب واليهود في التاريخ. د. أحمد سوسة. مكتبة كنوز المعرفة، القاهرة، الطبعة الأولى ٢٠١٢م،

٣٥- العلويون النصيريون، أبو موسى الحريري، الطبعة الثانية، بيروت ١٩٨٠م.

٣٦- العمل الطوعي. د. عبد الرحيم بلال، بحث منشور على الإنترنت. org.volunteerweb world.www.

٣٧- الْفَتَاوَى الْكُبْرَى لابن تيمية، تحقيق محمد عبد القادر عطا ومصطفى عبد القادر عطا، دار الكتب العلمية، بيروت، لبنان، الطبعة الأولى ١٩٨٧م،

٣٨- فلاحو سوريا، حنا بطاطو، ترجمة عبد الله فاضل – رائد النقشبندي، المركز العربي للأبحاث ودراسة السياسات، ٢٠٠٠م

٣٩- كتاب تاريخ سورية المعاصر، كمال ديب، دار النهار للنشر، بيروت، الطبعة الأولى ٢٠١١م.

٤٠- استهداف أهل السنة، د. نبيل خليفة، مركز بيبلوس للدراسات، بيروت، الطبعة الأولى ٢٠١٤م.

٤١- المخطط العالمي لنشر التشيع، خطورته وسبل مواجهته، محمد زيد المهاجر، دار الجبهة للنشر والتوزيع، ١٤٣٢ه

٤٢- المدخل إلى علم الدعوة، أبو الفتح البيانوني، [مؤسسة الرسالة، بيروت، ط٢، ١٤١٤هـ.

٤٣- المدخل إلى علم الدعوة، محمد أبو الفتح البيانوني، مؤسسة الرسالة، بيروت، الطبعة الثالثة ١٩٩٥

٤٤- المسيحيون السوريون قديماً وحديثاً، سمير عبده، منشورات دار علاء الدين، دمشق، الطبعة الأولى ٢٠٠٠م

٤٥- الموجز في الأديان والمذاهب المعاصرة، ناصر بن عبد الله العقل وناصر بن عبد الكريم القفاري، دار الصميعي للنشر والتوزيع، الطبعة الأولى ١٩٩٢م.

٤٦- موسوعة التاريخ الإسلامي٠(العصر المملوكي)، د. مفيد الزيدي، دار أسامة للنشر والتوزيع، عمان-الأردن.

٤٧- الموسوعة الجغرافية للوطن العربي، م. كمال موريس شربل، دار الجيل، بيروت، الطبعة الأولى ١٩٩٨م.

٤٨- موسوعة العقيدة والأديان والفرق والمذاهب المعاصرة، مجموعة من الأكاديميين والباحثين المختصين، دار التوحيد للنشر، الرياض الطبعة الأولى ٢٠١٨م.

٤٩- الأسد، باتريك سيل، شركة المطبوعات للتوزيع والنشر ٢٠٠٧م، بيروت، لبنان.

٥٠- موسوعة الفرق والجماعات والمذاهب الإسلامية، د. عبد المنعم الحفني، دار الرشد في القاهرة، الطبعة الأولى ١٩٩٣م.

٥١- الموسوعة الميسرة في الأديان والمذاهب المعاصرة، الندوة العالمية للشباب الإسلامي، مطابع الحميضي الرياض، الطبعة الثانية ١٩٨٩م.

٥٢- موسوعة ماذا تعرف عن الفرق والمذاهب، د أحمد عبد العزيز الحصين، دار عالم الكتب، الرياض ١٤٢٨هـ

٥٣- النصيرية طغاة الشام، محمد أبو النصر، تجمع دعاة الشام الطبعة الأولى ١٤٣٧هـ

٥٤- نظام الملك الحسن بن علي الطوسي، د. عبد الهادي محمد رضا محبوبة، الدار المصرية اللبنانية، الطبعة الأولى ١٩٩٩م.

٥٥- اليزيديون في حاضرهم وماضيهم، السيد عبد الرزاق الحسني، مطبعة العرفان، صيدا ١٩٥١م.

٥٦- الإسلام وفرق معاصرة، أ. د. أحمد محمود كريمة، مكتبة جزيرة الورد، القاهرة، الطبعة الأولى ٢٠١٧م

٥٧- الأكراد في سوريا، مجموعة باحثين، الناشر: المركز العربي للأبحاث ودراسة السياسات، الدوحة – قطر. الطبعة الأولى ٢٠١٣م.

٥٨- الإلحاد وسائله، وخطره، وسبل مواجهته. د. صالح عبد العزيز عثمان سندي، دار اللؤلؤة. لبنان – بيروت، الطبعة الأولى ٢٠١٢م.

ثالثاً: المواقع إلكترونية:

١- www.volunteerweb world.org

٢- https://shaamtimes.net/

٣- https://syrmh.com/

٤- https://ar.wikipedia.org/wiki/

٥- http://www.aboghodda.com/Biography-AR.htm

٦- https://islamicsham.org

٧- https://www.enabbaladi.net/archives/

٨- https://www.marefa.org/

٩- https://www.enabbaladi.net/archives/١٣٠٧١٣

١٠- https://twitter.com/NorsForStudies/status/photo

١١- https://goo.gl/rWaucz

١٢- https://www.internal-displacement.org

١٣- https://www.statista.com/

١٤- وحدة تنسيق الدعم https://www.acu-sy.org/imu-reports

١٥- https://www.acu-sy.org/imu-reports

١٦- http://www.parliament.gov.sy/arabic/

١٧-موقع الموسوعة الحرة ويكيبيديا (https://ar.wikipedia.org/wiki/)

١٨- موقع الجزيرة نت (https://www.aljazeera.net/).

سادساً: ملحق الاستبيان:

تضمن هذا البحث العلمي استبيان عن تحديات العمل الدعوي وسط النازحين السوريين، وقد تم تحكيمه من قبل الأساتذة التالية أسماؤهم:

١- د. أحمد عبد الرزاق النداف، جامعة أم درمان، قسم الدعوة وأصول الدين.

البريد الالكتروني: annaddaf@gmail.com

٢- أ.د. ياسر محمد طرشاني، جامعة المدينة العالمية، قسم الفقه والأصول.

البريد الالكتروني: Yasser.Tarshany@mediu.edu.my

٣- د. ميمون أحمد صامل السلمي: جامعة أم القرى، قسم التربية الإسلامية.

البريد الالكتروني: masolamy@uqu.edu.sa

٤- د. بلال عبد الكريم العثمان، الجامعة الإسلامية في المدينة المنورة، قسم التربية.

البريد الالكتروني: b.a.o.١٤٠٦@gmail.com

٥- د. أحمد محمود الريس، الجامعة الإسلامية في المدينة المنورة، قسم التربية.

البريد الالكتروني: al.reys@hotmail.com

وكان عدد المستهدفين في الاستبيان: ١٣٤ مائة وأربع وثلاثون داعية، يعملون في الدعوة وسط مخيمات النازحين السوريين المنتشرة على الحدود السورية الأربعة مع جيرانها.

- تمت دراسة هذا الاستبيان وتحليل نتائجه في ثنايا الفصل الثاني والثالث من هذه الرسالة.

- وقد تمت مراعاة الملاحظات التي قدمها الأساتذة المحكمون للاستبيان.

تحكيم أ. د. ياسر محمد طرشاني

خطاب موجّه إلى السّادة المُحكّمين

السّيّد الفاضل د / **ياسر طرشاني**   **اللقب العلميّ أستاذ مشارك في تخصص الفقه والأصول**

السلام عليكم ورحمة الله وبركاته، وبعد....

فإن الدكتور أسامة عبد الكريم العثمان يقوم بإعداد بحث بعنوان **(تحديات العمل الدعوي وسط النازحين في سوريا) لتقديمه لجامعة القرآن الكريم في السودان لنيل درجة الماجستير في الدعوة وعلوم الاتصال**، وقد أعدّ الباحث استبانة بحثيّة لهذا الغرض:

وتم تقسيمها إلى مجالات أربع:

١ . معلومات عن ذاتية الداعية.

٢ . تحديات الذاتية.

٣ . تحديات العمل الدعوي الخارجية.

٤ . تحديات العمل الدعوي الداخلية.

- اشتملت هذه المجالات ذكر التحدي وعلاجه من وجهة نظر المستهدف.

ورغبةً في الإفادة من خبرة سيادتكم الثرّة يلتمس الباحث استعراض هذه القائمة لإبداء الرّأي فيها من خلال:

- الحكم على مَدَى مناسبة الصياغة اللغوية لكل سؤال.
- الحكم على مَدَى انتماء كلّ سؤال إلى البُعد الذي تندرج تحته.
- الحكم على إمكانية قياس كل سؤال للتحديات المذكورة.
- حذف أو إضافة أو تعديل ما ترونه مناسبًا.
- والمرجو من سيادتكم وضع علامة (√) في مربّع القائمة التي تعبّر عن رأيكم في هذه التحديات التي يمكن أن تلبّيها مادّة هذا الاستبيان.

وجزاكم الله خيرًا

م	المجالات	درجة الانتماء إلى المجال		الصياغة اللغوية		تمس أولويات مستقبل المؤسسات الدينية	
	مجالات الاستبانة	منتمية	غير منتمية	مناسبة	غير مناسبة	عالية	ضعيفة
أ	**المجال الأول: معلومات عن المستهدف بالاستبيان**						
١	الجنس	√		√		√	
٢	العمر	√		√		√	
٣	مكان الولادة	√		√		√	
٤	الشهادة العلمية	√		√		√	
ب	**المجال الثاني: تحديات ذاتية (صعوبات خاصة بالداعية ذاتيا)**						

١	مادة العمل بالدعوة؟	√		√		√	
٢	المنطقة الدعوية التي تعمل بها؟	√		√		√	
٣	نوع المنطقة الدعوية التي تعمل بها؟	√		√		√	
٤	هل العمل الدعوي بالنسبة لك وظيفة أم رسالة؟	√		√		√	
٥	المجالات الدعوية التي تعملها؟	√		√		√	
٦	هل عملك الدعوي فردي أم جماعي؟	√		√		√	
٧	هل تأخذ أجراً على عملك الدعوي من جهة ما؟	√		√		√	
٨	ما مصادر دخلك؟		√		√		√
٩	هل تعمل وفق خطة دعوية محددة أم بدون؟	√		√		√	
١٠	ما مدى استفادتك من دورات التطوير الدعوي التي حضرتها؟	√		√		√	
١١	ما هو أكثر برنامج (علمي أو مهاري) استفدت منه في عملك الدعوي؟	√		√		√	
١٢	هل تلتزم بعنوان الخطبة التي تعدها رابطة خطباء الشام؟	√		√		√	
١٣	ماهي المرجعية العلمية التي ترجع إليها وتلتزم بفتاويها؟	√		√		√	
١٤	أين ترى نفسك ناجحا دعويا ؟	√		√		√	
١٥	اختر أهمية الأعمال الدعوية التالية وفق أهميتها بالنسبة للنازحين:	√		√		√	
ج	**المجال الثالث: تحديات خارجية (صعوبات ومعوقات أسبابها من خارج البلد)**						
١	هل تم عرض المال عليك مقابل نشر فكر معين يخالف ما عندك من العلم؟	√			√		√
٢	هل وصلت إليك من المدعوين مسائل (إلحادية) تنكر وجود الله أو تشكك بالعقيدة؟	√		√		√	
٣	وكم عدد هذه المسائل؟	√		√		√	
٤٥	هل وصلت إليك منشورات تدعو النازحين إلى النصرانية؟	√		√		√	
٦	هل طُلب منك نشر أفكار التشيّع مقابل مادي؟	√		√		√	
٧	هل وُجّهت لك دعوة للعمل في نشر الفكر التالي وسط النازحين:						
٨	هل سبق تهديدك (بالقتل أو السجن أو التهجير) بسبب دعوتك؟	√		√		√	
٩	ماهي التحديات الخارجية للعمل الدعوي التي واجهتها في وسط النازحين؟	√		√		√	
١٠	هل ترى العمل الدعوي في ظل إشراف الحكومة التركية مناسبا لك؟	√		√		√	
١١	هل ترى الفكر التكفيري بانحسار أم في انتشار؟	√		√		√	
١٢	هل ترى الفكر الإلحادي (التغريبي) بانحسار أم في انتشار؟	√		√		√	
١٣	ما هي الشبهات التي تتعرض لها في عملك الدعوي كثيراً؟	√		√		√	
١٤	هل تستغل الأسئلة الشرعية لإسداء النصح والدعوة أم تكتفي بالإجابة المقتضبة؟	√		√		√	
١٥	ماهي مقترحاتك لتطوير العمل الدعوي في وسط النازحين؟	√		√		√	
١٦	ما أبرز الصعوبات التي تواجه عملك الدعوي؟	√		√		√	
١٧	تقدم بعض الجهات مناشط دعوية متنوعة للنازحين كيف تقيمها؟	√		√		√	
د	**المجال الثالث: تحديات دعوية داخلية: (صعوبات يعانيها الداعية في وسط النازحين سببها داخلي)**						
١	كيف ترى أثر الرقابة الاجتماعية على الفرد في المخيمات؟	√		√		√	

٢	ما درجة تعلم أبناء النازحين في منطقتك دون ١٥ سنة ما لا يسعهم جهله؟	√		√		√	
٣	ما درجة تعلم أبناء النازحين في منطقتك من ١٥ سنة إلى ٣٥ ما لا يسعهم جهله؟	√		√		√	
٤	ما درجة التزام بنات النازحين في منطقتك من ١٠ سنة إلى ٣٥ بأخلاق الإسلام؟	√		√		√	
٥	ما درجة الالتزام الديني في فئة الكبار فوق سن ٣٥؟	√		√		√	
٦	هل تشكل الفصائل المسلحة مانعا أو عائقا لعملك الدعوي؟	√		√		√	
٧	ماهي التحديات الداخلية للعمل الدعوي وسط النازحين؟	√			√	√	
٨	الدعم الذي تحتاجه في عملك الدعوي وسط النازحين:	√			√	√	
٩	أهم التحديات في العمل الدعوي وسط النازحين:	√			√	√	
١٠	ما أكثر ما تركز فيه من الموضوعات في وسط النازحين: ؟	√			√	√	

مواد أخرى ومقترحات ترون إضافتها:

-.. يرجى وضع آخر ثلاثة بنود باستبانة بصيغة سؤال مع وضع صيغة الاستفهام ٨-٩-١٠

رقم ٧ يرجى حذف الضمير من السؤال (ما التحديات الداخلية للعمل الدعوي وسط النازحين؟)

....

-..

-..

مع وافر الشكر والتقدير

أ.م.د ياسر طرشاني

(رئيس قسم الفقه والأصول – جامعة المدينة العالمية الماليزية)

تحكيم د. أحمد عبد الرزاق النداف:

خطاب موجه إلى السادة المحكمين

السيد الفاضل د / أحمد النداف   اللقب العلمي في التخصص.....مدرس.....دعوة د [illegible] [illegible]

السلام عليكم ورحمة الله وبركاته، وبعد...

فإن الدكتور أسامة عبد الكريم العثمان يقوم بإعداد بحث بعنوان **(تحديات العمل الدعوي وسط النازحين في سوريا) لتقديمه لجامعة القرآن الكريم في السودان لنيل درجة الماجستير في الدعوة وعلوم الاتصال**، وقد أعد الباحث استبانة محكمة لهذا الغرض.

وتم تقسيمها إلى مجالات أربع:

١. معلومات عن ذاتية الداعية.

٢. تحديات الذاتية.

٣. تحديات العمل الدعوي الخارجية.

٤. تحديات العمل الدعوي الداخلية.

- اشتملت هذه المجالات ذكر التحدي وعلاجه من وجهة نظر المستهدف.

ورغبة في الإفادة من خبرة سيادتكم الثرّة يلتمس الباحث استعراض هذه القائمة لإبداء الرأي فيها من خلال:

- الحكم على مدى مناسبة الصياغة اللغوية لكل سؤال.
- الحكم على مدى انتماء كل سؤال إلى البُعد الذي تندرج تحته.
- الحكم على إمكانية قياس كل سؤال للتحديات المذكورة.
- حذف أو إضافة أو تعديل ما ترونه مناسبا.
- والمرجو من سيادتكم وضع علامة (√) في مربع القائمة التي تعبّر عن رأيكم في هذه التحديات التي يمكن أن تتبناها مادة هذا الاستبيان.

وجزاكم الله خيرًا

م	المحالات	درجة الانتساب إلى المجال		الصياغة اللغوية		فرص أو رؤيات ستقبل المؤسسات المهنية	
	مجالات الاستبانة	منتمية	غير منتمية	مناسبة	غير مناسبة	عالية	ضعيفة
أ	المجال الأول: معلومات عن المستهدف بالاستبيان						
١	الجنس	√		√		√	
٢	العمر	√		√		√	
٣	مكان الولادة		√	√			√
٤	الشهادة العلمية	√		√		√	
ب	المجال الثاني: تحديات ذاتية						

	(صعوبات خاصة بالداعية ذاتيا)						
١	مدة العمل بالدعوة؟	√		√		√	
٢	المنطقة الدعوية التي تعمل بها؟	√		√		√	
٣	نوع المنطقة الدعوية التي تعمل بها؟	√			√	√	
٤	هل العمل الدعوي بالنسبة لك وظيفة أم رسالة؟	√			√	√	
٥	المجالات الدعوية التي تعملها؟	√		√		√	
٦	هل عملك الدعوي فردي أم جماعي؟	√		√		√	
٧	هل تأخذ أجراً على عملك الدعوي من جهة ما؟	√		√		√	
٨	ما مصدر دخلك؟		√	√			√
٩	هل تعمل وفق خطة دعوية محددة أم بدون؟	√		√		√	
١٠	ما مدى استفادتك من دورات تطوير الدعوي التي حضرتها؟	√		√		√	
١١	ما هو أكثر برنامج (علمي أو مهاري) استفدت منه في عملك الدعوي؟	√			√	√	
١٢	هل تلتزم بعنوان الخطبة التي تعدها رابطة خطباء الشام؟	√		√		√	
١٣	ماهي المرجعية العلمية التي ترجع إليها وتلتزم بفتاويها؟	√		√		√	
١٤	أين ترى نفسك ناجحا دعويا ؟	√		√		√	
١٥	اختر أهمية الأعمال الدعوية التالية وفق أهميتها بالنسبة للنازحين:	√		√		√	
ج	المجال الثالث: تحديات خارجية (صعوبات ومعوقات أسبابها من خارج البلد)						
١	هل تم عرض المال عليك بمقابل نشر فكر معين يخالف ما عندك من العلم؟	√		√		√	
٢	هل وصلت إليك من المدعوين مسائل (إلحادية) تنكر وجود الله أو تشكك بالعقيدة؟	√		√		√	
٣	وكم عدد هذه المسائل؟	√			√	√	
٤ ٥	هل وصلت إليك منشورات تدعو النازحين إلى النصرانية؟	√		√		√	
٦	هل طلب منك نشر أفكار التشيع بمقابل مادي؟	√		√		√	
٧	هل وجهت لك دعوة للعمل في نشر الفكر التالي وسط النازحين:	√		√		√	
٨	هل سبق تهديدك (بالقتل أو السجن أو التهجير) بسبب دعوتك؟	√		√		√	
٩	ماهي التحديات الخارجية للعمل الدعوي التي واجهتها في وسط النازحين؟	√		√		√	
١٠	هل ترى العمل الدعوي في ظل إشراف الحكومة التركية مناسبا لك؟	√		√		√	
١١	هل ترى الفكر التكفيري بانحسار أم في انتشار؟	√		√		√	
١٢	هل ترى الفكر الإلحادي (التغريبي) بانحسار أم في انتشار؟	√		√		√	
١٣	ما هي الشبهات التي تتعرض لها في عملك الدعوي كثيرا؟	√		√		√	
١٤	هل تستغل الأسئلة الشرعية لإسداء النصح والدعوة أم تكتفي بالإجابة المقتضبة؟	√		√		√	
١٥	ماهي مقترحاتك لتطوير العمل الدعوي في وسط النازحين؟	√		√		√	
١٦	ما أكبر الصعوبات التي تواجه عملك الدعوي؟	√		√		√	

١٢	تقدم بعض الجهات مناشط دعوية متنوعة للنازحين كيف تقيمها؟	√			√	√	
د	المجال الثالث: تحديات دعوية داخلية: (صعوبات يعانيها الداعية في وسط النازحين سببها داخلي)						
١	كيف ترى أثر الرقابة الاجتماعية على الفرد في المخيمات؟	√		√		√	
٢	ما درجة تعلم أبناء النازحين في منطقتك دون ١٥ سنة ما لا يسعهم جهله؟	√		√			
٣	ما درجة تعلم أبناء النازحين في منطقتك من ١٥ سنة إلى ٣٥ ما لا يسعهم جهله؟	√		√		√	
٤	ما درجة التزام بنات النازحين في منطقتك من ١٠ سنة إلى ٣٥ بأخلاق الإسلام؟	√		√		√	
٥	ما درجة الالتزام الديني في فئة الكبار فوق سن ٣٥؟	√		√		√	
٦	هل تشكل الفصائل المسلحة مانعا أو عائقا لعملك الدعوي؟	√		√		√	
٧	ماهي التحديات الداخلية للعمل الدعوي وسط النازحين؟	√		√		√	
٨	الدعم الذي تحتاجه في عملك الدعوي وسط النازحين:	√		√		√	
٩	أهم التحديات في العمل الدعوي وسط النازحين:	√		√		√	
١٠	ما أكثر ما تركز فيه من الموضوعات في وسط النازحين:	١			١	√	

مواد أخرى ومقترحات ترون إضافتها:

- ....الاستبانة طيبة ، وأرى أنها استوفت متطلبات موضوعات الدراسة بارك الله فيه ، ونفع بهذه الدراسة

....

- ....

- ....

مع وافر الشكر والتقدير

تحكيم د. بلال عبد الكريم العثمان:

خطاب موجّه إلى السّادة المُحكّمين

اسم المحكم/ بلال بن عبد الكريم العثمان... التخصص / أصول التربية الإسلامية.

الدرجة العلمية/ دكتوراه...... مكان التدريس/ الجامعة الإسلامية بالمدينة سابقًا.

عناوين التواصل/ السعودية - المدينة المنورة - إيميل b.a.o.1406@gmail.com

السلام عليكم ورحمة الله وبركاته، وبعد...

فإن الدكتور أســامة عبد الكريم العثمان يقوم بإعداد بحث بعنوان (**تحديات العمل الدعوي وســط النازحين في سوريا**) **لتقديمه لجامعة القرآن الكريم في السـودان لنيل درجة الماجستير في الدعوة وعلوم الاتصال**، وقد أعدّ الباحث استبانة بحثيَّة لهذا الغرض:

وتم تقسيمها إلى مجالات أربع:

١ . معلومات عن ذاتية الداعية.

٢ . تحديات الذاتية.

٣. تحديات العمل الدعوي الخارجية.

٤ . تحديات العمل الدعوي الداخلية.

- اشتملت هذه المجالات ذكر التحدي وعلاجه من وجهة نظر المستهدف.

ورغبةً في الإفادة من خبرة سيادتكم الثريَّة يلتمس الباحث استعراض هذه القائمة لإبداء الرَّأي فيها من خلال:

- الحكم على مَدَى مناسبة الصياغة اللغوية لكل سؤال.
- الحكم على مَدَى انتماء كلّ سؤال إلى البُعْد الذي تندرج تحته.
- الحكم على إمكانية قياس كل سؤال للتحديات المذكورة.
- حذف أو إضافة أو تعديل ما ترونه مناسبًا.
- والمرجو من سيادتكم وضع علامة (√) في مربّع القائمة التي تعبّر عن رأيكم في هذه التحديات التي يمكن أن تلبّيها مادّة هذا الاستبيان.

وجزاكم الله خيرًا

م	المجالات	درجة الانتماء إلى المجال		الصياغة اللغوية		تقيس أولويات مستقبل المؤسسات الدينية	
	مجالات الاستبانة	منتمية	غير منتمية	مناسبة	غير مناسبة	عالية	ضعيفة
أ	المجال الأول: معلومات عن المستهدف بالاستبيان						
١	الجنس	✓		✓		✓	
٢	العمر	✓		✓		✓	
٣	مكان الولادة	✓		✓			✓
٤	الشهادة العلمية	✓		✓		✓	
ب	المجال الثاني: تحديات ذاتية (صعوبات خاصة بالداعية ذاتيا)						
١	مدة العمل بالدعوة؟	✓			✓	✓	
٢	المنطقة الدعوية التي تعمل بها؟	✓		✓		✓	
٣	نوع المنطقة الدعوية التي تعمل بها؟	✓		✓		✓	
٤	هل العمل الدعوي بالنسبة لك وظيفة أم رسالة؟	✓		✓		✓	
٥	المجالات الدعويه التي تعملها؟	✓		✓		✓	
٦	هل عملك الدعوي فردي أم جماعي؟	✓		✓		✓	
٧	هل تأخذ أجراً على عملك الدعوي من جهة ما؟	✓			✓	✓	
٨	ما مصدر دخلك؟		✓		✓		✓
٩	هل تعمل وفق خطة دعوية محددة أم بدون؟	✓		✓		✓	
١٠	ما مدى استفادتك من دورات التطوير الدعوي التي حضرتها؟	✓		✓		✓	
١١	ما هو أكثر برنامج (علمي أو مهاري) استفدت منه في عملك الدعوي؟	✓		✓		✓	
١٢	هل تلتزم بعنوان الخطبة التي تعدها رابطة خطباء الشام؟	✓		✓		✓	
١٣	ماهي المرجعية العلمية التي ترجع إليها وتلتزم بفتاويها؟	✓		✓		✓	
١٤	أين ترى نفسك ناجحا دعويا ؟	✓		✓		✓	
١٥	اختر أهمية الأعمال الدعوية التالية وفق أهميتها بالنسبة للنازحين:	✓			✓	✓	
ج	المجال الثالث: تحديات خارجية (صعوبات ومعوقات أسبابها من خارج البلد)						
١	هل تم عرض المال عليك بمقابل نشر فكر معين يخالف ما عندك من العلم؟	✓			✓	✓	
٢	هل وصلت إليك من المدعوين مسائل (إلحادية) تنكر وجود الله أو تشكك بالعقيدة؟	✓		✓		✓	
٣	وكم عدد هذه المسائل؟	؟	؟	؟	؟	؟	؟ (وضع بشكل عام ولكن محدد)
٤٥	هل وصلت إليك منشورات تدعو النازحين إلى النصرانية؟	✓		✓		✓	
٦	هل طلب منك نشر أفكار التشيع؟ ~~بمقابل مادي~~؟ (وضع تساؤل)	✓		✓		✓	
٧	هل وُجّهت لك دعوة للعمل في نشر الفكر التالي وسط النازحين:	✓		✓		✓	
٨	هل سبق تهديدك (بالقتل أو السجن أو التهجير) بسبب دعوتك؟	✓		✓		✓	

٩	ماهي التحديات الخارجية للعمل الدعوي التي واجهتها في وسط النازحين؟	✓		✓		✓	
١٠	هل ترى العمل الدعوي في ظل إشراف الحكومة التركية مناسبا لك؟	✓		✓		✓	
١١	هل ترى الفكر التكفيري بانحسار أم في انتشار؟	✓		✓		✓	
١٢	هل ترى الفكر الإلحادي (التغريبي) بانحسار أم في انتشار؟	✓		✓		✓	
١٣	ما هي الشبهات التي تتعرض لها في عملك الدعوي كثيرا؟	✓		✓		✓	
١٤	هل تستغل الأسئلة الشرعية لإسداء النصح والدعوة أم تكتفي بالإجابة المقتضبة؟	✓			✓	✓	
١٥	ماهي مقترحاتك لتطوير العمل الدعوي في وسط النازحين؟	✓		✓		✓	
١٦	ما أكبر الصعوبات التي تواجه عملك الدعوي؟	✓		✓		✓	
١٧	تقدم بعض الجهات مناشط دعوية متنوعة للنازحين كيف تقيمها؟ من وجهة نظرك	✓			✓	✓	
د	المجال الثالث: تحديات دعوية داخلية: (صعوبات يعانيها الداعية في وسط النازحين سببها داخلي)						
١	كيف ترى أثر الرقابة الاجتماعية على الفرد في المخيمات؟	✓		✓		✓	
٢	ما درجة تعلم أبناء النازحين في منطقتك دون ١٥ سنة ما لا يسعهم جهله؟	✓		✓		✓	
٣	ما درجة تعلم أبناء النازحين في منطقتك من ١٥ سنة إلى ٣٥ ما لا يسعهم جهله؟	✓		✓		✓	
٤	ما درجة التزام بنات النازحين في منطقتك من ١٠ سنة إلى ٣٥ بأخلاق الإسلام؟	✓		✓		✓	
٥	ما درجة الالتزام الديني في فئة الكبار فوق سن ٣٥؟	✓		✓		✓	
٦	هل تشكل الفصائل المسلحة مانعا أو عائقا لعملك الدعوي؟ في منطقتك	✓			✓	✓	
٧	ماهي التحديات الداخلية للعمل الدعوي وسط النازحين؟	✓		✓		✓	
٨	الدعم الذي تحتاجه في عملك الدعوي وسط النازحين:	✓			✓	✓	
٩	أهم التحديات في العمل الدعوي وسط النازحين:	✓		✓		✓	
١٠	ما أكثر ما تركز فيه من الموضوعات في وسط النازحين:	✓		✓		✓	

عدم الاستيعاب وإنما استشهاد

جعله سؤالاً

مواد أخرى ومقترحات ترون إضافتها:

- استبانة شاملة وجامعة.
- إعادة صياغة بعض الجمل.
- الابتعاد قدر الإمكان عن سؤال الداعية عن بعض الأمور الخاصة به.

مع وافر الشكر والتقدير

د. بلال العثمان

بالتوفيق إن شاء الله

تحكيم د. ميمون أحمد السلمي:

خطاب موجّه إلى السّادة المُحكّمين

اسم المحكم/ ميمون السلمي .... التخصص / تربية اسلامية

الدرجة العلمية/ استاذ مساعد .... مكان التدريس/ جامعة ام القرى بمكة المكرمة

عناوين التواصل/ مكة المكرمة - جوال ٠٠٩٦٦٥٠١٠٦٣٢٠٩

السلام عليكم ورحمة الله وبركاته، وبعد...

فإن الدكتور أســـامة عبد الكريم العثمان يقوم بإعداد بحث بعنوان (**تحديات العمل الدعوي وســـط النازحين في سوريا) لتقديمه لجامعة القرآن الكريم في السـودان لنيل درجة الماجستير في الدعوة وعلوم الاتصال**، وقد أعدّ الباحث استبانة بحثيّة لهذا الغرض:

وتم تقسيمها إلى مجالات أربع:

١ . معلومات عن ذاتية الداعية.

٢ . تحديات الذاتية.

٣. تحديات العمل الدعوي الخارجية.

٤. تحديات العمل الدعوي الداخلية.

- اشتملت هذه المجالات ذكر التحدي وعلاجه من وجهة نظر المستهدف.

ورغبةً في الإفادة من خبرة سيادتكم الثرّة يلتمس الباحث استعراض هذه القائمة لإبداء الرّأي فيها من خلال:

- الحكم على مَدَى مناسبة الصياغة اللغوية لكل سؤال.
- الحكم على مَدَى انتماء كلّ سؤال إلى البُعْد الذي تندرج تحته.
- الحكم على إمكانية قياس كل سؤال للتحديات المذكورة.
- حذف أو إضافة أو تعديل ما ترونه مناسبًا.
- والمرجو من سيادتكم وضع علامة (√) في مربع القائمة التي تعبّر عن رأيكم في هذه التحديات التي يمكن أن تلبّيها مادّة هذا الاستبيان.

وجزاكم الله خيرًا

م	المجالات	درجة الانتماء إلى المجال		الصياغة اللغوية		تقيس أولويات مستقبل المؤسسات الدينية	
	مجالات الاستبانة	منتمية	غير منتمية	مناسبة	غير مناسبة	عالية	ضعيفة
أ	المجال الأول: معلومات عن المستهدف بالاستبيان						
١	الجنس	✓		✓		✓	
٢	العمر	✓		✓		✓	
٣	مكان الولادة	✓		✓		✓	
٤	الشهادة العلمية	✓		✓		✓	
ب	المجال الثاني: تحديات ذاتية (صعوبات خاصة بالداعية ذاتيا)						
١	مدة العمل بالدعوة؟	✓		✓		✓	
٢	المنطقة الدعوية التي تعمل بها؟	✓		✓		✓	
٣	نوع المنطقة الدعوية التي تعمل بها؟	✓		✓		✓	
٤	هل العمل الدعوي بالنسبة لك وظيفة أم رسالة؟	✓		✓		✓	
٥	المجالات الدعوية التي تعملها؟	✓			✓	✓	
٦	هل عملك الدعوي فردي أم جماعي؟	✓		✓		✓	
٧	هل تأخذ أجراً على عملك الدعوي من جهة ما؟	✓		✓		✓	
٨	ما مصدر دخلك؟	✓		✓		✓	
٩	هل تعمل وفق خطة دعوية محددة أم بدون؟	✓		✓		✓	
١٠	ما مدى استفادتك من دورات التطوير الدعوي التي حضرتها؟	✓		✓		✓	
١١	ما هو أكثر برنامج (علمي أو مهاري) استفدت منه في عملك الدعوي؟	✓		✓		✓	
١٢	هل تلتزم بعنوان الخطبة التي تعدها رابطة خطباء الشام؟		✓	✓		✓	
١٣	ماهي المرجعية العلمية التي ترجع إليها وتلتزم بفتاويها؟	✓		✓		✓	
١٤	أين ترى نفسك ناجحا دعويا ؟	✓		✓		✓	
١٥	اختر أهمية الأعمال الدعوية التالية وفق أهميتها بالنسبة للنازحين:	✓		✓		✓	
ج	المجال الثالث: تحديات خارجية (صعوبات ومعوقات أسبابها من خارج البلد)						
١	هل تم عرض المال عليك بمقابل نشر فكر معين يخالف ما عندك من العلم؟	✓			✓	✓	
٢	هل وصلت إليك من المدعوين مسائل(إلحادية) تنكر وجود الله أو تشكك بالعقيدة؟	✓		✓		✓	
٣	وكم عدد هذه المسائل؟	✓		✓		✓	
٤٥	هل وصلت إليك منشورات تدعو النازحين إلى النصرانية؟	✓		✓		✓	
٦	هل طُلب منك نشر أفكار التشيّع بمقابل مادي؟	✓		✓		✓	
٧	هل وُجّهت لك دعوة للعمل في نشر الفكر التالي وسط النازحين:	✓		✓		✓	
٨	هل سبق تهديدك (بالقتل أو السجن أو التهجير) بسبب دعوتك؟	✓		✓		✓	

٩	ماهي التحديات الخارجية للعمل الدعوي التي واجهتها في وسط النازحين؟	✓			✓	✓	
١٠	هل ترى العمل الدعوي في ظل إشراف الحكومة التركية مناسبا لك؟	✓		✓		✓	
١١	هل ترى الفكر التكفيري بانحسار أم في انتشار؟	✓		✓		✓	
١٢	هل ترى الفكر الإلحادي (التغريبي) بانحسار أم في انتشار؟	✓		✓		✓	
١٣	ما هي الشبهات التي تتعرض لها في عملك الدعوي كثيرا؟	✓			✓	✓	
١٤	هل تستغل الأسئلة الشرعية لإسداء النصح والدعوة أم تكتفي بالإجابة المقتضبة؟	✓		✓		✓	
١٥	ماهي مقترحاتك لتطوير العمل الدعوي في وسط النازحين؟	✓		✓		✓	
١٦	ما أكبر الصعوبات التي تواجه عملك الدعوي؟	✓		✓		✓	
١٧	تقدم بعض الجهات مناشط دعوية متنوعة للنازحين كيف تقيمها؟	✓		✓		✓	
د	**المجال الثالث: تحديات دعوية داخلية: (صعوبات يعانيها الداعية في وسط النازحين سببها داخلي)**						
١	كيف ترى أثر الرقابة الاجتماعية على الفرد في المخيمات؟	✓			✓		✓
٢	ما درجة تعلم أبناء النازحين في منطقتك دون ١٥ سنة ما لا يسعهم جهله؟	✓		✓		✓	
٣	ما درجة تعلم أبناء النازحين في منطقتك من ١٥ سنة إلى ٣٥ ما لا يسعهم جهله؟	✓			✓	✓	
٤	ما درجة التزام بنات النازحين في منطقتك من ١٠ سنة إلى ٣٥ بأخلاق الإسلام؟	✓		✓		✓	
٥	ما درجة الالتزام الديني في فئة الكبار فوق سن ٣٥؟	✓		✓		✓	
٦	هل تشكل الفصائل المسلحة مانعا أو عائقا لعملك الدعوي؟	✓		✓		✓	
٧	ماهي التحديات الداخلية للعمل الدعوي وسط النازحين؟	✓		✓		✓	
٨	الدعم الذي تحتاجه في عملك الدعوي وسط النازحين:	✓		✓		✓	
٩	أهم التحديات في العمل الدعوي وسط النازحين:	✓		✓		✓	
١٠	ما أكثر ما تركز فيه من الموضوعات في وسط النازحين:	✓		✓		✓	

مواد أخرى ومقترحات ترون إضافتها:

- ١- استبانة ممتازة وطيبة
- نسأل الله له التوفيق والسداد
-

مع وافر الشكر والتقدير

د. محمود السامي

سابعاً: فهرس الموضوعات:

الموضوع	رقم الصفحة
استهلال	ب
الاهداء	ج
شكر وتقدير	د
المستخلص باللغة العربية	و
المستخلص باللغة الإنجليزية	ح
المقدمة	ك
تمهيد: وفيه سوريا ما قبل ثورة ٢٠١١م	١
أولا: جغرافية سوريا وواقعها:	٢
١-الموقع الجغرافي	٣
٢-السكان وتركيبتهم العرقية	٧
ثانياً: سوريا السياسية:	١٣
١-سوريا من بعد الاستقلال وحتى قيام دولة البعث.	١٣
٢-سوريا في ظل حكم البعث.	٢٢
الفصل الأول: سوريا تحت حكم بشار الأسد:	٣٤
المبحث الأول: واقع سوريا العام في عهد بشار الأسد	٣٥
المطلب الأول: الحالة السياسية والاجتماعية	٣٦
المطلب الثاني: الحالة الدينية	٤١
المبحث الثاني: العمل الدعوي في ظل حكم البعث	٤٥
المطلب الأول: واقع العمل الدعوي في سوريا في ظل حكم البعث.	٤٦
المطلب الثاني: أسباب قيام الثورة السورية.	٥٠
الفصل الثاني: وصف لواقع النازحين السوريين في المخيمات:	٥٨
المبحث الأول: اتجاهات النازحين وأماكن وجودهم وأعدادهم	٥٩
المطلب الأول: اتجاهات النازحين في سوريا وتقسيماتهم: العرقية والدينية	٦٠
أ-التقسيم العرقي للنازحين	٦٠
ب-التقسيم الديني الطائفي للنازحين	٦٦
المطلب الثاني: أماكن وجود النازحين ومخيماتهم وأعدادهم	٧٨
المبحث الثاني: واقع النازحين التعليمي والديني والاجتماعي.	٨٦

٨٧	المطلب الأول: واقع التعليم النظامي والشرعي.	
١٠٥	المطلب الثاني: اتجاهات القائمين على العمل الدعوي في المخيمات وتوجهاتهم المذهبية والفكرية.	
١١٣	المطلب الثالث: أسباب قلة فرص نجاح العمل الدعوي في المخيمات.	
١٢٠	**الفصل الثالث: تحديات الدعوة في مخيمات النازحين**	
١٢١	المبحث الأول: تحديات العمل الدعوي الخارجية.	
١٢٢	المطلب الأول: أنواع التحديات الخارجية.	
١٣٧	المطلب الثاني: اتجاهات القائمين على العمل الدعوي الإسلامي وغيره في المخيمات.	
١٤٦	المطلب الثالث: دراسة استبانة عن التحديات الخارجية.	
١٥٣	المبحث الثاني: تحديات العمل الدعوي الداخلي.	
١٥٤	المطلب الأول: أنواع التحديات الداخلية.	
١٦٨	المطلب الثاني: تقسيم الدعاة وفق التحديات الداخلية.	
١٧٢	المطلب الثالث: دراسة استبانة عن التحديات الداخلية.	
١٨٢	**الفصل الرابع: سبل علاج التحديات التي تواجه العمل الدعوي في مخيمات النازحين السوريين.**	
١٨٣	المبحث الأول: السبل المقترحة لعلاج التحديات الخارجية.	
١٨٤	المطلب الأول: الوسائل المتيسرة لتحقيق هذه المقترحات.	
١٨٧	المطلب الثاني: دراسة استبانة عن هذا المطلب.	
١٩٥	المبحث الثاني: السبل المقترحة لعلاج التحديات الداخلية.	
١٩٦	المطلب الأول: الوسائل المتيسرة لتحقيق هذه المقترحات.	
١٩٩	المطلب الثاني: دراسة استبانة عن هذا المطلب.	
٢٠٩	الخاتمة	
٢١٢	**الفهارس العامة:**	
٢١٣	أولاً: فهرس الآيات	
٢١٥	ثانياً: فهرس الأحاديث النبوية	
٢١٦	ثالثاً: فهرس الأعلام	
٢٢٠	رابعاً: فهرس الممالك والدول	
٢٢٢	خامساً: فهرس المصادر والمراجع	
٢٣٠	سادساً: ملحق الاستبيان	
٢٤٣	سابعاً: فهرس الموضوعات	